黄土结构性动力
本构模型及其应用

胡 伟 秦立科 著

中国铁道出版社

2012年·北京

内 容 简 介

本书是作者近五年来研究成果的一个系统总结,其内容涉及黄土力学试验研究、土体本构模型理论研究和工程实践数值模拟三个方面。首先基于对典型地下结构(构件)的地震震害调查和已有研究成果的概述分析,指出了黄土地区土-地下结构体系研究中存在的问题;然后基于全面的非饱和、饱和黄土原状、重塑土样的静、动力三轴试验研究多种因素对各自力学特性的影响规律;引入应力分担率的概念和结构性发挥系数分别构建针对饱和黄土、非饱和黄土两者的结构性动力本构模型,实现了其程序化并进行相应的验证;最后将所构建的土体本构模型应用于黄土场地、桩基础、地铁车站的地震反应分析中,深入探讨多因素的影响机理和规律,对黄土地区类似工程实践的抗震设计提供了相应的理论依据和建议。

本书可为从事黄土等特殊土力学特性、本构模型研究,土-结构系统动力相互作用研究的科研人员,以及从事结构抗震设计方面的设计人员提供参考。

图书在版编目(CIP)数据

黄土结构性动力本构模型及其应用/胡伟,秦立科著. —北京:中国铁道出版社,2012.12
ISBN 978-7-113-15630-5

Ⅰ.①黄… Ⅱ.①胡…②秦… Ⅲ.①黄土-结构动力学-研究 Ⅳ.①TU435

中国版本图书馆 CIP 数据核字(2012)第 258993 号

书　　名:	黄土结构性动力本构模型及其应用
作　　者:	胡 伟　秦立科　著
策　　划:	江新锡
责任编辑:	曹艳芳　　电话:010-51873017
编辑助理:	张卫晓
封面设计:	崔丽芳
责任校对:	胡明锋
责任印制:	郭向伟
出版发行:	中国铁道出版社(100054,北京市西城区右安门西街8号)
网　　址:	http://www.tdpress.com
印　　刷:	北京铭成印刷有限公司
版　　次:	2012 年 12 月第 1 版　2012 年 12 月第 1 次印刷
开　　本:	850 mm×1 168 mm　1/32　印张:12.375　字数:326 千
书　　号:	ISBN 978-7-113-15630-5
定　　价:	46.00 元

版权所有　侵权必究

凡购买铁道版的图书,如有印制质量问题,请与本社读者服务部联系调换。
电　　话:(010)51873170(发行部)
打击盗版举报电话:市电(010)63549504,路电(021)73187

作 者 简 介

胡伟,男,湖北荆州人,1982年7月生,博士,副教授,硕士生导师。

2008年毕业于西安建筑科技大学岩土工程专业,获工学博士学位;同年起任海南大学土木建筑工程学院专职教师;2010年9月晋升副教授;2011年6月起担任硕士生指导老师;2011年12月至2012年12月至加拿大皇家军事学院师从国际土工合成材料协会前主席、现任加拿大岩土工程协会主席 Richard J. Bathurst 教授从事博士后研究。

主要从事岩土体静动力本构关系、桩基静动力特性、加筋挡土墙等方面的理论与数值模拟研究。至今已在《岩土工程学报》、《岩石力学与工程学报》、《岩土力学》、《工程力学》等国内权威学术期刊及国际国内会议论文集上发表学术论文30余篇,其中EI检索14篇。出版专著一部,参编《土力学与基础工程》教材一部,主编一部《地基处理理论与技术进展》(副主编)。主持和参与多项国家、省级自然科学基金项目。

秦立科,男,江苏淮安人,1982年1月生,博士,讲师,国家一级注册结构工程师,国家注册土木工程师(岩土)。

2007年毕业于西安建筑科技大学土木工程学院,获硕士学位;2010年毕业于长安大学公路学院,获博士学位。同年起任西安科技大学建筑与土木工程学院专职教师。主要从事岩土本构关系、地下结构抗震、边坡支护等岩土工程方面的研究和教学工作。发表论文10余篇。参与多项纵向和横向研究项目。

序

　　两位年轻的同行请我给他们的著作写序,但我自知才疏学浅,难以胜任。无奈盛情难却,出于一个在黄土地区长期工作的老岩土工作者的激情和责任感,我这个笨鸭子决定就上一次架,不怕出丑了。

　　岩土工程界把黄土划归为一种特殊土,又称为区域性土,所谓"特殊"是指它的工程性质,而"区域"则是指它的分布。在全世界,中国的黄土是得天独厚的,它的厚度最大、地形地貌最全、工程性质也最复杂,因此在中国研究黄土可谓是天赐良机,大自然赋予了我们最优越的条件,但黄土的研究工作也是困难的,因为它是最典型的结构性土之一,复杂的结构性往往使一些基本的土力学理论难以解决,常用的一些工程措施失效。尽管黄土的分布是区域性的,但人们常常把它作为所有土地的代表,例如人们常把在农田里的劳作比作"面朝黄土背朝天",而不管它是不是在黄土分布区。

　　在历史上,中华民族曾经在这一地区创造了人类的辉煌,我们的三皇五帝,周、秦、汉、唐都是在这一地区向全世界展示了他的雄风,对人类的进步作出了不可磨灭的贡献。但是在近代,由于共知的原因,我们落伍了。黄土的成因"风成说"最早是由一个外国人 Richthofen F.V 在考察了中国西部的黄土后提出来的;20 世纪 70 年代之前我们的研究工作也始终落后于前苏联……,改革开放为我们创造了赶超的机会,在黄土地区的工程建设中取得了举世瞩目的成就:建成黄土地层上的第一条高速铁路,并迅速向工程性质更复杂的黄土地区延伸;世界上最高的黄土填方工程(85 m)已经顺利完工,并正在向 100 m 高度冲刺;黄土地层中第一条地铁已在西安通车运营;横跨中国的西气东输工程正源源不断地把能源输向东部……与工程实践的需求相比,我们的科学研究工作却相对落后,即使如此,也还有一大批科研成果躺在资料室里睡大觉。综观我们的黄土规范,与发达地区的相比,几十年来变化不大,使在这一地区的岩土工作者倍感汗颜。为此,本人更为本书两位作者的精神所感动,尽管他们的工作可能不是十全十美,甚至还有这样那样的不足,但在这浮躁、炒作风气盛行、充满欲望的时代,年轻人能逆势而行,老老实实坐下来做些学问,实在是难能可贵。黄土结构性的研究是困难的,其动力性质的研究是复杂的,其本构模型的研究是枯燥的,我在这本书里不仅学到了作者的研究成果,更重要的是看到他们的敬业精神,同时也是对老一代岩土工作者的一种安慰,我们的事业后继有人。

我国是一个多地震的国家,黄土多分布于地震高烈度区,在人们已知的大地震中,死亡人数最多(83 万人)的地震(1556 年的关中大地震)就发生在这里,因此黄土结构动力性质的研究对这一地区尤为重要,其成果尽快用于工程实际对这一地区人民生命财产的安全及经济建设具有决定性的作用。该书不仅丰富了土动力学的理论,而且紧密结合工程实际,它一定会对黄土地区的经济建设产生重要的影响。

刘明振　教授
2012 年 8 月 4 日

目 录

第1章 绪 论 … 1
1.1 研究背景及意义 … 1
1.2 典型地下结构(构件)的地震震害调查分析 … 2
1.3 土-地下结构(构件)地震反应分析方法 … 13
1.4 黄土地区土-地下结构(构件)体系研究存在的问题 … 26
1.5 本书的研究内容 … 35

第2章 饱和黄土静、动力试验研究 … 38
2.1 引 言 … 38
2.2 饱和黄土静力特性试验研究 … 39
2.3 饱和黄土动力特性试验研究 … 58
2.4 构建饱和黄土结构性动力本构模型的若干建议 … 71
2.5 本章小结 … 84

第3章 非饱和黄土静、动力试验研究 … 87
3.1 引 言 … 87
3.2 试验试样 … 87
3.3 非饱和黄土静力三轴试验研究 … 88
3.4 非饱和黄土动力三轴试验研究 … 109
3.5 本章小结 … 116

第4章 考虑结构性的饱和黄土动力本构模型研究 … 118
4.1 引 言 … 118
4.2 基本应力应变关系的构建 … 119

4.3 K_0 正常固结饱和黄土不排水强度理论推导 ………… 123
4.4 超固结饱和黄土不排水强度变化规律理论推导 ……… 127
4.5 考虑拉压不同性质以及中主应力影响进行修正 …… 131
4.6 退化模型 …………………………………………… 132
4.7 孔压模型 …………………………………………… 143
4.8 本章小结 …………………………………………… 155

第5章 饱和黄土结构性动力本构模型程序实现及验证 … 157

5.1 引　言 ……………………………………………… 157
5.2 结构性的考虑 ……………………………………… 157
5.3 饱和黄土动力本构模型建立步骤 ………………… 172
5.4 ABAQUS 有限元分析软件介绍 …………………… 175
5.5 饱和黄土结构性动力本构模型的程序实现步骤 … 177
5.6 模型验证 …………………………………………… 181
5.7 本章小结 …………………………………………… 187

第6章 非饱和黄土结构性动力本构模型 ………………… 188

6.1 引　言 ……………………………………………… 188
6.2 经典弹塑性本构模型 ……………………………… 188
6.3 边界面模型 ………………………………………… 192
6.4 重塑非饱和黄土的模型构建 ……………………… 195
6.5 原状非饱和黄土的模型构建 ……………………… 210
6.6 本章小结 …………………………………………… 216

第7章 非饱和黄土结构性动力本构模型程序实现及验证 … 217

7.1 引　言 ……………………………………………… 217
7.2 本构模型参数 ……………………………………… 217
7.3 非饱和黄土动力本构模型实现 …………………… 219
7.4 模型验证 …………………………………………… 232
7.5 本章小结 …………………………………………… 234

第8章 饱和黄土地区场地地震反应分析 ... 235

8.1 引 言 ... 235
8.2 场地反应分析的研究现状 ... 236
8.3 场地动力反应数值研究中的几个问题 ... 239
8.4 上覆土层厚度对场地动力反应的影响 ... 248
8.5 超孔隙水压力对场地动力反应的影响 ... 253
8.6 土体结构性对场地动力反应的影响 ... 257
8.7 层状场地地震反应分析 ... 260
8.8 单、双向地震作用下场地地震反应对比分析 ... 266
8.9 本章小结 ... 270

第9章 非饱和黄土地区场地地震反应分析 ... 272

9.1 引 言 ... 272
9.2 场地分析模型 ... 272
9.3 场地地震反应影响因素分析 ... 272
9.4 双向地震作用下场地地震反应分析 ... 285
9.5 本章小结 ... 290

第10章 单桩-饱和黄土-上部结构动力相互作用分析 ... 292

10.1 引 言 ... 292
10.2 地震作用下桩-土-结构动力相互作用的物理过程分析 ... 293
10.3 单桩-土-结构数值计算模型 ... 295
10.4 桩土界面的处理 ... 296
10.5 超孔隙水压力的影响 ... 298
10.6 桩土界面黏结滑移的影响 ... 304
10.7 桩长细比的影响 ... 308
10.8 土体结构性的影响 ... 312
10.9 层状土-桩-结构反应分析 ... 315

 10.10 地震输入方式的影响 ································ 321
 10.11 本章小结 ······································· 326

第11章 非饱和黄土地区地铁车站地震反应分析 ············ 329

 11.1 引 言 ··· 329
 11.2 计算模型 ··· 329
 11.3 地震反应计算结果 ································· 333
 11.4 结构埋深对地震反应的影响 ························· 355
 11.5 本章小结 ··· 359

第12章 结论与展望 ··· 361

 12.1 结 论 ··· 361
 12.2 展 望 ··· 366

参考文献 ··· 368

第1章 绪　　论

1.1　研究背景及意义

　　地震在历史上给人类造成了极大的人员伤亡和财产损失,世界各国都积极地投入巨大的人力和财力来研究这种自然灾害,寻找对策,尽可能地降低其带来的损失。进入新千年以来,全球各地大地震更是频频发生:2001年1月26日,印度西部古吉拉特邦发生里氏7.9级大地震,夺走了两万多人的生命,逾45亿美元的财产顷刻间化为乌有,作为印度最富庶地区之一的古吉拉特邦的经济一下子倒退了20年;2003年12月26日,伊朗克尔曼省东南180 km的巴姆古城发生里氏6.6级强地震,几乎完全摧毁了这座古城,造成了至少5万人死亡;2004年12月26日,位于印尼苏门答腊以北的海底发生1900年以来强度第二强的9.3级地震,引发的海啸给沿海国家造成空前的灾难,近30万人死亡,还有十多万人失踪,财产损失不计其数;2011年3月11日,日本东北部海域发生里氏9.0级地震并引发海啸和核电站泄漏,造成重大人员伤亡(已确认造成14 063人死亡、13 691人失踪)和财产损失。我国自古以来就是一个地震多发、深受其害的国家。据统计,从1964年至1998年间,我国共发生6级以上地震336次,其中大于7级的25次;2003年至2012年(截至2012年6月10日止),我国共发生5.0级以上地震381次,其中8.0级以上一次;7.0~7.9级7次;6.0~6.9级67次。2008年5月12日的8.0级汶川大地震造成了自1976年唐山大地震以来,国内最为严重的一次地震灾害,地震瞬间夺走了近7万人的生命,数百万人无家可归。这一串串数字震撼着人们的心灵,与此同时,也给研究工作提出更紧迫的要求。然而由于地震的突发性和人们对其认识的缺乏,人类目前只能从各方面采取一些措施进行积极的预防，这其中很重要的一方面就表现在建筑工程领域。历次地震灾害表明：地震对建筑物的破坏是造成地震直接灾害和次生灾害的一个重要方面，所以从抗震的角度来进行建筑物的设计和加固具有十分重要的意义，这在目前世界各国相应的结构设计规范里面已有所体现。

我国自改革开放以来，从各大城市老城区改造、新城区建设的地方战略到新农村建设、西部大开发、中部崛起等国家战略，都掀起了一波又一波大规模的国民基础设施建设，这在人类历史上是绝无仅有的。而伴随着高层建筑、桥梁、输气输水管道、城市地铁等项目在高度（超高）、长度（超长）、深度（超深）和地域（黄土、软土、冻土等各种特殊土地区）上的一次次突破，一旦发生地震，随之带来的灾害风险和程度也已不可同日而语。为了应对地震的不可预测性并最大限度降低由其可能引发的灾害，需更进一步、更全面地深入开展有关建筑物抗震方面课题的研究。而在此类研究中，不能再单纯地只针对地下结构（构件）或是上部结构，而是需要着眼于土-结构这样一个整体系统。研究中涉及结构工程、岩土工程与地震工程众多学科领域方面的知识，因此结构的抗震问题也变得异常复杂。经过各国学者近几十年的努力，虽然已取得了非常显著的成果，但近年来发生的地震所造成的破坏表明：人们对土-结构系统的地震性态还远没有充分认识，结构抗震设计的理论研究还不够成熟，现行设计方法在一定程度上还依赖于经验，而这种经验目前又是远远不够的。地震的频发、灾害的严重后果、认识的不足都需要我们更加重视结构的抗震研究，亟待从各个角度、各个环节对其进行进一步的探索。这种需要对于地下结构（构件）的抗震性能研究而言则显得更为迫切。

1.2 典型地下结构（构件）的地震震害调查分析

传统的建筑物按照结构与地基的相对位置关系，可分为三类：一类是上部结构（无地下部分）通过基础与地基相连，如房屋（无地下室),桥梁等;第二类是上部结构的一部分置于地下,再通过基础与地基相连,如带地下室的房屋等;第三类是结构直接置于地基之中的纯地下结构,如隧道、输水管、地铁车站等。但无论哪种类型,在地震作用下,地震波都是首先经由地基传入建筑物的地下部分从而引起建筑物的地震反应;而后的过程中,地上结构的震动也会经由地下部分向地基中传播。这也就意味着:在地震反应过程中,建筑物的地下部分同时承受两种相互作用,即与地基的相互作用和与建筑物地上部分的相互作用;也承受着两个波的作用,地震入射波和上部结构反应产生的下行波,整个过程的力学行为相当复杂,其受到破坏的可能性是非常大的。另一方面,与建筑物的地上部分相比,地下部分具有隐蔽性,地震中一旦发生破坏,不仅其具体位置和程度难以确定和估计,而且往往是不可恢复的,同时也会对地上部分产生非常严重的影响。从上述分析中可以看出:建筑物地下部分的抗震性能是保证地震中整个建筑物安全的一个关键。因此深入认识地震中建筑物地下部分的反应机理,对以往地震中地下结构(构件)的震害进行调查将是非常必要的。下面将分别对桩基(地下构件)和纯地下结构的震害进行调查分析。

1.2.1 桩基震害调查分析

桩基是深入地基中若干杆件的组合体。虽然大量的工程表明:和其他形式的基础相比,桩基础在抗震方面具有良好的性能。但由于人们对其在地震作用下的工作机理还不是完全清楚,设计与施工中还存在较多的盲点,再加上地震本身强大的破坏性,使得在历次大地震中,都存在桩基础破坏的情况,且一旦破坏,一般都会引起较严重的后果。地震中桩基础的破坏形式多种多样,程度也各不相同[1]。造成这种现象的因素有很多,大致可归纳为以下三类:一是场地的差异性,场地距震中的距离、局部地形、场地土的均匀性及其力学性能等;二是桩基本身的差别,单桩或群桩、摩擦桩或是端承桩、桩体的长径比、桩体本身的强度等;三是上部结构的异同,建筑物的高度、质量分布、平面布置、整体性、与桩基间的连接形式等。为了对地震中桩基的破坏有一个更直观的认识,并在此基础上分析和归纳桩基破坏的模式和原因,为桩基的抗震研究以及设计提供依据,下面将介绍几次大地震中一些比较典型的桩基破坏实例。类似的实例总结见参考文献[2]~[4]。

1. 1976 年唐山地震

1976 年 7 月 28 日唐山发生 7.8 级强烈地震,震中烈度达 11 度。7~11 度地区 89 座大中型桩承桥梁的震后破坏情况统计资料显示:在 9~11 度高烈度区,桥梁倒塌或严重破坏的桥梁所占比例高达 78.3%,8 度区严重破坏或倒塌的占 30%,7 度区严重破坏的则只占 4.7%。破坏形式大致有三种:①各桩墩单向倾斜,下端开裂、折断;②各桩墩呈八字形倾斜;③各桩墩呈倒八字形倾斜。桩墩开裂是这次地震中梁式桥最普遍的震害现象,开裂部位有三种形式:桩柱下部开裂;桩柱顶与盖梁连接处开裂;桩柱与横系梁连接处或墩柱截面变化处开裂。此外,桩周围地面喷水冒砂,致使桩根部与四周土体分离。图 1-1—图 1-2 为唐山胜利桥破坏的情况。该桥是跨陡河的 5 孔 11 m 的装配式钢筋混凝土简支 T 型公路梁桥,柱墩为三柱式单排钻孔桩墩,$\phi 1.0$ m 长 18 m 的桩基础,桩底位于密实的粉质黏土层上。地震发生时桥址处烈度为 11 度,附近上下游两岸严重滑移塌落,有喷砂冒水现象。桥体 1~3 号墩柱接近平行地向河心倾斜滑移(图 1-2),4 号墩三个桩柱全部在接

图 1-1　4 号墩桩基折断造成桥面垮塌

桩位置折断。桥台向河心倾斜并下沉,两孔折断,五十多米的桥梁震后缩短 2.6 m。

图 1-2　1~3 号墩柱平行向河心倾斜滑移

2. 1989 年 Loma Prieta 地震

Loma Prieta 地震导致一些桩支撑结构发生倒塌或严重的破坏。最显著的例子是奥克兰海湾大桥(图 1-3)和塞浦路斯双层高架桥(图 1-4)的部分坍塌。尽管前者的坍塌是由于桥梁面板和桩头连接部分的剪切破坏造成的,但桥梁是支撑在软弱土中大范围群桩基础上的,桩-土-结构的相互作用在其中起了重要作用。同样,后者的破坏归因于场地反应放大和结构细节设计不当的共同作用。支撑这个结构的桩体位于软弱至非常坚硬的过渡地层中。在这种情况下,高架桥的坍塌部分支撑在 0~25 ft 的海湾泥层上,下卧层为深度超过 500 ft 的硬土。高架桥南面没有倒塌的大部分只受到了很小的破坏,其坐落于深厚的冲积层上,而表面没有海湾泥层。在这次地震中,桩基破坏最典型的例子是通往 Watsonville 的 Struve Slough 桥。这座桥的垮塌是由于桩体侧向支撑不够引起的,桩周围很大的土体裂缝证明了这一点,如图 1-5 所示。这种不充分的侧向约束加上上部结构惯性力的作用,导致桩体较大的横向变形,使得一些桩和桩帽脱离并穿透桥梁面板。图 1-6 中桩头处连接良好,但桩周土体被挤开,桩整体从土中被拔出。图 1-7 中,大的侧向位移使得桩沿面板纵向移动,致使桩头与桩帽脱离。图 1-8 中桩基顶部和中部发生弯剪破坏。

图 1-3　桥面落梁

图 1-4　桥面坍塌

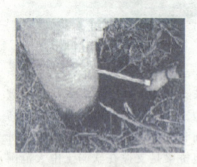

图 1-5　桩体分离

图 1-6　桩体拔出

图 1-7　桩头与桩帽脱离

图 1-8　弯剪破坏

3. 2008 年汶川地震

2008 年 5 月 12 日发生在我国四川省汶川县的 8 级大地震给

我国造成极大的经济损失和人员伤亡。交通运输部公布的交通路桥的损毁情况指出：此次地震对公路、桥梁、隧道各类交通基础设施损毁的直接经济损失达 670 亿元，其中桥梁损毁最为严重，共计造成 6 140 座桥梁受损。图 1-9 所示桥梁是都汶高速公路上唯一的一座特大桥——庙子坪岷江大桥，该桥主桥墩坐落在由 16 根 50 余米长的钻孔灌注桩组成的群桩基础上。此次地震中，其主桥连续刚构主体结构基本上经受住了这次地震的考验，只有在一处伸缩缝位置发生了桥梁面板落梁，其他几孔 50 m 简支 T 梁破坏主要是挡块被剪切破坏，如图 1-10 所示。另一座由都江堰通往映秀的公路桥梁白花大桥，在地震中近一公里长的大桥桥身和桥墩严重错位，桥面完全断裂，并坠入到 20 多米下的河滩上，断为四节，图 1-11 是桥身坍塌现场。从图 1-12 中可以看出：桥墩与桥身

图 1-9 庙子坪大桥桥面落梁

图 1-10 挡块剪切破坏

图 1-11 白花大桥倒塌

图 1-12 桥墩桥身错位

发生了严重错位,距离达大半个墩柱截面。图1-13显示:桥墩根部整个截面均出现了大面积混凝土剥落现象,这主要是因为柱墩在巨大的竖向惯性荷载作用下发生了压屈破坏。图1-14也是在柱的根部发生了破坏,但和图1-13不同的是,混凝土的剥落只在一侧发生,出现了斜截面破坏,这是弯压共同作用的结果。

图1-13　柱墩底压屈破坏　　　　图1-14　柱墩根部弯剪破坏

4. 桩基的破坏模式

根据对上述几次大地震中桩基的典型破坏实例的分析,并结合其他学者的研究[5],本书将地震作用下,桩基失效的模式分为三个类别:①桩体发生压屈破坏;②桩体发生弯剪破坏;③桩体整体下沉或上拔。引起每一种破坏类型的原因又是多方面的,其中既有土质条件的因素,也有上部结构引起的惯性力过大的原因,更有桩基设计或施工不当的可能。对于第一类桩基破坏,一般都发生在土质条件较好的场地,且竖向地震作用较强,在上部结构自身重量和竖直方向产生的巨大惯性力的共同作用下,桩体被压屈。发生第二类破坏的情况较多,主要有以下几种情形:①在成层地基中,上下两层土的力学性能差别过大,在两层土交界处,容易遭受弯剪破坏,甚至直接折断;②土体产生侧向位移或者发生液化并产生侧向流滑,土体在桩上施加巨大的横向荷载,导致桩的破坏;③上部结构在水平方向引起的惯性荷载在桩体内部产生过大的弯矩以及剪力,造成桩身破坏或桩头与上部结构连接处破坏,甚至引起上部结构的整体倾覆;④土体在地震荷载作用下力学性能出现退化,提供给桩体的侧向支撑力降低,导致桩体位移过大,间接增大桩体内的弯矩,引起破坏。对于第三类破坏形式主要发生在以下几种情况:①土体力学性能出现退化或者发生液化,不能提供足够的摩擦阻力,导致桩体竖向承载能力不足,从而发生整体下沉;②桩基未伸入稳定土层,或者是设计长度不够;③竖向地震作用较强,而场地土质条件较差,桩体承受的竖向惯性荷载过大,导致桩体被压入或者拔出。引起上述每一种破坏类型的原因一般都不是单独的,往往是几种原因相互作用、共同作用的结果,由此可见地震荷载下,桩基破坏机理的复杂性。

1.2.2 地下结构震害调查分析

虽然相对于地上结构,地下结构一般具有较强的抗震性能。但历次震害表明:地下结构也不总是安全的,如果对地震反应分析重视不够或者抗震设计不当,有时甚至会发生严重的破坏。图 1-15 为 1906 年旧金山大地震中被破坏的三条输水管道。左图表明输水管的接头螺栓被剪断,连接的两个管道完全断开;右图显示管体内部出现纵向裂纹。1923 年关东大地震中约 25 座隧道遭到破坏;1952 年美国克恩县地震中南太平洋铁路上的 4 座隧道遭到了严重破坏,如图 1-16 所示。左图显示震后盾构隧道出现多条纵向裂纹;右图显示隧道底部路面严重隆起。1976 年唐山地震,市区的给排水系统全部瘫痪,秦京输油管道遭到破坏[6]。上述实

图 1-15 地震下输水管道破坏

例表明:在地震作用下,地下结构也会出现严重的灾害。如果对地下结构的抗震研究重视不够,其后果将是非常严重的。

图 1-16　地震下隧道破坏

1995 年 1 月 17 日,日本阪神发生了 7.2 级地震,根据神户海洋气象台的记录资料,此次地震的最大水平加速度 SN 方向为 818 cm/s^2,EW 方向为 617 cm/s^2,垂直方向为 332 cm/s^2,地震持续时间约 20 s。由于日本地震界认为该地区不会发生大地震,因此,很多工业与民用建筑物的抗震设防烈度偏低,结果建筑物都遭到了严重的破坏。其中包括很多市政地下结构诸如地下多用途隧道、电话线地下通道和地下商场等都有不同程度的破坏[7],地铁车站的地震破坏则是历史上第一次因地震而完全丧失使用功能的地铁结构。

在阪神地震中,神户地铁车站遭到破坏,有五座车站破坏明显,其中以大开车站破坏最为严重。大开车站始建于 1962 年,1964 年完工,车站宽 17 m、高 7.2 m、长度为 120 m。采用明挖法建造,底板距离地面 12 m,位于神户高铁东西线上,上部是日本国道 28 号线[8]。地震时,车站距离震中为 15 km。

大开车站的地震破坏可以分为三个区域,如图 1-17 所示[9]。区域 1 和区域 3 的结构形式相同,都是单层结构,区域 2 是双层结构。整个车站结构中,区域 1 的破坏最为严重,区域 1 共有 23 根柱,大部分中柱被压碎,纵向钢筋弯曲外凸,柱子长度变短完全丧失承载能力,并导致其支撑的顶板折弯、坍塌,使原结构变成了 M

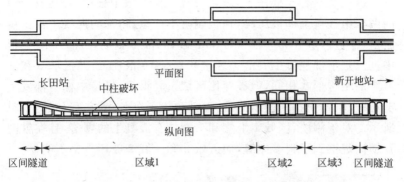

图 1-17 大开车站纵向破坏区域划分图

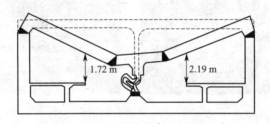

图 1-18 大开车站纵向破坏示意图

形,如图 1-18 所示。顶板在中柱两侧附近 2.15～2.40 m 范围内出现了 150～250 mm 的纵向裂缝,在托座附近及侧墙与顶板交接处有大量混凝土脱落,如图 1-19 所示。顶板的塌陷又使地表主干道在长达 90 m 的范围内塌陷,最大塌陷量为 2.5 m,如图 1-20 所

图 1-19 柱子震害及顶板塌陷

示。区域 2 共有 6 根柱子,破坏最轻。在 6 根中柱中:靠近区域 1 的两根中柱仅上部被压碎,顶板塌落不严重,角部的混凝土仅少量脱落;靠近区域 3 的一根中柱下部破坏,部分钢筋弯曲;中间三根中柱只是下部混凝土剥落。区域 3 共有 16 根柱,虽然区域 3 和区域 1 的结构形式相同,但破坏比区域 1 轻得多,只是中柱下部发生剪切破坏,轴向钢筋被压曲,使上部顶板下沉 5 cm 左右,如图 1-21 所示。对于侧墙:区域 1 上端和下端均有混凝土的剥落,且在纵向及横向观察到了很多裂缝,而区域 2 和区域 3 破坏现象不明显。

图 1-20 地表路面沉降

图 1-21 柱子震害

地铁车站的震害形式和特征总结如下[7~10]:车站的破坏主要发生在中柱,不少中柱出现裂缝,混凝土剥落,钢筋弯曲外露等现象。在受损最严重的大开车站,很多中柱被压坏,丧失承重能力而致坍塌。车站顶板、侧墙也出现不同程度的破坏,主要表现为混凝土开裂、剥落。在受灾严重的地方,因中柱的破坏还导致了顶板的坍塌断裂;与地铁车站相比,区间隧道的破坏较轻微,主要表现为:侧壁、顶板出现裂缝;在构件接缝处,部分混凝土被压坏而露出钢筋;一些中柱的上下两端因受弯而出现裂缝、混凝土剥落、钢筋弯曲外露等。

地下结构尤其是地铁车站严重破坏的事实表明:如果简单地认为地下结构具有较强的抗震能力,地震时不易遭受破坏,而在设计建造时不重视其地震反应分析和抗震性能研究,其后果是灾难性的。地下结构地震响应因受到周围土层的制约,周围土层对地下结构的地震响应有着决定性的影响作用。地层沿深度方向振动的差异以及地质条件变化而造成的沿水平方向振动的差异,都可能危及到地下结构的安全甚至造成破坏。由此可见,对于地下结构的地震反应研究,首先要从研究地下结构周围土体的性质开始。如果脱离周围土体来研究地下结构的地震反应,将很难对其做出准确的认识和判断。

1.3 土-地下结构(构件)地震反应分析方法

由于位于地表以下,地下结构(构件)的振动变形受到周围土体约束,其动力反应特点和地上结构有显著的不同,这也就决定了地震反应分析的方法也有所不同。但在20世纪六七十年代以前,地下结构(构件)的地震反应分析方法还是沿用地上结构的,直到20世纪70年代以后,才逐步形成具有自身特点的体系[11]。总体而言,地下结构(构件)的地震反应分析方法分为理论分析方法和试验分析方法两种。

1.3.1 理论分析方法

地下结构(构件)地震反应分析的理论方法主要有两种:一

可称之为波动法,以求解波动方程为基础;另一种可称之为相互作用法,以求解结构运动方程为基础,地基影响以相互作用力的方式出现[12]。这两种方法有各自的适用范围,对于求解的对象也有各种的假设和简化。如果从分析方法的解答过程来看,又可以分为解析法、半解析半数值法和数值法。以下做简要的介绍。

1. 解析方法

针对地下构件,以桩基础为例,本书根据研究中对地基土的模拟,将这类研究的解析模型分为两类:连续介质模型和质量-弹簧-阻尼器模型。

连续介质模型将系统中的土体视为半无限空间的连续介质,基于连续介质力学的方法来研究桩-土间的相互作用。一般分为两种方法:第一种是基于 Mindlin 解的桩-土动力分析模型,在各向同性的半空间土体内,当竖向 Z 轴上任意有一水平向 X 上作用有集中力 P 时,则任意点(x,y,z)处产生的水平方向 X 上的位移分量可根据 Mindlin 方程求解[13]。Reissner E 于 1936 年最早提出了用弹性半空间理论分析的地基与基础竖向激振情况下的理论解[13]。Seed H. B 等则认为这种方法没有考虑地基土材料阻尼及辐射阻尼的影响;不适用于沉积层复杂的地基情况;不能考虑场地土动力特性随应变值的非线性变化及桩土界面相互作用的真实情况,计算出的地震反应值误差较大,不适用于基础埋深较大的结构物等[14]。F. Abedzadeh 等采用连续介质力学方法分析了侧向荷载作用下桩-土间的相互作用,文中基于三维静力弹性和经典梁理论,将复杂的相互作用问题简化为三个耦合的 Fredholm 积分方程进行求解。虽然这些分析有助于对该问题的定量认识,但由于 Mindin 解是在静力弹性条件下获得的,将其用于动力作用下的非线性分析中,难免会存在误差,且其中的理论非常复杂,至今已很少人采用[15]。第二种是基于波动场解的桩-土动力分析模型,以线弹性或黏弹性均匀连续介质中的三维波传播理论为基础。Novak M. 等人利用弹性半空间理论中的连续介质力学模型把土体视为连续、均匀、各向同性的弹性或黏弹性体,引入平面应变假设,同时假定桩是完全弹性的,且与桩周土完全接触,从波动方程出发,根据不同的边界条件获得桩周土的力和位移表达式,即土的阻抗函数,进而得到了桩在竖向和水平向简谐荷载作用下桩身的动力响应[16~19]。王海东等则采用考虑了桩周土的非匀质性的Novak薄层法计算桩土相互作用,对考虑径向非匀质性的层状地基中摩擦桩竖向动力阻抗的简化计算方法进行了研究,得到相应的计算公式。并分析了桩周土非匀质性、泊松比、频率等因素对单桩竖向动力阻抗的影响[20,21]。胡昌斌则认为 Novak 方法中的平面应变假设忽略了土层间的联系和土层内部竖向应力梯度的变化,波只能水平向传播,无法考虑桩与三维土层的动力耦合作用,不能反映桩周土的三维波动效应,在应用时带来误差。因此采用更严格的三维黏弹性土介质模型,应考虑桩与三维土层动力相互作用效应的桩基时域振动理论,对成层黏弹性土中桩土耦合纵向振动时域响应和桩与滞回阻尼土相互作用时桩基扭转振动时域响应进行了研究,进一步明晰了桩土体系的振动机理[22,23]。此外,有的学者将土体视为多相体,基于波动理论研究了饱和土中桩土的动力相互作用问题。尚守平等基于 Biot 动力固结方程,将Novak薄层法应用于饱和土介质桩土相互作用研究中。首先引入势函数对方程解耦,采用算子分解及分离变量法结合桩土耦合条件求出桩土相互作用阻抗函数[24]。陆建飞等利用根据 Biot 波动理论所得到的半空间饱和土中的水平荷载的格林函数和积分方程方法研究频域内饱和土中水平受荷桩的动力问题[25]。周香莲等采用 Biot 提出的三维波动原理研究了在水平简谐荷载作用下饱和土中群桩的动力反应问题[26]。总的来说,基于波动理论的分析方法能正确的表示几何阻尼和土层的共振现象,却无法考虑桩-土界面的力学特性及桩周土体的非线性和循环退化行为,只能在弹性变形范围内对桩土体系的动力特性做定性的分析,但仍然对工程实践具有重要的指导意义。

质量-弹簧-阻尼器模型的特点是土体在模型中不直接出现,而是用一系列离散的弹簧-阻尼器来代替,用弹簧来考虑土体的线性或非线性,用阻尼器来考虑土体的阻尼,其物理概念非常明确。与连续介质模型相比,虽然它在土体的连续性上一般不能严格满足,但这却极大地方便了其他问题的研究,如土体的非线性、循环弱化、桩土界面等等,所以被许多学者采用,广泛应用于桩-土-结构的相互作用研究中,取得了一系列的研究成果,对加深人们对该问题的认识做了重要的贡献。Nogami T. 等认为在桩基础动力反应分析的该类模型中,以动力 Winkler 模型最为简单、计算最为有效[27]。动力文克尔模型由 Mclelland B. 于 1958 年首先提出,随后被广泛应用发展,形成许多各具特点的类型[28]。孔德森等对桩-土相互作用分析中的动力 Winkler 模型进行了较全面的综述,指出了各种模型的优缺点,并对有待于深入探讨的问题及发展动向进行了简要评述,为今后深入研究提供了基础[29]。最近几年有代表性的研究成果有:刘忠等根据迟滞非线性系统随机振动的基本理论,在动力 Winkler 地基梁模型的基础上,提出一个新的研究单桩横向非线性动力响应的一维简化分析模型。其中,桩周土对单桩的横向非线性作用力由连续分布的非线性退化迟滞弹簧模拟,而运动过程中的能量耗散,则由与非线性弹簧并联的、频率相关的粘壶表示。该模型能够反映单桩非线性行为的主要特征,并可以揭示各种非线性因素,如桩周土的迟滞效应、桩周土力学性能的退化、桩周土的屈服、桩-土界面分离等,对单桩动力响应的影响[30,31]。栾茂因、孔德森等运用土动力学和结构动力学原理,同时考虑地基土的成层非均质性、桩土界面的相对脱离效应和桩侧土的弱化效应,采用数理方程方法分别求解桩与土的振动方程,建立了水平荷载作用下单桩动力阻抗函数的计算方法,同时提出了一种改进的非线性动力 Winkler 计算模型,确定了模型中各物理元件的参数,通过对比分析验证了计算模型的合理性[32,33]。熊辉等以动力文克尔梁模型为基本理论,在充分考虑了土的分层以及桩顶轴向力参与作用后导出了一种新的计算层状介质中水平动力相互作用因子的方法,进一步扩展了群桩-土相互作用简化法的应用范围,可以计算任意构型、桩数、土层属性下的群桩系统阻抗反应,且计算工作量较小。随后又在改进了 Gazetas 均质土中的桩-土-桩相互作用三步法计算模式的基础上,运用分层传递技术,导出了层状地基中群桩在轴、横多向受力条件下的力与位移动力相互关系的显示表达,提出了桩顶谐振作用条件下计算层状介质中动力相互作用因子的新方法,以相对简明的方式阐述了桩顶轴力对群桩水平动力效应的影响,并以此来寻求频域动载下的基桩变位及其内力规律,较为全面地揭示群桩振动特性[34,35]。吴志明等采用 Gazetas 和 Makris 通过拟合有限元计算结果所得到的弹簧系数和阻尼系数,基于动力 Winkler 地基模型和传递矩阵法,提出了一种分析层状地基中单桩和群桩竖向振动特性的简化方法。求解了层状地基中的单桩和群桩的阻抗函数,并考虑了被动桩与土的相互作用。在此基础上,研究了各因素如桩长、桩底约束、桩间角度以及地基土对桩-桩动力相互作用因子的影响,并提出"影响桩长"的概念[36~38]。动力 Winkler 在理论上存在着先天的缺陷,它忽略了土层间的联系,在应用于桩-土动力相互作用研究中时,也存在参数取值,不能详细描述土中应力波的传播以及土体屈服的发展等问题,但都无法掩盖这种方法的有效性和优越性,这从很多学者在研究过程中大量选择这种模型也可以看出来,但必须对其加以更加合理的改进,才能继续保持其旺盛的生命力,使之更符合工程实际。

针对地下结构的解析方法主要有地震系数法、波动拟静力法、围岩应变传递法、BART 法等。地震系数法又称为拟静力法,1899 年由日本大房森吉提出,它假设结构物各个部分与地震有相同的振动,结构物上只作用着运动加速度乘以其质量所产生的惯性力,所以也叫做惯性力法,该方法没有考虑土-结构的相互作用。波动拟静力法又称为波动解法,该方法由前苏联学者福季耶娃提出,是一种拟静力的方法。该方法最先用于解决隧道的地震反应问题,认为对于波长大于隧道洞径 3 倍的 P 波及 S 波,只要隧道埋深大于洞径 3 倍,长度大于洞径的 5 倍,就可以将地震反应的动力学问题用围岩在无穷远处承受一定荷载的弹性力学的平面问题方法解答,如果假定围岩为线弹性体,则地震作用时引起的隧道围岩应力及衬砌内力的计算,可归结为加固孔口周围应力集中的线弹性理论动力学问题。代表性求解方法为反应位移法,该方法认为在地震时,地下结构的变形受周围地层变形控制,地层变形的一部分传给结构,使结构产生应变、应力和内力,可以分为纵向反应位移法和横向反应位移法,分别求取沿结构的纵向和横向的内力和变形。对于后者,由于将土体对结构变形的约束作用简化为弹簧,所以又叫做地基抗力系数法。该方法考虑了土-结构的相互作用,但不能进行时程分析;围岩应变传递法:地下管道、海底隧道、地下油库等地震观测的结果表明:地下结构地震时应变的波形与周围岩土介质地震应变波形几乎完全相似。地下结构的地震应变等于自由场相应位置的地震应变乘以一个比例系数;BART法是美国20世纪60年代末在修建旧金山海湾地区的快速运输系统(简称BART)时,对地下结构抗震进行深入系统的研究时提出的方法,其总体思想是在抗震设计中,给结构提供有效的韧性来吸收土体强加给结构的变形,同时又不丧失其承载的能力,而不是以特定单元区抵抗其变形。

2. 数值方法

由于解析方法的物理概念清楚、参数较少、计算比较简单,很容易被工程界所接受。但是,解析方法往往只适用于某一简单情况或某一特定的类型。同时,也很少考虑土-结构的共同作用,即使有所考虑也需做较多假设,尤其是对土体,很难反映其真实的性质。以桩基础为例,从前面对实际桩基震害的调查、桩基破坏的模式的分析以及桩土结构动力相互作用机理等已有的研究可以看出:地基土的力学性能对桩基体系的抗震性能影响非常大,几乎所有研究这方面的学者都已认识到这一点。但土体本身是一种力学特性非常复杂的介质,多相体、非线性、结构性、循环退化等,在自然形成过程中,地基土又具有成层性、各向异性、非均匀非连续性等,所以要在桩-土结构动力相互作用这样一个复杂研究课题中,针对土体使用合理的模型来准确的描述其特性是非常困难的,但却又是非常必要的。连续介质模型中把地基土用弹性半空间体来刻画显然已不能满足当前抗震的需要。质量-弹簧-阻尼器模型虽然能够有限地考虑土体的非线性、成层性、各向异性等,但却无法考虑和描述土体的循环弱化和在大变形情况下的力学特性,而这两者又是当前研究的热点和难点。前面也提到土体的液化是造成桩基破坏的一个重要因素,而液化本身也正是在循环弱化和大变形条件下发生的。从本质上来说,连续介质模型和质量-弹簧-阻尼器模型都不是真把土当土来看待。所以,桩-土结构动力相互作用的研究要有所突破,必须要更强调土性以及如何更恰当的描述土性。当前土体的动力本构模型研究已很丰富,常见的有等效线性模型、非线性模型、弹塑性模型等,但用于桩土动力反应分析的还并不是很多。这里存在的困难除了本构模型本身的复杂性之外,还在于使用的方法上。因为一旦将土体复杂化,解析法,甚至半解析法都几乎不再可行。此时往往使用数值方法,数值方法的应用和发展,使得地下结构(构件)动力反应分析有了长足的进步。数值分析方法可以考虑复杂场地条件及土体的非均质性和非线性等特性,所以数值分析是近年来最常用的方法,也取得了丰富的成果。数值方法主要包括:有限单元法、有限差分法、离散元法、边界元法及不同方法耦合的杂交法等。

有限单元法首先于20世纪50年代用于飞机结构的静力和动力分析,随后扩展到很多其他领域,其中包括岩土工程。它是一种将连续体离散化为若干个有限大小的单元体的集合,以求解连续体力学问题的数值方法。在求解岩土动力问题时需要引入人工边界条件以反映无限域对计算区域的作用。B. K. Maheshwari等在对单桩进行非线性地震反应三维有限元模拟时也采用了该模型[39]。黄雨等基于Biot两相饱和多孔介质动力耦合理论,采用有效应力方法对液化场地桩基础的地震反应进行了三维有限元分析。其中对饱和砂土采用了超固结边界面、Armstrong-Frederick型非线性运动硬化准则和非关联流动准则[40]。Krauthammer T等利用有限元法研究土-结构接触面对地下混凝土结构的动力响应的影响[41]。黄炳政等利用有限元的方法根据神户的地质条件和阪神的地震荷载对大开车站进行了时程分析，得出了竖向地震对结构的内力影响比水平地震荷载大[42]。李彬等利用有限单元法进行了地铁车站的地震反应分析，探讨了地铁车站地震反应的主要影响因素，介绍了地面与基岩间峰值相对位移的确定方法及其在地下结构抗震设计中的应用，初步研究了地铁车站埋深对结构地震反应的影响[43]。陈国兴等采用记忆型嵌套面黏塑性动力本构模型模拟土体的动力特性，采用混凝土动弹塑性损伤模型模拟车站结构混凝土的动力特性，建立了土-地铁车站结构非线性动力相互作用的有限元分析模型，对各种试验工况下的土-地铁车站结构体系的地震反应进行了数值模拟，并与试验结果进行了对比，分析表明两者较为接近[44]。李彬等采用有限单元法对一双层地铁车站进行了地震时程分析，结果表明，地震引起的地基变形是影响地下结构动力反应的决定性因素，结构的峰值变形反应与自由场的峰值变形反应之间存在简单的近似线性关系[45]。

有限差分法是用差分方程代替微分方程和边界条件，从而把微分方程的求解转化为有限差分方程组的求解，是一种数学上的近似方法。有限差分法同样可以解决所研究对象的非均质性和非线性等问题，该方法同样要求引入人工边界条件。Kirzhner F. 等利用有限差分法对隧道的地震动力反应进行了分析，并改进了动力边界条件[46]；Pakbaz M.C 等则利用有限差分法分析了在地震作用下隧道结构与土体的动力相互作用，并将其结果和解析解进行了对比，分析表明两者的结果相近[47]；杨林德等利用有限差分法模拟了地铁车站接头结构的振动台试验，采用黏弹性本构模型考虑了土体的非线性，计算分析的结果与试验的实测数据吻合较好[48]；随后又对两层三跨地铁车站结构振动台模型试验进行有限差分法三维数值模拟，分析了周围土和车站结构的加速度响应规律、车站结构的动应变以及土-结构间的动土压力，计算结果与振动台试验结果吻合较好[49]；王国波等利用有限差分法成果模拟上海软土的非线性特性、分析软土地铁车站结构的受力状态以及地震荷载引起结构内力的增加幅度[50];张栋梁等利用有限差分法对侧向连续开孔的地铁车站结构进行了分析,研究其三维地震响应规律,确定了结构的薄弱部位,得到了地震荷载引起的结构内力的增幅[51];陈健云等对浅埋软土场地地铁车站地震荷载作用下的动力响应进行有限元数值研究,分析了地铁车站结构的水平相对位移反应和加速度反应,研究了地铁车站结构的埋深对结构地震位移的影响,并在地震作用下对地铁车站结构的内力进行了比较分析[52]。

离散单元法是由 Cundall 于 1971 年提出来的,他假定岩体由相互切割的刚性块体组成,从刚体动力学出发,以显式松弛法进行迭代计算,可以分析岩体的大变形和失稳过程[53]。潘别桐等采用离散元法对龙门石窟的边坡在地震作用下的稳定性进行了研究[54];鲍鹏等基于变形体动力学原理,建立新的可变形块体单元模型,根据离散元法原理,采用边-边接触关系及动态松弛法,推导出其理论公式并编制了计算程序,由静力问题计算结果的收敛性,验证了计算程序和计算参数选取的正确性,求出了地下结构在人工地震波作用下的动力反应[55];张丽华等利用动力离散元法分析了大型地下洞室群的动力响应,认为地下结构并不能完全免于震害,高烈度地震对于节理岩体中的地下结构有明显影响。

边界元法是将力学中的微分方程的定解问题化为边界积分方程的定解问题,再通过边界的离散化与待定函数的分片插值求解的数值方法。边界元自动满足远场辐射条件,无需引入人工边界,同时能将一个二维或三维积分问题变成一个一维或二维积分问题,由于降低了问题的维度,而显著降低了自由度,具有单元个数少,数据准备简单等优点。刘亚安等采用边界元法分析了边坡在地震作用下的稳定性,并得到了一些有益的结论[57];Wolf J P 等采用边界元法将频域地基动力学刚度转化为时域动力学刚度[58];吕能峰等把复合地基等效为均匀线弹性体,把复合地基和远场土分别作为两个子域进行特解边界元法分析,分析结果同试验结果基本吻合[59];Szarits N 等利用边界元分析二维和三维地基的动力刚度和波动响应[60];冯仰德等应用时域边界元法研究了结构-介质动力相互作用问题,假定接触界面的摩擦遵守库仑定理,当入射波足够强时接触界面会出现局部滑移、分离,由于边界上的区域是未知的,所以是个复杂的边界非线性问题[61];尤红兵等利用间接边界元方法,在频域内求解层状场地中局部不均体对平面P波的散射,并考虑不均体宽度、埋深等不同因素对地表位移幅值的影响[62];曹留伟等利用边界元方法分析单条地下洞室开挖、双条平行洞室开挖、双条正交隧洞开挖三维应力场和位移场分布,洞室周壁的应力集中系数,洞室周壁的位移变形规律,给出洞室周壁岩体的稳定性[63]。

有限元单元法、有限差分法和离散元法在解决几何形状复杂和非均质、非线性问题方面比较优越,而边界元法在解决均质、线性无限和半无限问题方面比较有优势,所以研究人员将两种方法联合以便更有效的解决问题,被称之为耦合法或杂交法[11]。姜忻良等采用有限元-无限元耦合法进行隧道-土相作用分析,对均质土层中地下隧道左右两侧有限元区域大小的选取和无限元中节点位置的选取进行了比较研究,并分析了均质软土中地下隧道结构侧壁顶端的动力位移反应[64];张玉娥等采用弹塑性本构关系和摩尔库仑屈服准则,应用6节点单向无限元和4节点双向无限元与8节点平面等三单元耦合的方法,对地铁区间隧道及周围土体这一结构复合系统进行动力无限元分析,揭示出地震荷载作用下地铁隧道结构的工作状态[65];Huo H等考虑水平、竖向地震的耦合作用,用无限元与有限元的耦合来考虑由有限空间代替无限半空间而引起的边界效应,对日本大开地铁车站的震害现象进行了有限元法的数值模拟[66];刘卫丰等利用耦合法对地铁列车运行引起的隧道结构和自由场中的振动响应问题进行了分析,计算时隧道结构采用有限元法,自由场采用边界元法,使动力学数值计算的效率大大提高[67];金锋等利用离散元-边界元耦合模型对溪洛渡工程地下洞室群静、动力响应进行了分析,对离散元模拟地下结构的一些问题进行了探讨。

1.3.2 试验分析方法

上述理论分析方法,都各自在一定程度上促进和满足了相应时期内对建筑物抗震的认识和要求。但随着经济社会的发展和研究的深入,越来越发现:由于不同的计算分析方法都有各自的假定及研究重点,都无法更多的反映实际情况的全貌,有些甚至已不可接受,所计算出来的结果也并不相同,甚至相差甚远。为了验证理论分析结果,同时也更好地研究土与结构动力相互作用的基本力学特征和物理机制,进行试验研究十分必要。

关于地下构件(桩基础)国内外原型试验和现场观测、室内模型试验(包括振动台试验、离心机试验)方面的研究,近几年来国内外的研究成果主要有:尚守平等在野外对土-桩-框架结构1∶2比例模型进行了动力相互作用的试验研究,通过对模型进行地脉动测试得到了其基频,并分别在忽略重力、欠人工质量、人工质量三种工况下进行了模型的顶部牵引激励试验和顶部机械激励试验,且在时域和频域内分析了试验结果,得到了一些有益的结论[69]。T.llyas等都针对群桩基础进行了离心机方面的试验研究[70~73]。在国内,虽然很多科研院所以及高校已建有很多离心机装置,但将其用于地震下桩-土-结构相互作用研究的还很少。苏栋等通过离心机动力模型试验,观测了饱和砂土层中单桩-上部结构在强震中的反应,并通过数值方法导出桩土水平相对位移和侧向土阻力的演变。该研究加深了对砂土液化过程中的桩-土动力相互作用机理的理解,有助于建立液化土中桩基抗震设计方法[74]。于玉贞等为了研究抗滑桩加固边坡的地震响应和桩土相互作用规律,利用土工离心机及专用振动台动态进行了砂土边坡动力离心机模型试验。在50g离心加速度条件下,输入El Centro地震波,记录边坡不同位置的加速度时程并作频谱分析,采集了桩前动土压力和抗滑桩应变等[75]。振动台试验研究方面有:楼梦麟等通过振动台模型试验,探讨了相互作用对结构动力特性和结构地震反应的影响,并进一步对土-桩-钢结构系统进行了振动台模型试验[76,77];凌贤长等在对液化场地中桩-土-桥梁结构动力相互作用振动台研究进展进行全面总结的基础上,在国家自然科学基金的支持下,以1976年唐山地震中倒塌的胜利桥为原型,开展1:10模型的液化场地桩-土-桥梁结构动力相互作用大型振动台试验研究,很好地再现了自然地震触发地基砂土液化的各种主要宏观震害现象,在振动台模型的相似设计、操作技术及试验结果等方面的若干关键科学问题上提供了非常有价值的资料[78~81];王建华等通过振动台试验,研究了饱和砂土中桩基的振动特性,提出了饱和砂土中桩基动力 p-y 曲线的变化规律,在理论指导实践方面迈出了重要的一步[82~84];武思宇等设计并完成刚性桩复合地基1:10比尺的振动台试验。对刚性桩复合地基的抗震性能、桩土变形特性、上部结构的影响、柔性容器的效果等问题进行研究讨论[85,86]。此外,钱德玲、黄春霞、尚守平、李雨润等人也进行了相应的工作,取得了许多有意义的研究成果,极大地加快了人们对该问题的认识步伐[87~90]。

  对于地下结构,由于其投资巨大,很难进行现场试验,只能在地震发生后进行地震灾害调查,收集结构破坏的相关资料。目前,研究较多的是室内模型试验,该方法通过激振试验来研究地下结构的动力响应特性,主要包括人工震源试验、振动台试验和离心机振动台试验。其中,人工震源试验由于一般情况下激振力相对较小,地下结构不容易达到较高的应力状态,无法反应地下结构非线性性质及周围土体破坏等因素对地下结构动力反应的影响,目前此类试验相对较少[91]。Phillips J S 等在美国内华达州核试验场附近的一座隧道中进行了地下核爆炸的振动反应试验,核爆产生了相当于里氏 $M=5.0$ 级的地震,该隧道距离核爆中心 0.5 km,试验中用加速度计量测加速度,用水准仪、收敛仪等量测收敛和永久变形。试验结果表明:自由场围岩与隧道的反应基本相同;震后隧道有永久变形产生,隧道拱肩和左侧边墙出现了剥落和裂缝[92]。振动台试验开展较多,试验设计和试验方法相对成熟,成果也比较丰富。Shunzo 等对水下隧道的地震模型试验,模型比例为1:250,隧道采用矽化橡胶制作,宽度为8.4 cm,高度为4.2 cm,软地层用明胶制作,采用机械激振式振动台,激振波形为简谐波。试验结果表明:在地震作用下,隧道按地层特性振动,既产生了绕曲变形也产生了轴向变形[93];Goto Y等用振动台模型试验研究两个平行的盾构隧道间的距离对地震反应的影响。放置模型的容器长4.35 m,宽2.85 m,高2.0 m,侧壁可以在激振方向内水平地活动以顾及内部填土的性态。隧道模型用丙烯酸圆管制成,内径50 cm,长150 cm,壁厚1 cm,试验加速度为80 cm/s^2,试验结果表明两平行隧道间的距离越愈小,隧道间土体内的剪切应变愈大,从而使得隧道的变形加大,隧道顶部拱肩和底部拱肩均为受力最大的截面[94];Iwatate T等利用振动台试验模拟研究了神户地震中地铁结构的破坏,并将试验结果与现实灾害进行了比较[95];宫必宁等利用振动台对地铁车站的地震响应进行了研究,模型比例为1:50,结构采用有机玻璃制成,尺寸为60 cm×60 cm×24 cm,柱子断面为1.2 cm×1.2 cm,顶板厚度为1.2 cm,侧壁厚度为0.5 cm,模型箱内填装干砂以模拟地基,结构埋深采用10 cm和36 cm两种,地震波形选用了白噪声、阪神波和El-Centro三种波,考虑到竖向地震、水平地震及两者的耦合作用,试验结果表明:放大系数先增大后减少,水平动土压力呈马鞍形分布且埋深浅的压力值大于埋深大的[96]。王国波等采用振动台试验对两层三跨地铁车站结构进行了研究,模型比例为1:30,模型箱高1.2 m,震动方向长3 m,宽2.5 m,结构模型由顶板、楼板、底板、柱子、底纵梁、侧墙和端墙等构件组成,采用微粒混凝土和镀锌钢丝分别模拟钢筋混凝土构件中的混凝土和钢筋,输入了El-Centro波、上海人工波和正弦波,试验记录了模型土和结构模型的加速度值、结构模型的动应变值以及模型土与结构模型间的动接触压力值[97];陈国兴等采用振动台试验对地铁隧道结构进行了研究,模型箱的净尺寸为4.5 m×3.0 m×1.8 m,在振动方向两端箱壁粘贴聚氯苯稀泡沫板,以减小地震动模型箱壁的反射效应,采用微粒混凝土制作结构模型,采用镀锌钢丝模拟结构构件中的配筋,输入El-Centro、南京人工波和Kobe波,试验记录了加速度反应、结构的侧向土压力反应和隧道结构的应变反应[98]。和其他试验手段相比,离心机可以使模型产生加速度场,使试验模型与原型的应力与应变相等、变形相似、破坏机制相近,在国外尤其欧美、日本等应用较为广泛,近些年来,国内随着越来越多的单位购置离心机的装备,离心机试验也在增加。Takahashi等利用离心机试验研究阪神地震中码头的破坏机理,分析了回填液化对码头地震破坏的影响[99]。刘晶波等利用离心试验研究了砂土地基-地下结构相互作用系统在地震作用下的反应,结构为单层三跨结构,采用微粒混凝土与镀锌钢丝制作,模型比例为1∶50,加速度为$50g$,试验结果表明:最大弯曲应变发生在结构柱上端,因此柱上端是结构抗震最不利部位,地震作用下结构所承受的总土压力有所增加,并且在地震结束以后土压力维持在较高的水平[100,101]。

1.4 黄土地区土-地下结构(构件)体系研究存在的问题

　　黄土在我国主要分布于黄河中下游的甘肃、宁夏、内蒙古、陕西、山西、河南和河北诸省区,在东北和新疆也有少量黄土分布,覆盖面积达64万km^2,约占我国领土面积的6.6%,约占世界黄土覆盖面积的4.9%。我国黄土地区大多数地处高烈度地震区,尤其是西北地区,又具有分布广、厚度大、地层完整、地貌类型多而复杂的特点。在这些地区,地震作用所引起的滑坡和震陷作为黄土地区的两大灾害已为人们所公认。早在公元前780年就有"泾、渭、洛三川皆震,山竭,岐山崩"的记载;1654年天水南8.0级地震诱发了上百起黄土滑坡,其中礼县罗家堡大滑坡后缘宽4.5 km,滑移距离2 km,压埋附件村落数千户人家;1718年甘肃通渭7.5级地震诱发300多处规模宏大的黄土滑坡,山崩致使城乡死伤40 000余人,其中甘谷永宁镇特大滑坡后缘宽8 km,滑移距离5 km,压埋永宁全镇数千户人家;1927年古浪8.0级地震诱发90

多个较大的黄土滑坡,其中古浪县灯山庄大滑坡后缘宽850 m,滑移距离450 m,压埋灯山庄全部34户人家;1995年甘肃永登仅发生5.8级地震,但引发的震陷灾害却非常突出,极震区黄土沉陷量达20~40 cm[102]。2008年的汶川地震,我国黄土地区也深受影响,引发了大量的崩塌、滑坡和塌陷等灾害[103,104]。

近年来,黄土地区地震时因发生液化而引发灾害的现象逐渐引起研究者的关注。1989年1月23日,在前苏联塔吉克斯坦共和国首都杜尚别市市郊西南约30 km的吉萨尔村地区发生了一次5.5级地震,在半干旱的缓斜坡丘陵地形地貌下近乎平坦的风成黄土层中触发了广泛的液化,并形成大规模的泥流,向前流滑2 km,致使100多栋房屋埋在5 m厚的泥中,220人丧生或失踪。地震时在最靠近震中的塞穆布里台站记录到的加速度时程约7 s,主震持续了4 s,其南北向峰值加速度约为0.125g,大约相当于我国地震烈度表中7度地震的平均峰值加速度。Ishihara等调查后认为:液化的发生是由于农业灌溉水湿化了7~17 m范围内的多孔隙风成黄土层。1811年和1812年的美国新马德里三次8级地震,在密西西比河流域的Q_3黄土层中,引起了大规模的液化沉陷,形成或扩大了Reelfood湖。1920年12月16日,宁夏海原发生了8.5级的大地震,震中烈度为12度,在距震中70~90 km、地震烈度为10度的清水河四级黄土台塬的晚更新世马兰黄土层中,发生了大范围的液化。上覆土体沿缓斜坡坡降方向向前滑移了1.5 km之远,使当地村庄被夷为平地,造成了严重后果。

上述实际震害的现场调查、现场和室内试验及计算分析结果表明:黄土地区的地震动衰减较非黄土地区慢,即一次地震的影响范围和致灾范围更大;黄土典型地貌(塬、梁、峁、斜坡、阶地等)对地震动具有更大的放大作用,一般放大倍数在1.2~2.4之间,地震烈度可增加1~2度;引起滑坡、震陷和液化的最小致灾地震动强度也低于其他土类,而最大致灾距大于其他土类[105]。黄土地区震害问题的严重性虽然更大,但相对于砂土、黏性土中震害研究的开展程度,当前针对黄土地区的类似研究还是十分滞后的。因此,加强对黄土地区土-地下结构(构件)体系的研究是十分有必要的,也是非常紧迫的。

1.4.1 非饱和黄土静动力特性的研究问题

黄土是在干旱或半干旱气候条件下形成的,一般都处于非饱和状态。因此,对黄土的研究一般也都是将其视为非饱和土来进行的。由于黄土具有特殊气候条件下形成的大孔隙结构特征,相比其他土体而言,其最大特点在于其表现出的结构性和水敏性,而这两者之间既相互区别,又相互关联,并由此造就黄土在变形、强度等多方面的特殊性。目前关于非饱和黄土的研究成果总的来说可大致按此两大特性来进行分类。一类是关于结构性的,包括微结构、宏观结构性定量描述、考虑结构性的变形和强度特性等内容。高国瑞对我国北方各地黄土的显微结构进行了扫描研究,并根据其显微结构特征对黄土进行分类,且指出其区域性变化规律。对黄土微结构的研究有助于人们加深对黄土结构性的认识并从理论上对其特殊力学特性予以解释,但却很难将其成果直接应用于工程实践。为此,又从宏观层面提出结构性定量化的概念,这方面的研究以谢定义教授和沈珠江院士的研究最具有代表性[106]。谢定义等认为扰动、加荷和浸水是改变原状土结构的主要作用,通过重塑、扰动和浸水饱和可使原状土的结构势充分释放出来。由原状结构性土和相同密度及含水率下重塑土的变形量比较反映胶结结构的作用和空间排列变化对土性的影响,由原状结构性土及其饱和土变形量的比较反映浸水胶质溶解和水膜失效的影响。从而基于压缩变形构造一个反映结构性的定量化参数,称之为综合结构势[107]。而后邵生俊等也基于综合结构势概念和三轴实验提出了应力型的结构性参数,并建立了相应考虑结构性的本构模型[108]。沈珠江等基于二元介质理论,把天然黄土看作由胶结块和软弱带组成的非均质材料,建立了胶结块和软弱带的应力-应变关系和相应的破损演化规律。模型参数可以通过原状试样和重塑试样的常规试验测定[109]。而后刘恩龙等也基于二元介质模型思想对土体结构性进行了拓展研究[110]。从上述两种思路来看,黄土结构性的定量化都需要以重塑黄土和原状黄土的变形、力学特性研究来作为基础。陈正汉等基于三轴实验对重塑非饱和黄土的变形、强度、屈服和水量变化特征进行了较为全面的研究[111];陈存礼等对原状黄土的结构性及其与变形特性关系进行了试验研究[112]。骆亚生等对黄土结构性的研究成果和新发展进行了系统的总结[113]。关于非饱和黄土研究的第二类是关于水敏性的。谢定义认为抓住水敏性来研究黄土的力学特性就抓到了问题的本质,抓到了黄土力学的灵魂。和结构性的研究类似,黄土水敏性的研究也主要从其微结构特征、湿陷(变形)、强度等几个方面进行展开的[114]。苗天德等在考虑微结构失稳的基础上对湿陷性黄土的变形机理进行了分析[115]。胡再强等通过对原状土样三轴浸水试验及湿陷前后的显微结构进行扫描电镜分析,用以确定非饱和黄土显微结构与湿陷性之间的联系[116]。陈正汉等通过三轴等应力比试验和侧限压缩试验揭示了黄土湿陷变形的若干规律[117]。李保雄等则在对不同沉积时代黄土样品的直接剪切、环剪及原位大面积剪切试验的基础上,对黄土抗剪强度的水敏感性特性进行研究,揭示了不同沉积时代与含水状态下黄土抗剪强度的水敏感性特征及应力-变形机制[118]。近年来,黄土力学水敏性的研究出现了由浸水湿陷量到湿陷敏感性,由狭义的浸水饱和湿陷到广义的浸水增湿湿陷,由单调的增湿变形到增湿减湿、间歇性湿陷变形,由增(减)湿路径到增(减)湿路径与加(卸)荷路径的耦合,由湿陷性到湿剪性以及由宏观特性分析到宏、微观结合的力学特性分析等诸多方面的发展,大大地丰富了对黄土特殊变形强度性质的认识。

相比上述针对静力学特性进行的研究而言,非饱和黄土在动力学特性方面的研究开展的较晚一些,取得的成果也还相对较少。巫志辉等基于动三轴试验对陕北洛川标准剖面原状黄土的动变形强度特性进行系统的研究[119];胡瑞林等则对动荷载作用下黄土强度特征、结构变化机理进行了分析[120]；栗润德等考察了不同含水率下原状黄土动强度变化,并开展了有关震陷方面的相关试验研究[121]。谢定义等指出：黄土动力特性的研究必须既借鉴土动力学中通常对砂土的研究,更得面对黄土的特殊性,即结构性、欠压密性、非饱和性以及由此而表现出的各向异性与对水作用的特殊敏感性,既重视静、动力作用,更重视水作为广义力的作用力以及水与静、动力作用不同路径组合的影响。在黄土动力特性研究的主题、黄土的动强度破坏标准、黄土试样的合理高径比与连接方式、黄土的起始含水率控制方法、黄土上作用不规则动荷等效处理的有效性等方面的问题上,都不能照搬饱和砂土动力学的研究方法。并进一步指出：目前在黄土动力特性的研究中,将水力、静力、动力特征和土的湿、密、构特征综合作用下的力学效应和物理机制的研究与黄土的区域性变化相结合应该是一条主线。当前的研究成果只是一个良好的开端,它无论在数量上,范围上或深度上,尤其是应用上都还远远满足不了我国建设规模的需要[114]。

1.4.2 饱和黄土静动力特性的研究问题

随着我国可持续发展的深入贯彻,黄土地区的农业灌溉条件逐步改善,大中城市也逐渐减少地下水的用量,使得地下水位逐年上升,饱和黄土的范围大大增加。以西安地区为例,陕西省环境地质监测总站监测结果表明：西安市83％的监测点地下承压水位自1999年以来普遍回升,一般上升高度为0.04～3.11 m,最大上升高度达6 m。同样有资料表明：太原、兰州等黄土地区城市也都出现了地下水位回升的现象。性质的不同、已造成的灾害、范围的扩大都说明将饱和黄土与一般性黄土以及饱和黏土进行区别,单独对其进行深入研究的必要性和紧迫性。从理论上来讲,饱和黄土可以看作是非饱和黄土的一个极限状态。在理想状况下,饱和黄土的物态组成由非饱和黄土的四相减为二相,其研究难度要大大降低,如果能把握饱和黄土的力学性能,那么不但能反过来促进对非饱和黄土的认识,还能够有效地解决当前由于饱和黄土范围不断扩大而带来的一系列安全隐患。但当前专门针对饱和黄土进行的试验研究成果并不多。

陈素维等根据关中地区部分饱和黄土资料,分析和论证了关中地区饱和黄土的基本物理力学性质和工程特性,如承载能力、灵敏度和触变性等,对正确利用饱和黄土地基具有指导意义[122]。王兰民等基于室内土动力学试验、电化学试验和电镜扫描图像处理分析,研究了饱和黄土液化的机理,建立饱和黄土孔隙水压力和应变的增长模型,定量研究了黄土液化的主要影响因素[123]。何开明等初步分析了黄土与砂土在液化机理、孔压增长模型、体积压缩系数以及渗透系数方面的差异。并进行碎石桩饱和黄土地基的地震液化有限元数值分析[124]。刘红玫等通过对黄土中各类孔隙含量的定量测试及数理分析,介绍黄土孔隙微结构的计算机图像处理分析仿真,并从孔隙微结构的角度研究饱和黄土液化机理。在此基础上,建立孔隙微结构特征与黄土液化势的定量关系,从孔隙微结构角度对中国不同地区黄土液化势进行了评价[125]。佘跃心等通过室内饱和原状黄土液化试验研究,探讨孔压增长规律,并从微观结构角度研究黄土液化机理[126]。杨振茂等在对饱和黄土液化及其理论研究的现状进行总结的基础上,通过应力控制固结不排水三轴试验,研究饱和黄土的稳态强度特性及超固结对其不排水性状的影响。对比分析黄土与砂土静力液化特性之间的异同。提出饱和黄土流滑破坏的产生条件和利用稳态强度判断饱和黄土能否产生液化流滑的方法。并同样基于室内试验,对黄土液化的试验方法、液化机理、液化判别标准、影响液化的因素、孔压和应变的发展特点等问题进行系统的研究,得到了一些新的认识和规律[127~129]。吴燕开等对西安地区相关数据统计分析,把西安市饱和黄土、软黄土的工程性质与一般黄土进行详细对比,指出它们之间的工程性质差异,并建议将软黄土作为一种特殊性的土体从饱和黄土中分离出来进行专门研究[130]。

1.4.3 土体动力本构模型研究问题

经过几十年的发展,这方面的研究已取得了相当丰富的成果。

目前土体的动力本构模型总的来说可以分为基于黏弹性理论的模型和基于弹塑性理论的模型两大类。

1. 基于黏弹性理论的动力模型[131]

自 1968 年 Seed[132]提出用等价线性方法近似考虑土的非线性以来,黏弹性理论已有了较大的发展。土体的黏弹性动力本构模型由骨干曲线和滞回曲线构成。骨干曲线表示最大剪应力与最大剪应变之间的关系,反映了动应变的非线性;滞回曲线表示某一个应力循环内各时刻剪应力与剪应变的关系,描述卸载与再加载时应力-应变的规律,反映了应变对应力的滞后性,两者一起反映了土体应力-应变关系的全过程。根据应力-应变关系曲线上弹性部分的特性,黏弹性土体动力本构模型又可分为线性变形模型和非线性变形模型。线性变形模型在周期应力作用下,弹性部分的应力与应变成正比,而阻尼部分的应力与应变则沿一椭圆变化。当周期应力的幅值增大或减小时,滞回圈保持相似的形状扩大或缩小。常用的线性模型如等效线性模型包括 Hardin-Drnevich(1972)[133]双曲线模型、Ramberg-Osgood 模型、双线性模型及一些组合曲线模型,就是把土体视为黏弹性材料,其不寻求滞回曲线的具体数学表达式,不建立具体的应力-应变关系,而是给出等效弹性模量和等效阻尼比随剪应变幅值和有效应力状态变化的表达式。对于非线性变形模型而言,其弹性部分的应力与应变并非直线关系,阻尼部分的应力与应变也不是椭圆状变化规律,表明应力应变关系的滞回圈是这两种非线性变化共同作用的结果。随着应变幅值的增大和滞回圈的倾斜,土体呈现非线性的变形规律。在土体的动力反应分析中,常用的非线性模型是曼辛(Masing)型。它是根据不同的加载、卸载和再加载条件直接给出动应力-应变的表达式。在给出初始加载条件下的动应力-应变关系式(骨干曲线方程)后,再利用曼辛 2 倍法得出卸荷和再加荷条件下的动应力-应变关系,以构成滞回曲线方程。

黏弹性模型能较合理地确定土体在地震时地加速度、剪应力和剪应变,形式上也比较直观简单,便于工程应用。但也存在如下缺点:(1)不能计算永久变形;(2)不能考虑应力路径的影响;(3)不适用于大应变时的情况。为此,不少学者对其进行了改进研究。其中 Martin G R 等人的工作具有一定的代表性[134~144],刘汉龙和李亮等对此做了较详细的介绍[145,146]。最近几年,陈国兴等以描述土体一维动应力-应变幅值关系的 Davidenkov 骨架曲线为基础,采用 Masing 法则,构造了土体加载再卸载的一维动应力-应变关系滞回曲线;采用破坏剪应变幅上限值作为分界点,对 Davidenkov 骨架曲线用分段函数进行修正,纠正了 Davidenkov 骨架曲线随着剪应变幅值的增大而不能趋近于破坏剪应力上限值的缺点;对修正后的 Davidenkov 骨架曲线和所构造的加载再卸载一维动应力-应变关系滞回曲线,推导了阻尼比的计算公式[147]。尚守平等基于曼辛准则提出了一种基于阻尼比的黏土动应力应变模型,通过在滞回曲线中显示地引入代表阻尼比大小的形状系数,使得理论滞回曲线真实地反映土体的滞回阻尼性能,并推导了等幅对称荷载下滞回曲线的理论方程[148]。迟世春等则以 Hardin-Drnevich 模型的双曲骨架曲线为基础,采用 Masing 准则构造其滞回曲线,形成小应变土体动力耗散函数。然后从热力学基本定律出发,分析了其对应的屈服面及能量耗散特性[149]。

2. 基于弹塑性理论的本构模型

土的弹塑性模型建立在弹性理论和塑性增量理论基础之上,它将土的应变分解为可恢复的弹性应变和不可恢复的塑性应变,并分别由弹性理论和塑性增量理论计算,其关键是要根据塑性变形发展过程中屈服面变化的硬化规律定量地建立塑性硬化模量场,以此来计算塑性变形。所以,模型的建立必须考虑硬化规律、屈服面形状、模量场计算以及试验参数的确定等问题。

自 20 世纪 70 年代以来,对饱和砂土弹塑性动本构模型的研究中所采用的途径一般有如下两种:(1)仍采用单调加载条件下所建立的模型,但仅选用较为复杂的硬化规律,如采用将等向硬化规律和运动硬化规律相结合的所谓非等向硬化规律或者允许屈服面产生扩张或收缩运动[150,151]。熊玉春等基于静力各向同性弹塑性损伤和 Prevost 模型[153]的基本理论,把弹塑性等向硬化、运动硬化和各向同性损伤结合起来,推导了循环荷载作用下饱和软黏土的弹塑性动力损伤本构模型[152]。总的来说,这类模型在模拟土的实际性状时还有较大差距,且往往参数难以确定。(2)以其他形式的塑性理论为基础所建立的动本构模型,如多屈服面模型、边界面模型、基于多机构概念的塑性模型等。其中以多屈服面模型、边界面模型研究的比较多。多屈服面模型是基于 Mroz[154]提出的塑性硬化模量场理论建立起来的,边界面模型本质上则是多屈服面模型的进一步发展,就是只采用不动的初始加载面和边界面,在这两个面之间的套叠屈服面场用解析内插函数来代替,加载面上的塑性模量取决于加载面上的应力点与边界面上相应共轭点之间的距离。但它克服了多屈服面模型在数值计算中的困难。这方面的研究进展可参考周建所撰写的博士论文[155],近年来关于这方面比较有代表性的研究成果有:周建运用多重屈服面模型,结合循环荷载作用下土体的孔压变化模型和应变软化模型,即可得到有效应力路径下考虑土体应变软化的本构模型[156]。刘汉龙等在构建砂土多机构边界面塑性模型时也使用边界面弹塑性模型来模拟多重剪切结构塑性模型中的虚拟单剪机构,避免了多重剪切机构塑性模型在利用修正 Masing 准则模拟虚拟单剪应力-应变关系时确定比例参数的复杂性[157]。李涛等针对软黏土在循环荷载作用下的变形特性,几乎不存在纯弹性变形阶段及应变趋于零时仍存在能量耗散,结合软土地铁车站振动台模型试验中对饱和软黏土进行的动三轴试验,利用边界面模型理论建立软黏土的黏弹塑性动力本构模型[158]。杨超等在克服双面模型缺陷和修正剑桥模型的基础上,建立了一个适于饱和黏性土的二维形式的弹塑性双面模型,该模型具有双面模型的优点,同时又扩大了双面模型模拟循环荷载下土的动态力学性能的能力[159]。庄海洋等采用等向硬化和随动硬化相结合的硬化模量场理论,基于土体的广义塑性理论,建立了一个总应力增量形式的土体黏塑性记忆型嵌套面动力本构模型。该模型通过记忆任一时刻的加载反向面、破坏面和与加载反向面内切的初始加载面来确定屈服面的变化规则,所以其同样应归为多屈服面模型[160]。

从土体本构模型的研究现状可以看出:目前绝大多数土体动力本构模型都是针对于砂土和黏土提出来的,还少有考虑黄土的特殊力学特性,针对非饱和黄土、饱和黄土进行的类似研究。作者已有的资料表明:到目前为止,只有骆亚生提出了静动力复杂应力条件下非饱和黄土的结构性本构关系,该本构模型在动力条件下具有与哈丁模型相似的基本形态及对应参数,结构性参数则是在综合结构势的思想框架内,基于强度考虑提出的[161];王兰民等[162]、柴华友等[163]提出了专门针对饱和黄土的动力本构模型。其中前者提出的是基于曼辛准则的双曲线模型;后者是把两种用于砂土的本构模型,即边界面模型和广义塑性模型用于法国黄土,并与试验结果进行了对比验证,但两者都没有考虑黄土的结构性。因此,在有关黄土的结构性动力本构模型研究方面有待进一步的加强。

1.5 本书的研究内容

本书主要研究建立黄土的结构性动力本构模型并将其应用于地下结构(构件)的地震反应分析中。全书共分为三大部分,即试验研究部分、本构模型研究部分以及应用研究部分,各部分所包含内容分别如下。

1. 试验研究

(1)基于饱和黄土的不排水三轴剪切试验,分析总结围压、超固结比、偏压固结比对饱和黄土静力力学性能的影响规律;基于室内动三轴试验,研究五种因素,即围压、超固结比、偏压固结比、动剪应力比、加载频率,对饱和黄土动力特性的影响,包括变形模量以及不排水强度的退化规律、超孔隙水压力的发展规律,详细分析各种现象规律产生的原因。

(2)进行非饱和黄土静力三轴试验,研究分析不同固结围压、不同含水率对重塑非饱和黄土和原状非饱和黄土的变形性能和强度的影响;研究分析相同工况下原状土和重塑土变形性能的区别,由此提出合理的结构性参数并研究其变化规律。进行非饱和黄土的动力三轴试验,研究不同围压、不同含水率对土体动力特性的影响。

2. 本构模型研究

(1)建立饱和黄土的基本应力应变关系;推导考虑土体黏聚强度分量的正常固结饱和黄土不排水强度理论公式,导出超固结状态与正常固结状态之间不排水强度的变化规律,并考虑拉压不同性质以及中主应力影响对其进行修正;引入似超固结的概念,建立变形模量、不排水强度随似超固结比的变化规律;结合试验数据,探讨结构变化对变形模量以及不排水强度的影响,并给出相应的拟合公式;基于对孔压增长模型的总结以及实验结果,提出适合于本次研究所用饱和黄土在不排水动力加载下超孔隙水压力的增长模型。

(2)引入含水率参数,研究建立重塑非饱和黄土边界面动力本构模型。研究分析模型中参数的变化规律,并给出其确定方法;在重塑非饱和黄土的本构模型中引入结构性参数,研究建立原状非饱和黄土的动力本构模型,得出结构参数的具体公式及其确定方法。

(3)给出饱和黄土动力本构模型建立的步骤,并结合试验对其参数的确定进行研究;引入结构性发挥系数,研究其变化规律,给出相应的计算模式,建立考虑结构性的饱和黄土动荷载作用下不排水变形模量、强度的退化规律,并最终构建出考虑结构性的饱和黄土动力本构模型。推导非饱和黄土结构性本构模型数值计算所需的理论公式。基于 ABAQUS 二次开发平台,开发出所建立本构模型的用户子程序。基于所建立的结构性动力本构模型进行非饱和黄土、饱和黄土的静、动力三轴试验的模拟,并与试验结果进行对比,以验证所构建本构模型的合理性。

3. 应用研究

(1)基于所建立的饱和黄土、非饱和黄土结构性动力本构模型进行场地动力反应有限元分析,对地震波的选取、输入问题进行说明;引入无限单元处理边界条件;分析上覆土层厚度、超孔隙水压力、土体结构性、含水率等对场地动力反应的影响;对于层状场地,研究地下水位变化,表面硬土层厚度变化对其地震反应的影响;考察地震输入方式对场地反应的影响。

(2)基于所建立的饱和黄土结构性动力本构模型,进行单桩-土-结构的地震动力反应有限元-无限元耦合分析;分析超孔隙水压力、土体结构性、桩体长细比、桩土界面力学行为对相互作用动力反应的影响;对于层状场地,研究地下水位变化,硬土层的厚度变化对其地震反应的影响;考察地震输入方式对系统反应的影响。

(3)基于所建立的非饱和黄土结构性动力本构模型,分别对某拟建地铁车站的竖向、水平和双向地震响应进行有限元-无限元耦合分析;研究结构埋深对地铁车站地震响应的影响,并对工程提出建议。

第 2 章 饱和黄土静、动力试验研究

2.1 引　　言

饱和黄土一般是由黄土在水的作用下,湿陷性消失,成饱和状态而形成的(饱和度达到80%以上)。饱和黄土与原湿陷性黄土的性质有着密切关系,但又有很明显的差异,这主要表现在以下几个方面：

(1)物理性质中的密度、液限、塑限、塑性指数等都只与土的矿物成分、粒度大小有关,而与土中含水率大小无关。因此饱和黄土的上述指标应与湿陷性黄土相同。

(2)土颗粒的大小、形状和排列决定了土体孔隙比的大小。黄土颗粒间常有一定量的可溶盐,在饱和过程中,可溶盐溶解,土体的孔隙体积有一定程度的减小,但对于不具有自重湿陷性的黄土,其在饱和过程中的孔隙比在数值上变化一般不是太大。

(3)饱和过程中,含水率、容重、饱和度、液性指数、压缩系数等指标,都将产生较大的变化。其变化规律与原湿陷性黄土的孔隙比和塑性指数有关。

(4)饱和过程中,可溶盐的溶解降低了土颗粒间的连接强度,从而土体的黏聚力变小；同样,由于水的润滑作用,颗粒间的摩擦强度也会有一定程度的降低。因此,饱和黄土的压缩性要比原湿陷性黄土大,强度则要低一些。

对比饱和砂土[160]和饱和黏土[159]静动力特性研究的深度和广度,饱和黄土目前的研究在试验数据的积累和理论研究两方面都还是远远不够的,所以有待进一步的深入。本章首先基于饱和黄土的不排水三轴剪切试验,分析总结了围压、超固结比、偏压固结比对饱和黄土力学性能的影响规律；然后基于室内动三轴试验,

研究五种因素,即围压、超固结比、偏压固结比、动剪应力比、加载频率,对结构性饱和黄土动力特性的影响,并与相关文献进行比较,详细分析各种现象规律产生的原因。

2.2 饱和黄土静力特性试验研究

2.2.1 试样基本情况

本次研究所用的原状土样 Q_3^{eol} 黄土,取自西安市北郊某基坑,取土深度为 8.0 m,其基本性质指标如表 2-1 所示。三轴试样尺寸均为直径 39.1 mm,高 80 mm。试验中,对于黄土的饱和问题,采用水头饱和法[129]。首先按操作步骤安装试样,而后对其施加 20 kPa 围压。提高进水管的水位,使其水面与试样中部的高差为 1 m 左右。打开进水阀,使水从底部进入试样,从试样顶部溢出。试验中水头饱和时间均在 2 h 以上,测试结果表明:饱和度在 90% 左右,达到《湿陷性黄土地区建筑规范》(GB 50025—2004)对饱和黄土饱和度的要求。

表 2-1 饱和黄土的物性指标

饱和密度 ρ_{sat} (g·cm^{-3})	含水率 ω(%)	孔隙比 e_0	比重 G_s	塑限 ω_p(%)	塑性指数 I_p	黏聚力 (kPa)	不排水摩擦角 ϕ(°)
1.9	33.6	0.91	2.71	18.3	12.0	13.0	25.6

2.2.2 试验研究内容及所得规律分析

本次试验的研究内容:考虑三种因素,即围压、超固结比、偏压固结比,研究其各自对饱和黄土力学性能的影响。针对每一种因素进行若干试样的静力不排水三轴试验,得到一系列关于土体应力应变和孔压发展的变化曲线。考虑到工程实际,定义两类超固结比:第一类是前期固结压力不同,当前固结围压相同而形成的第一类超固结状态 β_1,如图 2-1 中的 A、B 点所示。此类固结比适用于由于开挖而引起的超固结状态,当前应力状态清楚的;第二类是前期固结压力相同,当前固结围压不同而形成的第二类超固结状态 β_2,如图 2-1 中的 C、D 点所示。此类超固结比适用于液化引起的似超固结状态,前期固结压力是已知的。试验中:第一类超固结比试样通过加载到不同围压,固结后卸载到相同的当前围压获得不同的超固结比 β_1,如四个试样先分别在 50 kPa、75 kPa、100 kPa、200 kPa 围压下固结后均卸载至 50 kPa,得到的第一类超固结比分别为:$\beta_1=1$、$\beta_1=1.5$、$\beta_1=2.0$、$\beta_1=4.0$;第二类超固结比试样通过加载到相同围压,固结后卸载到不同的当前围压获得不同的超固结比 β_2,如四个试样均先在 100 kPa 围压下固结后分别卸载至 100 kPa、66.7 kPa、50 kPa、25 kPa 得到的第二类超固结比分别为:$\beta_2=1$、$\beta_2=1.5$、$\beta_2=2.0$、$\beta_2=4.0$。文中超固结比如未作说明,则表示第一类超固结比。研究下列六种情况:(1)相同围压、两类不同超固结比;(2)不同围压、相同超固结比;(3)相同围压、不同偏压固结比;(4)不同围压、相同偏压固结比;(5)相同偏压固结比、两类不同超固结比;(6)不同偏压固结、相同超固结比对土体力学性能的影响。这里主要是对土体变形模量及土体强度变化规律的影响。

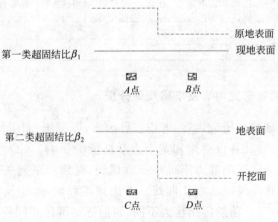

图 2-1 两类超固结比定义示意图

为了方便论述,进行如下定义:初始模量比为初始变形模量与初始有效固结围压之比,不排水强度比为不排水强度与初始有效固结围压之比。典型应力水平应变水平曲线、孔压 U-应变水平增长规律如图 2-2 和图 2-3 所示。其中,应力水平 σ_i、应变水平 e_i 定义如下:

$$\sigma_i = \frac{1}{\sqrt{2}} \sqrt{(\sigma_x - \sigma_y)^2 + (\sigma_y - \sigma_z)^2 + (\sigma_z - \sigma_x)^2 + 6(\tau_{xy}^2 + \tau_{yz}^2 + \tau_{zy}^2)}$$
$$= \frac{1}{\sqrt{2}} \sqrt{(\sigma_1 - \sigma_2)^2 + (\sigma_2 - \sigma_3)^2 + (\sigma_3 - \sigma_1)^2} \qquad (2-1)$$

$$e_i = \frac{1}{\sqrt{2}} \sqrt{(\varepsilon_x - \varepsilon_y)^2 + (\varepsilon_y - \varepsilon_z)^2 + (\varepsilon_z - \varepsilon_x)^2 + 6(\gamma_{xy}^2 + \gamma_{yz}^2 + \gamma_{zy}^2)}$$
$$= \frac{1}{\sqrt{2}} \sqrt{(\varepsilon_1 - \varepsilon_2)^2 + (\varepsilon_2 - \varepsilon_3)^2 + (\varepsilon_3 - \varepsilon_1)^2} \qquad (2-2)$$

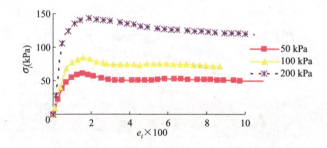

图 2-2　不同围压下典型应力应变曲线

从图 2-2 中可以看出:不同围压下应力应变关系曲线呈弱软化型。在变形初始阶段,应力上升速率非常快,几乎呈直线形上升,在应变值为 1% 左右时,应力达到其峰值,在随后 1%～10% 的变形阶段,应力保持不变或略有降低。饱和黄土具有一定的结构性,变形过程中,结构性和颗粒间的摩擦共同抵抗外力,但两者并不是同时达到最大值的。结构性强度通常是在较小的应变下达到它的最大值,破坏之后过渡到另外一种稳定结构体系。在新的结构体系下,变形继续增大直至剪切带开始形成到最后贯通,此时试样的体积不再变化,应力应变曲线趋于水平,唯一的强度分量为摩擦分量。

图 2-3 表明:对于超固结土,并没有出现负的超孔隙水压力,这与饱和黄土的内部结构有关。黄土在沉积过程中的物理化学因素,促使颗粒接触处产生了固化连接键,这种连接键使骨架具有所谓的结构连接强度。在缓慢的沉积过程中,结构连接的形成阻碍了正常压密,所以原状黄土具有较大的孔隙比。一旦结构连接遭到破坏,黄土就显示出强烈的剪缩特性。另外,当黄土浸水处于饱和状态时,饱和度一般为 80%~95%。此时中、大孔隙中充满了水,而部分小孔隙和绝大多数微孔隙则未完全被水填充,里面的气体处于"气封闭"状态,使得即使存在一定的剪胀性,也会被"气封闭"孔隙的压缩变形给抵消掉,而不会在孔压变化上有所反映;再者,一定含量的黏粒也起到了一定的润滑作用,降低了剪胀发生的可能性。

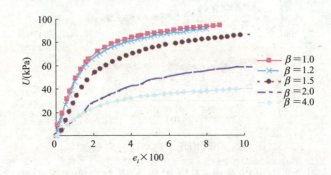

图 2-3 不同超固结比下典型孔压与应变关系

1. 围压 p、超固结比的影响

(1)相同围压、第一类超固结比下初始模量比 G/p、不排水强度比 S_u/p 变化规律

从图 2-4~图 2-6 中可以看出:前期固结压力相同时,不同第一类超固结比下,饱和黄土的应力应变曲线变化趋势较为一致,在较小应变下(1%左右)就达到了峰值强度,随后基本保

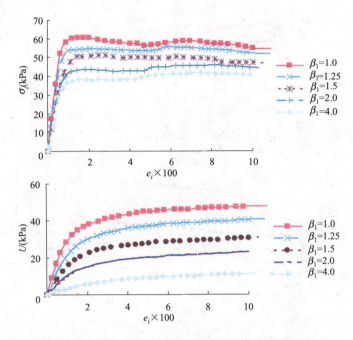

图 2-4　前期固结压力 $p=50$ kPa,不同第一类超固结比下
应力、超孔压随应变变化曲线

持不变或者呈现弱软化特性。超孔隙水压力则都是呈单调上升趋势,没有出现负的超孔隙水压力,试样始终都处于体积剪缩状态,这主要是由于黄土的大孔隙结构特征决定的。且相同应变水平条件下对应的超孔压随着第一类超固结比的增大而降低,这是由于第一类超固结比越大,剪切时的围压越小造成的。

图 2-7～图 2-10 分别是定义的第一类超固结比下初始模量比和不排水强度比随应变水平的变化规律。从图中可以得出以下规律:

1)相同第一类超固结比下,初始模量比随着围压的增大而下降。这是因为土体的强度发挥与土体的变形是紧密联系的。对于具有特殊结构的饱和黄土,结构性和颗粒间的摩擦共同抵抗外力

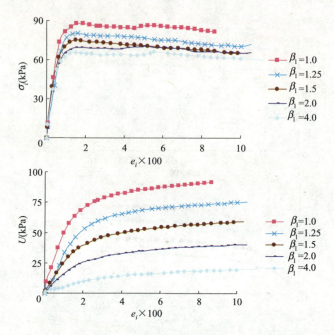

图 2-5 前期固结压力 $p=100$ kPa,不同第一类超固结
比下应力、超孔压随应变变化曲线

而产生变形,但两者并不是同时达到最大值。结构性强度通常是在较小的应变下达到它的最大值,破坏之后过渡到另外一种稳定结构体系。在新的结构体系下,变形继续增大直至剪切带开始形成到最后贯通,此时试样的体积不再增加,应力应变曲线趋于水平,唯一的强度分量为摩擦分量。

2)相同第一类超固结比下,随着围压的增大,无量纲强度逐渐下降;且围压越小,下降速率越快。这说明饱和黄土的强度不是随围压成比例增加的(p-q 图上破坏线并不是直线)。这是因为饱和黄土的强度主要由两部分组成,即结构性强度和摩擦强度。摩擦强度比不随围压的增大而变化,但围压的增大会破坏土体的结构强度,这样导致总体强度与围压之比是随着围压的增大而下降的。

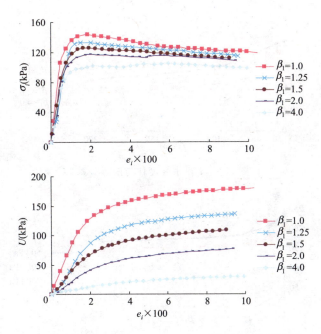

图 2-6 前期固结压力 $p=200$ kPa，不同第一类超固结比下应力、超孔压随应变变化曲线

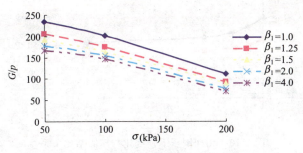

图 2-7 初始变形模量比与围压关系

3）相同前期固结压力下，初始模量比随着第一类超固结比的增大而下降；且超固结比越小，下降速率越快；随着超固结比的增大，下降速率变缓。其原因在于：前期固结压力相同时，当前围压

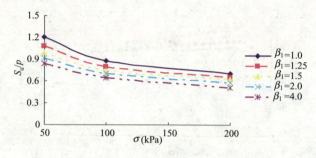

图 2-8 不排水强度比与围压关系

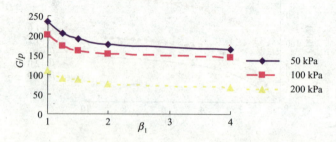

图 2-9 相同围压下初始模量比与超固结比关系

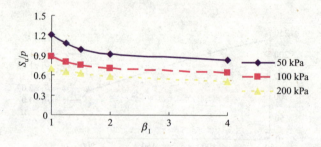

图 2-10 相同围压下强度比与超固结比关系

越小,则回弹变形量越大,土体的孔隙比也就越大,密度越小。进行剪切,抗剪切变形能力越小,也就是初始模量比越小;不同前期固结压力下的变化规律基本一致。

4)相同前期固结压力下,无量纲强度随着第一类超固结比的增大而下降；且超固结比越小，下降速率越快。其原因在于：超固结比越大，则当前围压越小，摩擦强度也就越小，这样总体强度也就越小；不同前期固结压力下的变化规律基本一致。

（2）相同围压、第二类超固结比下初始模量比、不排水强度比变化规律

不同深度处、不同应力历史的饱和黄土的力学性能具有明显区别。从图 2-11～图 2-13 可以看出：当前固结压力相同时，不同第二类超固结比下，饱和黄土的应力应变曲线变化趋势也较为一致。同样也是在较小应变下（1%左右）就达到了峰值强度，随后基本保持不变或者呈现弱软化特性，超固结比越大，软化特性越明显。超孔隙水压力则都是呈单调上升趋势，没有出现负的超孔隙水压力，也就是试样始终都处于体积剪缩状态，这主要是由黄土的

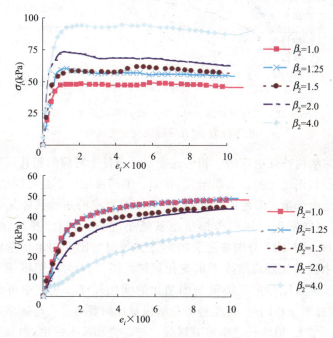

图 2-11　当前固结压力 $p=50$ kPa，不同第二类超固结比下
应力、超孔压随应变变化曲线

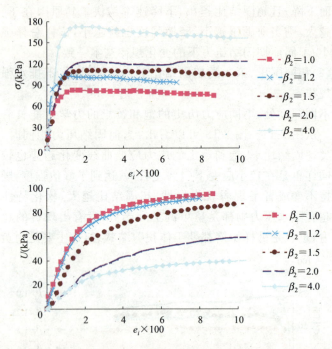

图 2-12 当前固结压力 $p=100$ kPa,不同第二类超固结比下应力、超孔压随应变变化曲线

大孔隙结构特征决定的。相同应变水平条件下对应的超孔压随着第二类超固结比的增大而增大,和第一类超固结比下是不同的,这主要是由于第二类超固结比越大,剪切时对应的初始孔隙比也就越小,可能发生的体积剪缩量也就越小,故超孔隙水压力越小。图 2-14～图 2-17 分别是定义的第二类超固结比下初始模量比和不排水强度比随应变水平的变化规律。图 2-14 为不同围压下初始变形模量比与第二类随超固结比的变化规律。从图中可以看出:当前围压相同时,初始剪切变形模量比随着第二类超固结比的增大而增大,但增长速率略有减缓。与非饱和黄土相比,饱和黄土的结构性要小的多。随着超固结比的增大,土体的结构性也被破坏的越严重,但同时也增大了土体的密度和颗粒间的接触面积,

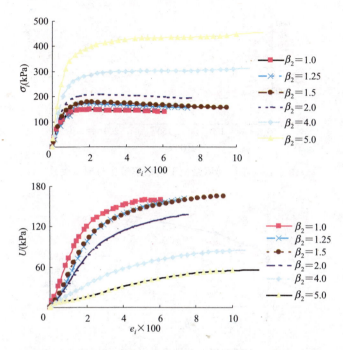

图 2-13 当前固结压力 $p=200$ kPa,不同第二类超固结比下应力、超孔压随应变变化曲线

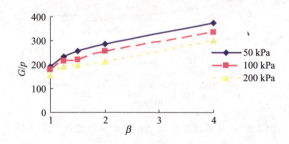

图 2-14 不同围压下初始模量比与超固结比关系

故而抗摩擦变形能力得以增强,使得总体上表现为上升的趋势;反之,图 2-15 则表明:第二类超固结比相同时,初始模量比随着当前固结围压的增大而降低,但下降速率逐渐减缓。原因在于初始

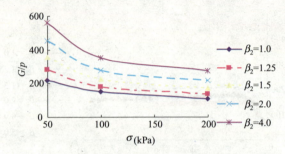

图 2-15　不同超固结比下初始模量比与围压关系

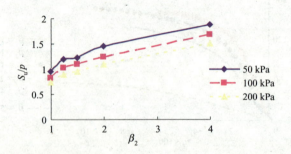

图 2-16　不同围压下不排水强度比与超固结比关系

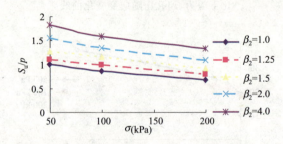

图 2-17　不同超固结比下不排水强度比与围压关系

阶段,产生变形需要克服土体的结构性,而围压越高,结构性越小。图 2-16 为不同围压下不排水强度比随第二类超固结比的变化规律。图中表明:当前围压相同时,不排水强度比随着超固结比的增大而增大,但增长速率略有减缓。土体的残余强度主要由摩擦分量决定,超固结比越大,则土体密度越大,颗粒间摩擦能力越强,故摩擦强度也就越大;反之,从图 2-17 中可以看出:第二类超固结比相同时,不排水强度比随着当前固结围压的增大而降低,且大致呈线性下降趋势。这也是因为围压越大,结构性被破坏的越严重所致。

2. 围压、偏压固结比 K 的影响

黄土在漫长的形成过程中,由于环境和人为因素,一般都呈偏压固结状态。不同的偏压固结比下,其力学性质也是不一样的。图 2-18~图 2-20 分别是不同初始偏压固结比下的应力应变、孔压应变曲线。从图中可以看出:随着偏压固结比的增大,土体的软化特性越来越明显;超孔隙水压力则也是呈单调上升趋势,没有出现负的超孔隙水压力,但随着偏压固结比的增大,极限孔压值有所下

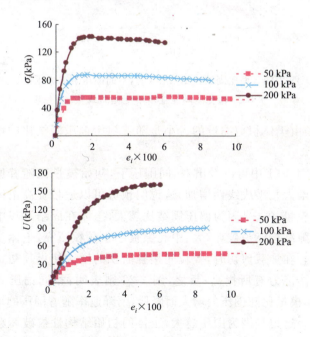

图 2-18 偏压固结比 $K=1.0$ 时,不同围压下
应力水平、超孔压随应变水平变化曲线

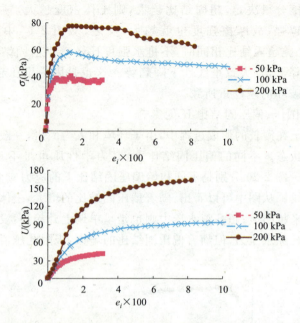

图 2-19 偏压固结比 $K=1.5$ 时,不同围压下应力水平、
超孔压随应变水平变化曲线

降,这是由于体积剪缩量的大小是随着初始偏压固结比的增大而减小的。

从图 2-21 中可以看出:相同围压下,初始模量比随着偏压固结比的增大几乎成线性增加,这说明预剪可以适量提高土体的初始剪切模量。这是因为偏压固结比越大,土体在固结过程中不稳定的孔隙结构已被破坏,大、中孔隙被小土颗粒填充,土体变得更加密实。在加载剪切时,颗粒间接触面积的增大使得其初始阶段的抗变形能力有所提高;反之,图 2-22 则表明:相同偏压固结比下,初始模量比随围压的增大而降低,下降速率随着围压的增大略有减缓。这也是因为围压越大,土体的初始结构性被破坏越严重所致。图 2-23 中可以看出:相同围压下,不排水强度比随着偏压固结比的增大几乎成线性下降。偏压固结比越大,土体结构性被

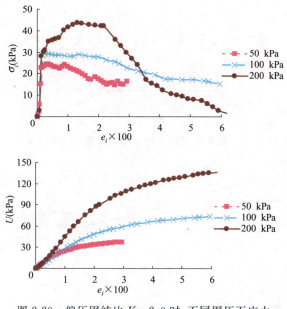

图 2-20 偏压固结比 $K=2.0$ 时,不同围压下应力水平、超孔压随应变水平变化曲线

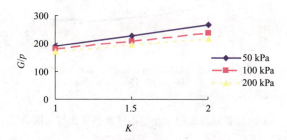

图 2-21 相同围压下初始模量比与偏压固结比关系

破坏的越严重,甚至在固结过程中试样内部已经形成了剪切带,这两方面的缘故导致土体总体强度降低;图 2-24 则表明:相同偏压固结比下,不排水强度比随着围压的增大成下降趋势,但下降速率有一定的变缓。

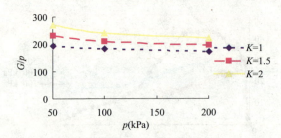

图 2-22 相同偏压固结比下初始模量比与围压关系

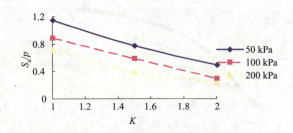

图 2-23 相同围压下不排水强度比与偏压固结比关系

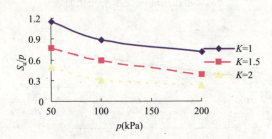

图 2-24 相同偏压固结比下不排水强度比与围压关系

3. 超固结比、偏压固结比的影响

对初始有效固结围压为 100 kPa 的试样进行不排水三轴剪切试验,考察超固结比及偏压固结比对其性质的影响。图 2-25～图 2-27 是相同偏压固结比,不同第二类超固结比下应力水平、超孔压随应变水平的变化曲线。从图中可以看出:相同偏压固结比下,超固结比越大,土体的不排水强度越高,且应变软化特性越不明

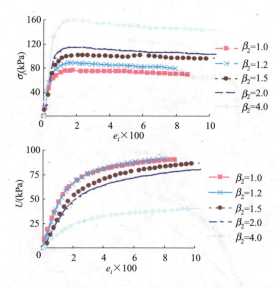

图 2-25 偏压固结比 $K=1.0$ 时,不同超固结比下应力水平、超孔压随应变水平变化曲线

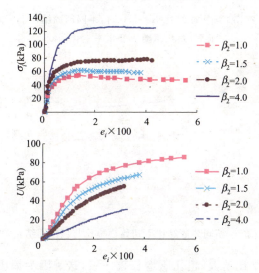

图 2-26 偏压固结比 $K=1.5$ 时,不同超固结比下应力水平、超孔压随应变水平变化曲线

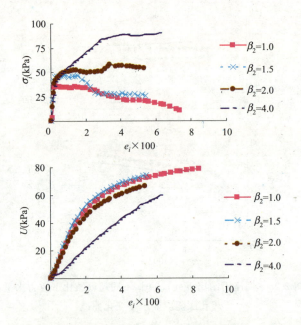

图 2-27 偏压固结比 $K=2.0$ 时,不同超固结比下应力水平、超孔压随应变水平变化曲线

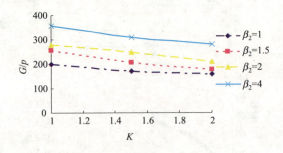

图 2-28 相同超固结比下初始模量比与偏压固结比关系

显;偏压固结比越大,超孔压增长越一致,这是因为偏压固结比越大,超孔压中弹性孔压的部分越大,而由于体变产生的塑性孔压越来越小。图 2-28 和图 2-29 均为初始模量比的变化规律。从

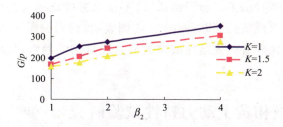

图 2-29 相同偏压固结比下初始模量比与超固结比关系

图 2-28 中可以看出：相同围压下，对于不同的超固结比，初始模量比都随着偏压固结比的增大基本成线性增大，且变化趋势基本一致；图 2-29 则表明：相同偏压固结比下，初始模量比随着超固结比的增大逐渐增大，但增大速率略有下降，且不同的超固结比下，变化规律相似。图 2-30 和图 2-31 为不排水强度比的变化规律。图 2-30

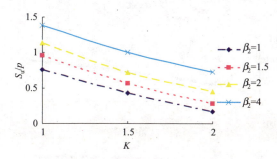

图 2-30 相同超固结比下不排水强度比与偏压固结比关系

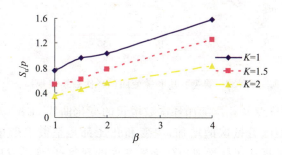

图 2-31 相同偏压固结比下不排水强度比与超固结比关系

表明:相同围压,不同超固结比下,不排水强度比随着偏压固结比的增大基本成线性下降;而图2-31则表明:相同偏压固结比下,不排水强度比随着超固结比的增大而成线性增大趋势,且增长规律基本一致。

2.3 饱和黄土动力特性试验研究

本次动三轴试验共考虑五种影响因素,即围压、偏压固结比、超固结比、动剪应力、动荷载频率。针对每一种因素进行了若干试样的动力加载不排水试验,得到一系列关于土体应力应变和孔压发展的曲线。进行如下定义:孔压比为超孔压与初始固结围压之比;动剪应力比为动剪应力与两倍的初始固结围压之比。即

$$\bar{U}=U/\sigma_0, \bar{\tau}=\frac{\tau}{2\sigma_0} \quad (2\text{-}3)$$

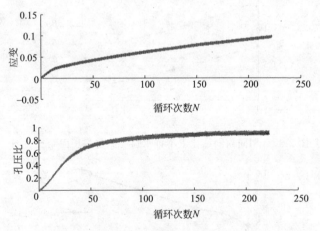

图 2-32 典型孔压和应变随循环次数发展规律

典型应变及孔压随循环次数增长的变化曲线如图2-32所示。可以看出:随着振次的增加,应变和孔压都是呈波浪形单调增大的,没有出现孔压陡增或应变突然变大的现象;应变的发展也没有出现饱和砂土那样呈喇叭状逐渐增大的特征。下面就五种因素影

响下结构性饱和黄土的动力特性变化规律进行总结分析,并与已有的研究结果进行对比。

2.3.1 围压的影响

动剪应力比 0.15、加载频率 1 Hz,五种不同围压下的各向等压正常固结试样的不排水动力加载试验所得的典型应力应变曲线如图 2-33 所示;孔压比应变关系曲线如图 2-34 所示;循环次数与围压关系曲线如图 2-35 所示。从图 2-33 可以看出:整个应力应变关系曲线可分为三个阶段。第一阶段:随着应变的发展,应力应变曲线逐渐变密,也就是每一个循环内产生的残余变形越来越小;第二阶段:稳定阶段,每一个循环内产生的残余变形基本一致;第

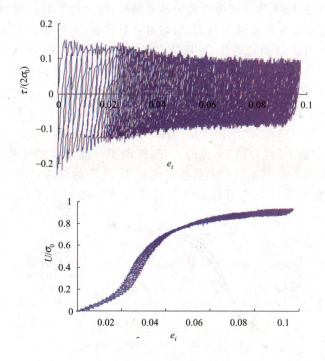

图 2-33 典型动剪应力比、孔压比随应变水平
变化曲线($\sigma_0=200$ kPa,$\beta=1.0$)

三个阶段:当残余变形达到一定值之后,应力应变关系曲线又随着应变的增大又有变疏的趋势,也就是每一个循环内产生的残余变形又逐渐增大。在第一个阶段,土体变形主要是由于土体结构逐渐被破坏,大、中孔隙坍塌而引起的。土体的竖向变形使得结构由初始的亚稳状态向稳定状态转化。在此过程中,土体的孔隙比越来越小。随着土体中总孔隙体积的减少,体积剪缩量也逐渐变小,故每个循环周期内所发生的残余变形也就越来越小。在第二个阶段,土体具有的初始结构性已基本被破坏,形成了另外一种更加稳定的土体结构,这种新结构在一定变形范围内具有稳定的抗剪切变形能力。在第三个阶段,变形主要是由于剪切带形成而造成的。随着动荷载的继续施加,剪切带开始形成,并逐渐贯通,伴随着剪切带的发展,土体的抗剪切能力越来越小,因此每个循环周期内所发生的残余变形就越来越大,剪切带一旦贯通,土样即宣告破坏。

从图 2-34 可以看出:孔压随变形的增长同样可以分为三个阶段:在变形初始阶段,孔压增长相对比较缓慢;随着变形增大到某一值时,孔压增长速度突然加快,进入第二个阶段;当残余变形增大到一定程度后,孔压增长又逐渐变缓,直至最后孔压基本保持不变。在第一阶段,虽然由于结构性的破坏,土体表现为强烈的剪缩特征,但由于"气封闭"孔隙的存在,抵消了一部分剪缩效果,故孔压增长并不快。在第二个阶段,"气封闭"孔隙的效应已基本不再存在,但结构性破坏引起的体积剪缩量仍然较大,故孔压急剧上

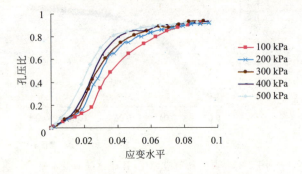

图 2-34 不同围压下孔压比与应变关系曲线

升;另一方面,孔压的上升导致作用于土骨架的有效应力急剧降低,这进一步削落了土体的抗剪切变形能力,使得应变急剧增大,孔压增长速率也增大。第三阶段,原先的大孔隙结构已基本被完全破坏并过渡为另外一种稳定结构,体积剪缩量大大减少;随着剪切带的形成,土体的变形范围越来越集中于剪切带内,故而体变量变小,孔压的变化也越来越缓慢直至趋于稳定。最终的孔压一般很难达到有效围压的数值,这主要也是由于"气封闭"孔隙存在的原因。此外,围压大小对孔压发展曲线形态的影响不大,但对其三个阶段的应变空间分布有一定影响。具体表现为:围压越大,孔压发展的第一个阶段所经历的应变范围就越小,第二个阶段开始时对应的应变值越小,相应第三个阶段也就来的越快。这一点和兰州地震研究所对于饱和原状黄土的研究成果是一致的。杨振茂[129]的研究中指出:在各向等压固结的情况下,围压较小时,孔压开始时上升速率比较缓慢;当循环次数较高时,在某一振动次数时往往出现孔压迅速增高的现象。围压较大时,开始时急剧上升,之后上升速率逐渐下降,直至稳定不变。产生这种现象的原因为:围压越大,饱和度越高,初始结构性也越小。而根据前面的分析可知:第一阶段的孔压发展主要与这两者相关,饱和度越小,结构性越大,则第一阶段所经历的变形范围也就越大,反之越小。

从图 2-35 可以看出:随着围压的增加,达到破坏标准所需的循环次数减少。说明饱和黄土的强度不是随着围压的增加而成比

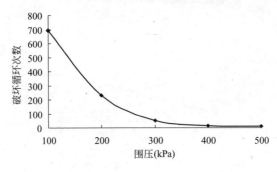

图 2-35 循环次数与围压关系

例增加的(p-q图上破坏线并不是直线),这是因为饱和黄土的强度主要由两部分组成,即结构强度和摩擦强度。增加围压会增加其中的摩擦强度,同时又会破坏土体的结构强度,这样导致总体强度与围压之比是随着围压地增大而下降。但杨振茂的研究表明:围压对循环次数的影响很小,不同围压下试样的破坏循环次数基本是相等的,这和本次试验的结果不一致,主要是由于没有考虑土体的结构性。

2.3.2 超固结比的影响

动剪应力比 0.15,加载频率 1 Hz,当前围压 200 kPa,不同超固结比时各向等压固结试样不排水动力加载试验所得规律及分析如下:图 2-36 为超固结比 $\beta=2$ 时,动剪应力比、孔压比随应变水平的典型变化曲线。从图中可以看出:和正常固结(图 2-33)试样相比,动剪应力-应变水平曲线、超孔压-应变水平曲线的三个阶段都要稍不明显一些。这是由于超固结比越大,土体越稳定的缘故。

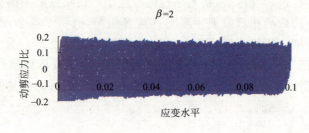

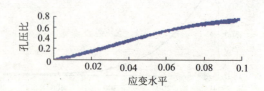

图 2-36 超固结比 $\beta=2$ 时,动剪应力比、孔压比随应变水平典型变化曲线

图 2-37 为不同超固结比下孔压比随循环次数的增长曲线。从中可以看出：随着循环次数的增加，孔压的波动幅度加大。超孔隙水压力由两部分组成：一部分为弹性孔压，是由于动荷载的施加导致总应力的变化而引起的，其值就等于总应力的变化量，是可恢复的，不影响土体的有效应力，但造成孔压曲线的波动；另一部分为塑性孔压，是由于土体不可恢复的塑性体积变形累积引起的，直接导致有效应力的变化。孔压曲线波动幅度变大说明越往后期，弹性孔压占的比例越来越大。这是因为加载到了后期，土体形成了新的稳定结构到剪切带逐渐形成，体积变形减小，所以塑性孔压的增加速率也减缓，直至趋于稳定。但在整个过程中，动剪应力幅值是不变的，所以弹性孔压的幅值也是不变的，这也就造成了越往后期，弹性孔压在整个孔压中所占比例越大，孔压曲线波动也就越明显。另外，随着超固结比的增大，达到破坏标准所需的循环次数也越来越大。这是由于超固结比越大，土体孔隙比越小，密度越大，抗剪切变形能力也就越强。

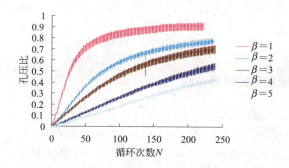

图 2-37 不同超固结比下孔压比与循环次数关系

图 2-38 为不同超固结比下孔压比随应变的增长曲线。从中可看出：孔压随变形的发展仍可以分为三个阶段。但超固结比越大，孔压随应变发展的第二个阶段就出现的愈早，增长速率也越大。其原因是：第一阶段的孔压发展主要与这两种因素相关，一是饱和度；二是结构性。饱和度越小，结构性越大，则第一阶

段所经历的变形范围也就越大,反之则越小。而超固结比越大,则饱和度越大,结构性越小。另外,不论是正常固结还是超固结状态,孔压变化过程都表现出单调增长的形态。对于超固结状态,没有像饱和密砂那样出现负的孔隙水压力,这和杨振茂等[129]、刘公社等[164]的研究是一致的。主要由三方面的原因造成:一是饱和黄土的大孔隙结构,土体本身表现出强烈的体积剪缩;二是初始饱和度不高,体积的剪胀被"气封闭"孔隙的变形给抵消掉;三是一定含量的黏粒起到了一定的润滑作用,降低了剪胀发生的可能性。

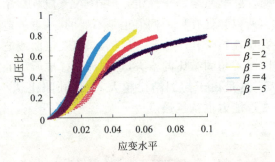

图 2-38 不同超固结比下孔压比与应变关系

2.3.3 偏压固结比的影响

定义破坏振次比为不同偏压固结比下的破坏振次与正常固结比下的破坏振次之比。图 2-39 和图 2-40 分别为不同偏压固结比下应变和孔压比随循环次数的变化曲线。从中可看出:随着偏压固结比的增大,应变曲线和孔压曲线的波动幅度是越来越小,这是因为偏压固结比越大,土体的抗剪强度越低,每一个循环周期内发生的塑性剪切变形越大,相应的塑性体积变形就越大,导致塑性变形和塑性孔压在整个变形和孔压中所占的比例也就越大,故而波动幅度变小。

图 2-41 为不同偏压固结比下的应力应变曲线。随着偏压固结比的增大,动荷载的拉伸阶段产生的变形变小。当偏压固结

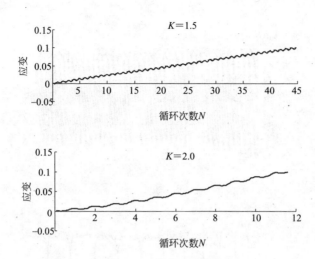

图 2-39 应变随循环次数变化规律($K=1.5$、$K=2.0$)

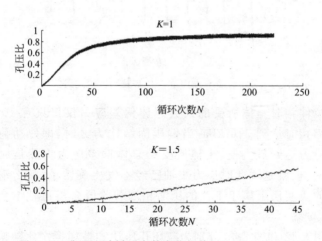

图 2-40 孔压比随循环次数变化规律($K=1.0$,$K=1.5$)

比为 1.75 和 2 时,拉伸段应力应变关系几乎都是弹性的,这是因为:相同围压及动剪应力下,随着偏压固结比的增大,土体在动荷载的压缩相所受的总体偏差应力越大,而在拉伸相则越小,围压为 200 kPa、动剪应力比为 0.15,偏压固结比为 1.75 时,动

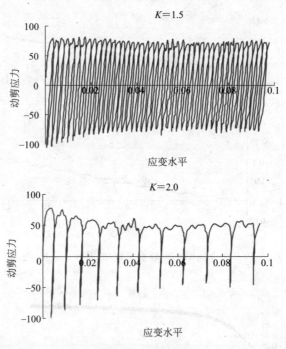

图 2-41　动剪应力随应变变化规律($K=1.5,K=2.0$)

荷载拉伸相时土体所受的最大总体偏差应力仅仅只有 10 kPa,而压缩相时达到 310 kPa;当偏压固结比为 2 时,即使动荷载的拉伸应力达到最大值,土体所受的总体偏差应力仍然是属于压缩相的,也就是说此时应力主轴已经不发生旋转了,那么动荷载的拉伸段实质上属于土体的压缩相卸载阶段自然也就不会产生残余变形。

图 2-42 和图 2-43 分别为破坏孔压比和破坏振次比随偏压固结比的变化曲线。随着偏压固结比的增大,达到破坏标准所需的循环次数降低,破坏时超孔压比也变小。这是由于在固结过程中,偏压固结比越大,土体结构就被破坏的越严重,导致在加载期间,土体的体积剪缩量就会越小,而饱和黄土的孔压上升主要是由于土体中大中孔隙结构被破坏而产生的强烈体积剪缩引起的,因此

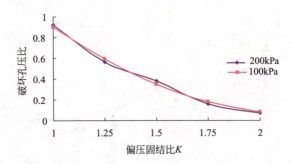

图 2-42 破坏孔压比随偏压固结比变化规律

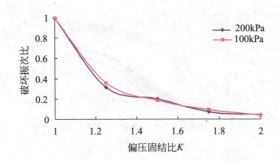

图 2-43 破坏振次比随偏压固结比变化规律

产生的超孔压也就越小。破坏振次比降低速率大于孔压比降低速率,这似乎说明不能像砂土那样通过预剪来提高饱和黄土的抗液化能力。另外,对于正常固结状态,由前面的分析可知:在达到破坏之前,孔压随应变的增长分为三个阶段。但随着偏压固结比的增大,这种阶段性越来越不明显。例如,当偏压固结比为 1.25 和 1.5 时,第三个阶段就不会出现;偏压固结比为 1.75 和 2.0 时,只会出现第一个阶段,这表明孔压还没有出现明显增长之前,土体就已经被破坏了。

2.3.4 动剪应力比的影响

图 2-44 为破坏循环次数随动剪应力比的变化曲线。随着动

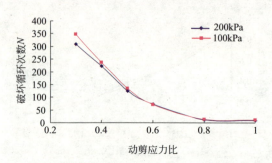

图 2-44 破坏振次随动剪应力比变化规律

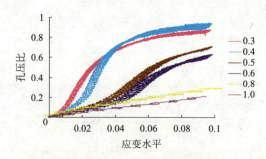

图 2-45 不同动剪应力比孔压比随应变变化规律

剪应力比的增大,达到破坏标准所需的循环次数越来越少,下降规律用指数函数能较好的拟合。图 2-45 为孔压比随应变值的变化曲线。随着动剪应力比的增大,达到破坏标准时的破坏孔压比越来越小,且增长速率也越来越小。这是因为动剪应力越大,则剪切带越容易形成并贯通,此时强烈的体积剪缩并不是在整个土样内部均匀发生的,而是集中于剪切带内,导致总的剪缩量随着动剪应力的增大而变小,故破坏孔压也变小。而动剪应力比越大,每一个加载周期内所发生的塑性残余变形越大,故而导致孔压增长速率降低。此外,孔压随应变的变化同样可分为三个阶段,但随着动剪应力比的增大,第二个阶段也就是孔压快速增长阶段到来时对应的应变值越来越大,甚至在破坏之前,第二个、第三个阶段不会出现。如动剪应力比为 0.8 和 1.0 时,孔压曲线就只有第一个阶段。其原因为:动剪应力比越大,土体内部越容易形成剪切带,不像剪应力小时那样能过渡到另外一种稳定结构,而稳定结构的形成是第二个孔压增长阶段出现的前提条件。

2.3.5 加载频率的影响

杨振茂等[129]的研究表明:无论对于饱和原状黄土还是饱和重塑黄土,振动频率对二者的液化振次影响都很大。在相同的循环应力比下,频率越高,达到液化所需循环数越大。刘公社等[164]研究结果表明:振动频率对饱和黄土孔压比过程形态影响不大。但在相同动剪应力比下,频率愈大,达到破坏所需要的振次愈多。当振次频率 $f \leqslant 1.0$ Hz 时,同一动应力作用下达到破坏所需的时间很接近,而对于 $f > 1.0$ Hz 的情况下,随着频率增大,其破坏时间缩短。本次试验对围压为 200 kPa 的正常固结试样施加动剪应力比为 0.3,但采用不同频率的循环荷载。

图 2-46 为频率为 0.5 Hz、1 Hz 时应变随循环次数的典型增长曲线,从图中可以看出:应变随着循环次数的增加而累积,随着加载频率的提高,达到破坏标准所需的循环次数增加。原因是频

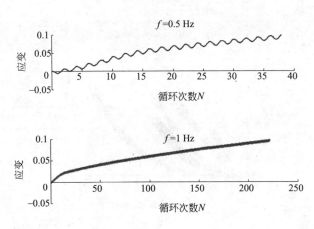

图 2-46 应变随循环次数变化规律($f = 0.5$ Hz、$f = 1$ Hz)

率越高,每一次循环加载时间就越短。在动剪应力比相同时,每一个循环周内产生的变形就越小,因而达到破坏标准所需的循环次数就越多。

图 2-47 为不同频率 F 孔压比随应变的变化规律。和刘公社等[164]的研究结果一样,振动频率对饱和黄土孔压比过程形态影响不大。可以分为三个阶段,但频率越大,第一个阶段所经历的应变范围越小。如前所述:孔压增长的第二阶段是由于结构的破坏而引起的。这种结构破坏包含两部分:一部分是颗粒之间的连接键断裂而引起的孔隙坍塌造成的;另一部分是由于土样受到振动,小土颗粒从大土颗粒上剥落后落入孔隙中而引起的。前者对应的起始应变值要比后者大的多,而频率越小,第一部分占据主导地位;频率越大,则第二部分所占比例提高。所以,随着频率的变大,孔压的第二阶段开始时对应的应变值变小。

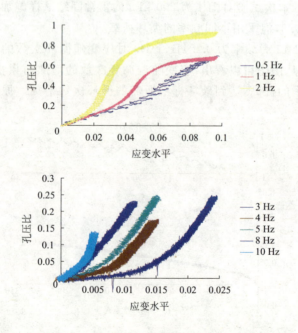

图 2-47　不同频率下孔压比随应变变化规律

2.4 构建饱和黄土结构性动力本构模型的若干建议

前面已指出:相对于饱和黏土和砂土的动力特性研究,饱和黄土的研究还处于起步阶段,实验数据还很不充足。到目前为止,只有王兰民等[162]、柴华友等[163]提出了专门针对饱和黄土的动力本构模型。其中前者在验证曼辛准则对黄土适用性的基础上结合动三轴试验对黄土的双曲线模型参数进行了研究;后者是把两种用于砂土的本构模型,即边界面模型和广义塑性模型用于所研究的法国黄土,并与试验结果进行了对比验证。结果表明:广义塑性模型可较好地预测黄土软化、液化现象。但由于该模型没有反映出饱和黄土结构性对其动力特性的影响,所以说并不完善;而且文中试验得出的孔压增长规律与刘红玫等[125]以及本次的试验研究成果并不一致。这从根本上来讲,也是由于没有考虑结构性的缘故;再者,该模型也不能很好地反映土体初始状态(初始超固结比、初始偏压固结比等),以及动荷载特点(应力主轴旋转、动载频率等)对土体动力特性的影响。所以笔者认为到目前为止,还没有提出一个专门针对结构性饱和黄土的动力本构模型。已有的研究成果要么是只针对黄土结构性[165,166];要么是只针对孔压增长[123,126,129,164],还没有模型将两者有效的结合起来。针对这种现状,下面将结合本次试验所得出的规律性,对饱和黄土结构性动力本构模型的构建做初步的探讨,并给出若干建议。

所谓土体的结构性是指土体骨架颗粒成分、形态、排列方式、颗粒之间的相互作用、孔隙的性状、胶结物种类和胶结程度等。由前面的分析可知:对于结构性饱和黄土,外力主要是克服土体的结构性和颗粒间的摩擦做功。在动荷载作用下,随着循环次数的增大,土体的力学特性会出现退化。这种退化主要由两方面的原因产生:一是土体的结构被逐渐破坏;二是孔压的增长导致颗粒间的有效应力降低,从而颗粒间摩擦性能退化。这两种退化之间又是相对独立的,即可以分别用结构性的变化和有效应力的变化来对任意时刻的土体力学性能进行定量评价。也就是说如果知道了土体结构性的演化规律和孔压增长规律,那么就可以对土体力学性能的演化过程进行模拟。

沈珠江指出:结构性是 21 世纪土力学的核心问题。针对非饱和黄土结构性的研究已有了一些成果[167,168],饱和黄土可以看为其中的一种特殊情况。土体结构性研究的关键是要找到一个合适的结构性定量化指标,建立岩土微结构与宏观力学效应之间的定量表达关系,发现岩土结构性及其所反映出的宏观力学效应的变化。骆亚生等[168]指出:让土的结构性发生破坏(浸水、扰动、加荷等),将它所蕴藏的结构势充分释放出来,测定其结构破坏的难易程度(反映结构可稳性)和破坏后的变形程度(反映结构可变性),从中寻求结构破坏的特性和大小与结构性演变的特性规律,是寻求土结构性定量化参数的有效途径。据此,作者建议以原状土、饱和原状土和扰动重塑土等的压缩试验为基础来定义和测定土结构性定量参数的方法。但这只是对饱和黄土初始状态的结构性作出了定量评价,而我们需要知道的是结构性参数在加载过程中的变化规律。试验表明:土体强度的发挥程度是与土体的变形紧密联系在一起的,黏聚分量、剪胀分量和摩擦分量并不是同时达到最大值的,黏聚分量通常是在较小的应变下达到它的最大值,并迅速破坏;继而剪胀充分发挥作用,达某一应变后,试样的体积不再增加,剪胀分量也就逐渐消失;当应力应变曲线趋于水平,唯一的强度分量是摩擦分量。为了建立结构性土的强度准则,刘恩龙等[169]把非均匀的结构性土体看成由胶结块和软弱带组成的二元介质材料。在受荷过程中,胶结块逐步破损,转化为软弱带,两者共同承受外部荷载。为了定量的评价受荷中两者各自所起的作用,作者引入了剪切抗力分担率系数 ζ,此系数是对不同的试样达到破坏状态时软弱带所发挥的剪切抗力的比率,可以表示为应力和应变状态的函数,即 $\zeta = f(\sigma,\varepsilon)$。这里结合上述两种思想,将抗力分担率系数推广到任意应变水平下的情形。即在不同围压下，对饱和原状黄土和完全重塑饱和黄土进行三轴加载及卸载试验，将所得的应力-塑性应变曲线绘制在同一 $q \sim \varepsilon_p$ 坐标下，如图 2-48 所示。

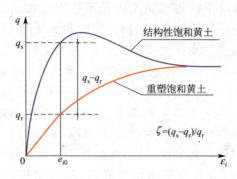

图 2-48 应力分担率的计算原理

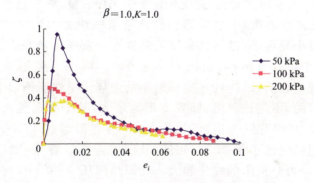

图 2-49 不同围压下 $\zeta - e_i$ 关系图

在应变水平 e_i 相同时，饱和原状黄土对应的主应力差为 q_s，完全重塑饱和黄土对应的主应力差为 q_r，则进行如下定义

$$\zeta = (q_s - q_r)/q_r \tag{2-4}$$

ζ 表示相同围压下，不同应变时土体结构性在抗剪切变形中所起作用所占的比例，它是应变水平 e_i 的函数，即 $\zeta = f(e_i)$。如果针

对不同围压下进行类似的定义，就可以得到相同应变水平，不同围压时 ζ 的变化规律。有了 ζ 的变化规律，我们就可以对荷载作用下，土体结构性在整个变形过程中的任意时刻所起的作用进行定量评价。

对各种情况下的饱和黄土固结不排水三轴试验，所得的应力应变关系曲线按上述思路进行整理，得到上述定义的应力分担率随应变水平的变化规律如图 2-49 所示，整理过程中假设应变水平达到 10% 后，土体的结构性被完全破坏，也就是此时的应力分担率为 0。图 2-49 为三种围压下的正常固结饱和黄土的应力分担率 ζ 随应变水平 e_i 的变化规律。从图中可以看出：应力分担率随变形的变化曲线明显分为两段：第一段几乎表现为线性增长。这说明在此阶段，结构性是处于线性发挥阶段，当应变达到一定值后，应力分担率出现峰值，随后结构性开始发生破坏，进入到第二阶段。第二阶段内，应力分担率随着变形地增长而减小，呈双曲线变化，且变化速率是先快后慢，最终趋于 0。上述变化规律表明：土体的结构性具有来的快去的也快的特性。即在很小变形下，结构性强度就能被充分发挥出来并达到峰值（从图中可以看出：峰值应变小于 1%），随即又被迅速破坏。这种规律表明：结构性对变形初期的土体力学性能的影响是相当显著的，不能被忽略，随着变形地增大，其影响也越来越小。从图 2-49 中可以看出：不同围压下，当变形超过 4% 之后，应力分担率均已小于 0.2。此外，从图中还可以看出：固结围压越小，应力分担率的峰值越大。当固结围压为 50 kPa 时，应力分担率的峰值几乎接近与 1；固结围压为 200 kPa 时，其峰值已降低到 0.4。这表明固结围压越小，结构性的影响相对越大。这是由于在固结过程中，土颗粒间的连接会被削弱甚至发生断裂，围压越大，体积变化也就越大，其对联结强度的破坏性也就越大。

图 2-50 为相同当前固结压力、不同第二类超固结比下，应力分担率 ζ 随应变水平 e_i 的变化规律。从图中可以看出：随着超固

结比的增大,应力分担率的峰值在降低。这说明前期固结压力对土体的结构性是有影响的,其表现为:前期固结压力越大,对土体结构的破坏也就越大,结构性也就相对越小。

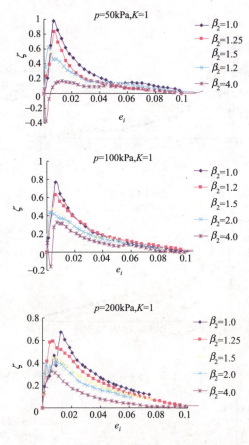

图 2-50　相同当前固结压力、不同第二类
超固结比下 ζ—e_i 关系图

图 2-51 为不同当前固结压力、相同第二类超固结比下,应力分担率 ζ 随应变水平 e_i 的变化规律。从图中可以看出:随着围压的增大,应力分担率的峰值均在降低,且峰值出现时对应的变形均

小于1%。

图2-52为相同前期固结压力、不同第一类超固结比下,应力分担率ζ随应变水平e_i的变化规律。从图中可以看出:随着第一

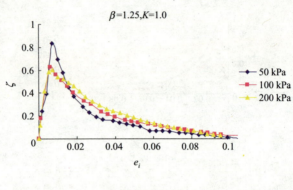

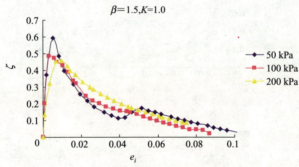

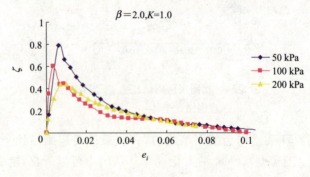

图 2-51

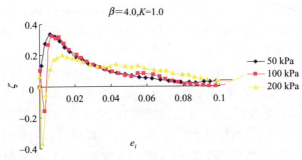

图 2-51 相同第二类超固结比、不同围压下 $\zeta-e_i$ 关系图

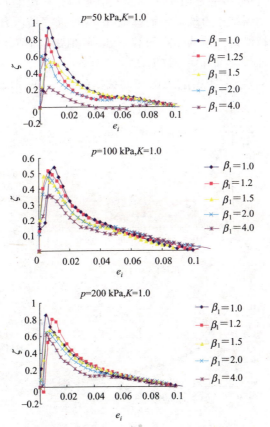

图 2-52 相同前期固结压力、不同第一类超固结比下 $\zeta-e_i$ 关系图

类超固结比的增大，应力分担率的峰值同样也在降低。这说明当期固结压力对土体的结构性也是有影响的，其表现为：当前固结压力越大，结构性相对越小。

图 2-53 为相同第一类超固结比、不同当前固结压力下，应力分担率 ζ 随应变水平 e_i 变化规律。随着围压的增大，应力分担率峰值的变化规律不是很一致。超固结比为 2.0 时，峰值随着围压的增大而降低；超固结比为 1.5 和 4.0 时，峰值反而随着围压的增大而增大；超固结比为 1.25 时，规律不明显。出现此现象的原因还不是很清楚，可能是由于实验误差引起的。在理论上，峰值应该是随着前期固结压力地增大而降低，因为前期固结压力越大，结构性地破坏越严重。但从图中可以看出：峰值出现时对应的应变水平 e_i 小于 1‰，这是很一致的。

图 2-54 为正常固结试样，相同偏压固结比、不同围压下，应力

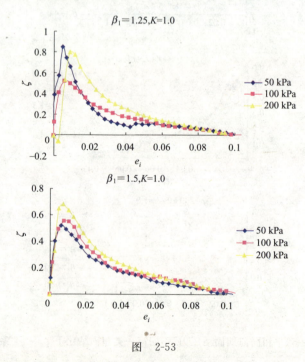

图 2-53

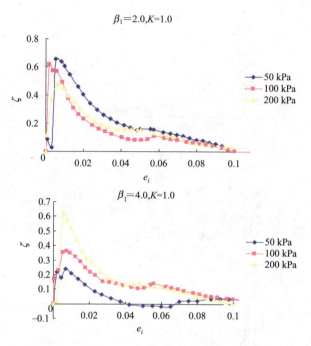

图 2-53 相同第一类超固结比、不同前期固结压力下 $\zeta—e_i$ 关系图

分担率 ζ 随应变水平 e_i 的变化规律。从图中可以看出：对于各向等压固结试样，随着固结围压地增大，应力分担率的峰值是降低的；但对于偏压固结试样，其规律似乎刚好相反。但由于试样个数有限，还无法对其规律作出定论。理论上来说，偏压固结比越大，土体中初始剪切带地发展越显著；同时颗粒间的连接也破坏的越严重，但土体的结构性不仅仅是由颗粒间连接造成的，还与土颗粒之间的排列有关。到目前还不清楚两种强度（摩擦强度和结构性强度）受偏压固结比的影响哪一个更剧烈一些。

图 2-55 为正常固结试样，相同围压、不同偏压固结比下，应力分担率 ζ 随应变水平 e_i 的变化规律。从图中可以看出：相同围压下，随着偏压固结比地增大，应力分担率的峰值基本上是增大的。这可能是因为在偏压固结过程中，土颗粒排列的稳定性抵消了一

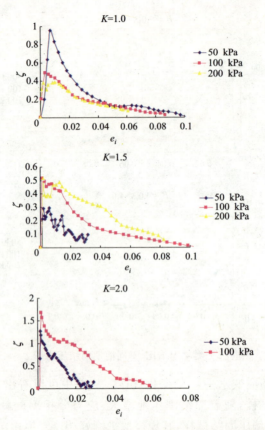

图 2-54 相同偏压固结比、不同围压下 ζ—e_i 关系图

部分连接破坏而导致的结构性强度降低,而摩擦强度则在较小初始剪切变形内已发挥出很大一部分出来,这样造成在固结后地剪切过程中,结构性所占比例有所升高。

图 2-56 为围压 100 kPa,相同第二类超固结比、不同偏压固结比下,应力分担率 ζ 随应变水平 e_i 的变化规律。从图中可以看出:相同围压下,随着偏压固结比地增大,应力分担率的峰值变化规律存在不一致性。对于超固结比为 1.0 和 1.5 时,应力分担率峰值是随着偏压固结比地增大而增大;而当超固结比为 2.0 和

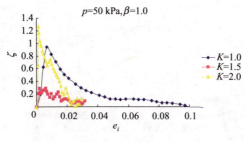

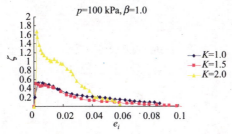

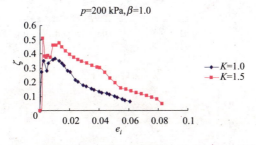

图 2-55 相同围压、不同偏压固结比下 ζ—e_i 关系图

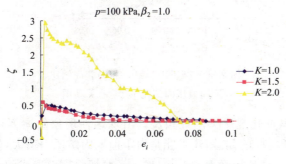

图 2-56

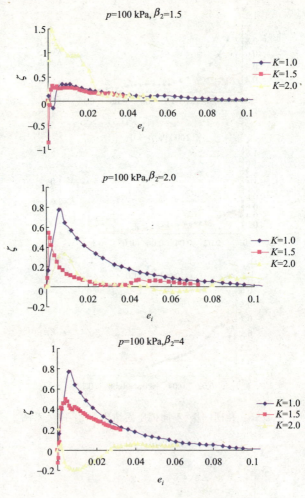

图 2-56 围压 100 kPa，相同超固结比、不同偏压固结比下 ζ—e_i 关系图

4.0时,其变化规律又刚好相反。出现这种现象的原因可能一部分是由于制样的偏差;还可能是由于前期固结压力增大,使得土体更加密实,颗粒接触面积增加,增大了摩擦强度而造成的。

图 2-57 为围压 100 kPa,相同偏压固结比、不同第二类超固结比下,应力分担率 ζ 随应变水平 e_i 的变化规律。从图中可以看出:相同偏压固结比下,随着超固结比的增大,应力分担率的峰值基本上是下降的。一方面是前期固结压力越大,对结构性造成地破坏越大;另一方面,前期固结压力越大,则土体越密实,颗粒间的接触面积越大,从而提高了摩擦强度。两方面共同造成了应力分担率峰值地下降。

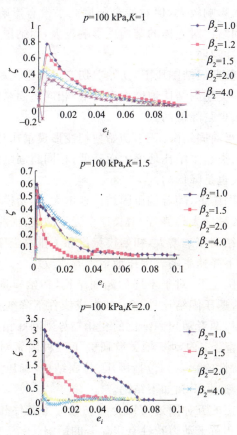

图 2-57 围压 100 kPa,相同偏压固结比、不同超固结比下 ζ—e_i 关系图

2.5 本章小结

1. 本章对不同围压、不同超固结比、不同偏压固结比下的西安地区饱和黄土试样进行静力不排水三轴剪切试验研究,得到如下结论:

(1)结构性对饱和黄土的力学性能影响比较明显,尤其对初始变形模量的影响较大,但对残余强度几乎没有影响。最大固结压力和偏压固结比对土体的结构性影响较大,固结压力、偏压固结比越大,结构性越弱。

(2)相同前期固结围压下,初始剪切变形模量比和不排水强度比均随着第一类超固结比地增大而降低;相同超固结比下,两者随着围压地增大也是降低的。

(3)相同当前固结围压下,初始剪切变形模量比和不排水强度比均随着第二类超固结比地增大而降低;相同超固结比下,两者随着围压地增大也是降低的。

(4)相同围压下,随着偏压固结比地增大,初始模量比、不排水强度比都大致呈增大趋势,但增长速率逐渐减缓;而相同偏压固结比下,随着固结围压地增大,初始模量比和不排水强度比均呈下降变化趋势,但下降速率随着围压地增大有所减缓。

(5)相同围压下,对于不同的超固结比,初始模量比和不排水强度比都随着偏压固结比地增大基本成线性下降变化;而当偏压固结比相同时,两者随超固结比的变化趋势则刚好相反。

2. 本章基于室内动三轴试验研究了五种因素对结构性饱和黄土的动力特性的影响。包括围压、超固结比、偏压固结比、动剪应力比、加载频率,得到如下结论。

(1)所研究的五种因素可以分为初始应力条件和动荷载形式两类,都对饱和黄土动力特性有很显著的影响。

(2)随着循环次数地增加,应变曲线不像饱和砂土那样呈喇叭状发展,而是只在压缩相呈波浪形单调增加。偏压固结比越大,这种现象越明显；孔压曲线也是呈波浪形单调增加，没有出现负的孔隙水压力。但不同条件下，应变、孔压发展的快慢不一样，波动程度也不一样。

(3)动应力应变关系曲线可分为三个阶段。第一阶段：每一循环内产生的残余变形逐渐变小，应力应变曲线变密；第二阶段：稳定阶段，每一循环内产生的残余变形基本一致；第三个阶段：每一循环内产生的残余变形又逐渐增大，应力应变曲线变疏。但不同条件下，三个阶段对应的应变范围则不一样。

(4)孔压增长曲线也可分为三个阶段。变形初始阶段，孔压增长相对比较缓慢；随着变形增大到某一值时，孔压增长速度突然加快，进入第二个阶段；当残余变形增大到一定程度后，孔压增长又逐渐变缓，直至最后孔压基本保持不变，为第三个阶段。不同条件下，三个阶段对应的应变范围也不一样。

3.结构性变化规律的定量描述对研究结构性饱和黄土动力特性具有重要意义，本章引入应力分担率来考察饱和黄土的结构性，通过试验得到其如下规律：

(1)应力分担率随变形的变化曲线明显分为两段：第一段几乎表现为线性增长。说明在此阶段，结构性是处于线性发挥阶段，当塑性应变达到一定值后，应力分担率出现峰值，随后结构性开始发生破坏，进入到第二阶段。第二阶段内，应力分担率随着变形地增长而减小，呈双曲线变化，且变化速率是先快后慢，最终趋于0。

(2)相同前期固结压力、不同第一类超固结比下，随着第一类超固结比地增大，应力分担率的峰值降低。相同第一类超固结比、不同当前固结压力下，随着围压地增大，本次试验所得应力分担率峰值的变化规律没有一致性。

(3)相同当前固结压力、不同第二类超固结比下，随着超固结比地增大，应力分担率的峰值在降低。不同当前固结压力、相同第二类超固结比下，随着围压地增大，应力分担率的峰值均在降低，且峰值出现时对应的变形均小于1%。

(4)正常固结试样，相同偏压固结比、不同围压下，随着固结围压地增大,应力分担率的峰值是降低的;但对于偏压固结试样,其规律似乎刚好相反。正常固结试样,相同围压、不同偏压固结比下,随着偏压固结比地增大,应力分担率的峰值基本上是增大的。

(5)围压 100 kPa,相同第二类超固结比、不同偏压固结比下,随着偏压固结比地增大,应力分担率的峰值的变化规律存在不一致性。围压 100 kPa,相同偏压固结比、不同第二类超固结比下,随着超固结比地增大,应力分担率的峰值基本上是下降的。

第3章 非饱和黄土静、动力试验研究

3.1 引　言

非饱和土是由固相、液相、气相三部分组成的三相体系。非饱和土中的三相物质的含量比例不同,其形态和性状也就不同,相对于两相体系的饱和土,含水率对非饱和土的性质有很大的影响。

为了研究水分对非饱和土性质的影响,可以选择的物理量有基质吸力和含水率。两个物理量作为非饱和土的研究参量各有优缺点,基质吸力间接的反映土中水分含量,作为一种应力分量引入本构模型中,理论上更严密更合理,但基质吸力的准确量测很困难,特别是现场的量测,对试验设备有很高的要求。目前将基质吸力作为参量对非饱和黄土进行的研究离实际的应用还有一定的距离。相比较而言,含水率可以直接反映非饱和土中的水分含量,将其引入土体本构模型中,虽然理论上没有基质吸力严密,但是由于含水率易于确定,概念直观,应用方便,容易被工程师所接受,也不失为研究非饱和土的重要途径[170]。

本章以含水率作为研究参量,对非饱和黄土进行静、动力三轴试验,研究重塑非饱和黄土和原状非饱和黄土的力学性质随含水率的变化规律,为构建非饱和黄土的本构模型建立基础。

3.2 试验试样

本次研究的静力试验主要采用三轴剪切试验。试验所用的非饱和黄土均取自西安南郊某地铁施工段,取样深度为 10 m 左右,取样标准采用《建筑工程地质勘探与取样技术规程》(JGJ/T 87—

2012),土体的基本物理指标如表 3-1 所示。

表 3-1 试样物理性质指标

土的密度 $\rho(g/cm^3)$	土粒比重 G_s	孔隙比 e	液限 $\omega_L(\%)$	塑限 $\omega_P(\%)$
1.88	2.71	0.8	25.3	17.2

为了保证试验成果的可靠性和试验数据的可比性,试样制备过程中严格的遵守《土工试验方法标准》(GB/T 50123—1999)要求。特别是原状土的取土、运输和制备时要尽量减少人为对土体的扰动。不同含水率原状土试样制备时,先直接用天然含水率土样制备,然后对于小于天然含水率的试样采用风干法减少含水率,大于天然含水率的试样采用水膜转移法增加含水率。减少或增加水的质量为

$$\Delta m_w = \frac{(\omega - \omega_0)}{1 + \omega_0} m_0 \quad (3-1)$$

式中,m_0 为初始的土样质量;ω_0 为初始的土样含水率;ω 为所配含水率。

不同含水率的重塑土试样制备时,先将土样碾碎过筛,按设计含水率配置含不同水分的散状土样,在恒温保湿缸中静置五天,水分均匀后使用分层制样器,为了保证试验均匀分五层制样。为了使土样中的水分均匀,各种含水率的原状土样和重塑土样都放入恒温保湿缸中静置两天后使用。

3.3 非饱和黄土静力三轴试验研究

3.3.1 试验设备及试验方案

三轴剪切试验采用由中国人民解放军后勤工程学院和江苏溧阳永昌工程试验仪器厂联合研制的 FYS 30 型应变控制式非饱和土三轴仪,如图 3-1 所示。试样直径 3.91 cm,高度 8.0 cm。

图 3-1 三轴剪切仪

为了研究非饱和黄土的变形和强度特性以及土体的结构性,分别对四种含水率的原状非饱和黄土和重塑非饱和黄土,在三种初始固结围压下进行三轴剪切试验,试验方案如表 3-2 所示,试验的剪切速率采用 0.018 mm/min。

表 3-2 试验方案

含水率 围压	含水率			
	5.8%	8.8%	11.7%	14.7%
50 kPa	√	√	√	√
100 kPa	√	√	√	√
200 kPa	√	√	√	√

3.3.2 试验结果及分析

1. 变形分析

由于土体是由碎散的固体颗粒组成,所以土的宏观变形主要由颗粒间的位置变化引起,而不是由于土颗粒本身的变形产生。在三轴剪切试验中,土的应力应变关系是研究土体变形和强度的基础。围压对土体变形有很大影响,围压的大小决定了土体的初始变形模量;同时,对于非饱和土,不同含水率对变形的影响也很大。所以,有必要考察不同围压和不同含水率的非饱和土的变形特性。

(1)相同含水率不同围压的应力应变关系

重塑非饱和黄土土样在相同含水率不同围压的主应力差($\sigma_1 - \sigma_3$)和竖向变形 ε_1 关系如图 3-2～图 3-5 所示。通过四种不同含水率的重塑非饱和黄土土样在三种不同围压下的应力应变关系的对比分析可以看出:重塑非饱和黄土的应力应变关系和破坏形式受固结围压的影响不大,对于各种含水率的土体,在不同固结围压下应力应变关系都表现为硬化型,只有土样在含水率为 5.8%

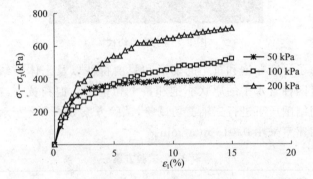

图 3-2 重塑非饱和黄土应力应变关系($\omega = 5.8\%$)

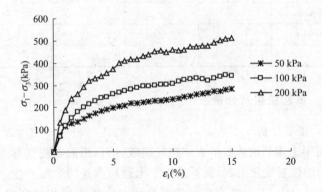

图 3-3 重塑非饱和黄土应力应变关系($\omega = 8.8\%$)

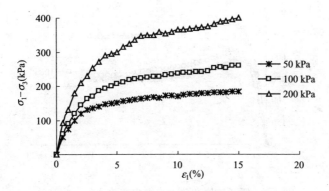

图 3-4 重塑非饱和黄土应力应变关系($\omega=11.7\%$)

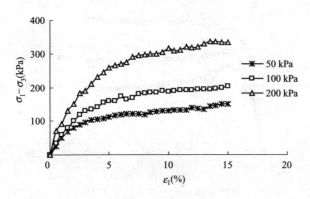

图 3-5 重塑非饱和黄土应力应变关系($\omega=14.7\%$)

固结围压为 50 kPa 的情况下,应力应变关系呈弱硬化型。同时,从图中还可以看出,每一种含水率的土体,其初始变形模量和抗剪强度都受固结围压的影响,它们都随着固结围压地提高而增大。

原状非饱和黄土土样在相同含水率不同围压的主应力差($\sigma_1-\sigma_3$)和竖向变形 ε_1 关系如图 3-6~图 3-9 所示。从图可以看出土样含水率为 5.8% 的时候,在不同的围压下,土的应力应变关系都呈软化型,但随着围压地增加其软化的程度逐渐地降低;而当含水率为 8.8%、11.7% 和 14.7% 时,土体的应力应变关系都随着围

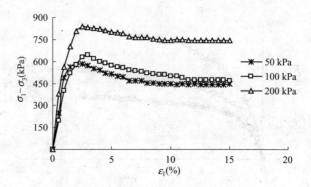

图 3-6　原状非饱和黄土应力应变关系（$\omega=5.8\%$）

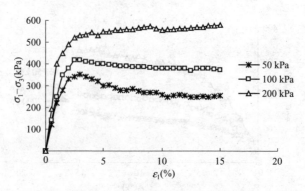

图 3-7　原状非饱和黄土应力应变关系（$\omega=8.8\%$）

压地增大由软化型转变为硬化型。说明原状非饱和土的应力应变关系类型受到固结围压的影响较大。这主要是由于和相同含水率的重塑土相比而言，原状土具有更强的结构性，在较低的固结围压下，结构性没有破坏或者破坏较小。在剪切过程中，随着竖向应力地增大，土体的结构性逐渐遭到破坏，尤其在剪切破坏后土体结构的黏聚力完全丧失，强度降低，应力应变关系类型表现为软化型；而当固结围压较大时，在固结的过程中土的结构性已经被破坏，所以在剪切过程中表现为硬化型。

　　由此说明，在相同含水率的情况下，非饱和原状黄土的应力应

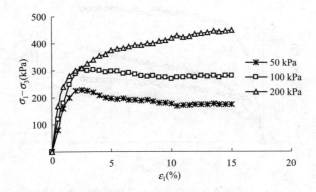

图 3-8 原状非饱和黄土应力应变关系($\omega=11.7\%$)

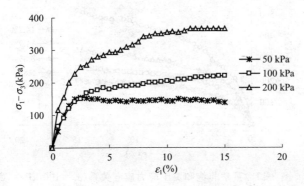

图 3-9 原状非饱和黄土应力应变关系($\omega=14.7\%$)

变关系类型和破坏形式主要取决于固结围压。当围压小于结构强度时候，土的结构在固结阶段受到破坏较少，土的应力应变关系为软化型；当围压大于土体的结构强度时候，在固结阶段，土的结构遭到破坏，土的应力应变关系为硬化型。

(2)相同围压不同含水率的应力应变关系

重塑非饱和黄土土样在相同围压不同含水率的情况下的主应力差($\sigma_1-\sigma_3$)和竖向变形 ε_1 关系如图 3-10~图 3-12 所示，从图中可以看出在相同围压的情况下，含水率对变形具有较大影响。通过不同固结围压土样的应力应变关系对比可知，具有相同固结围

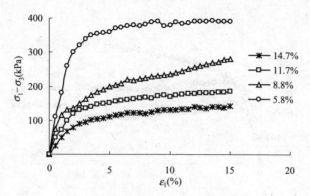

图 3-10 重塑非饱和黄土应力应变关系($\sigma_3 = 50$ kPa)

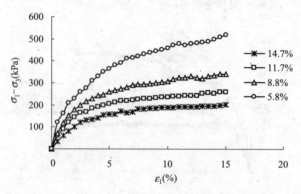

图 3-11 重塑非饱和黄土应力应变关系($\sigma_3 = 100$ kPa)

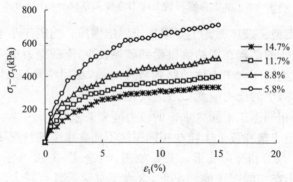

图 3-12 重塑非饱和黄土应力应变关系($\sigma_3 = 200$ kPa)

压的土样其含水率对土体的应力应变关系影响相似,随着含水率的增加,土的应力应变曲线降低,土体的强度变小,初始变形模量减少。在围压和主应力差一定的情况下,含水率较大的土体其变形较大。从图中还可以看出:围压较低时,含水率的增加引起的变形更大。随着围压的增加,含水率变化所引起的变形逐渐减弱。这个可以理解为含水率对土体结构破坏所造成的。

原状非饱和黄土土样在相同围压不同含水率的主应力差($\sigma_1-\sigma_3$)和竖向变形 ε_1 关系如图 3-13～图 3-15 所示,从图中可以看出:含水率对原状非饱和土的应力应变关系有较大的影响。在相同的围压下,随着含水率的增加,土的应力应变关系从软化型向硬化型转变。这就说明水也是破坏土体连接结构的主要因素,当含水率较低的时,土的结构性破坏较少,所以随着轴向应力的增加,结构逐渐遭到破坏,结构强度降低,土体发生软化;当含水率较大,土体结构性已经破坏严重,所以在剪切过程中表现为硬化型。

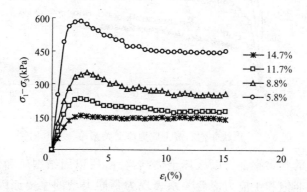

图 3-13　原状非饱和黄土应力应变关系($\sigma_3=50$ kPa)

综上分析可以得出:重塑非饱和黄土的应力应变关系都呈硬化型,而原状非饱和黄土的应力应变关系既有硬化型也有软化型。不管是重塑非饱和黄土还是原状非饱和黄土,固结围压和含水率都是影响其力学性质的主要因素,它们都可以改变土体的初始变形模量和土体的剪切强度。对于原状非饱和黄土,较大固结围压

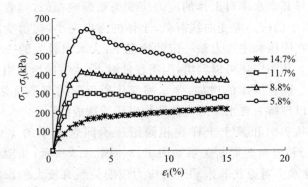

图 3-14 原状非饱和黄土应力应变关系($\sigma_3 = 100$ kPa)

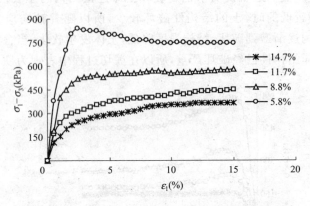

图 3-15 原状非饱和黄土应力应变关系($\sigma_3 = 200$ kPa)

和较高的含水率都可以破坏土体结构性,所以固结围压和含水率是原状非饱和土应力应变关系表现为不同类型的主要原因,当围压较大和含水率较高土体结构性破坏严重时应力应变表现为硬化型,当围压较小和含水率较低土体结构性破坏轻微时表现为软化型。

2. 结构性分析

(1)非饱和黄土结构性参数定义

研究土结构性的关键是确定结构性定量化的指标。对于侧向

压缩试验,谢定义等[167]定义了结构综合势 m_p:

$$m_p = \frac{m_1}{m_2} = \frac{s_s/s_r}{s_r/s_o} = \frac{s_s \cdot s_r}{s_o^2} \qquad (3\text{-}2)$$

式中,s_o、s_s、s_r 分别为原状样、饱和样和重塑样在某一压力下的变形量。

陈存礼等[171]也做了类似定义,但用某一压力下原状样、饱和样和重塑样的孔隙比 e_o、e_s、e_r 代替上式中的 s_o、s_s、s_r。

对于三轴剪切试验,陈存礼等[172]定义结构性参数 m_σ 为

$$m_\sigma = \frac{(\sigma_1 - \sigma_3)_y}{(\sigma_1 - \sigma_3)_r} \cdot \frac{(\sigma_1 - \sigma_3)_y}{(\sigma_1 - \sigma_3)_s} \qquad (3\text{-}3)$$

式中,$(\sigma_1 - \sigma_3)_y$,$(\sigma_1 - \sigma_3)_r$ 和 $(\sigma_1 - \sigma_3)_s$ 分别为原状样、扰动样及饱和样在剪切过程中的主应力差。

陈存礼等[173]定义了结构性参数 m_ε 为

$$m_\varepsilon = \frac{(\sigma_1 - \sigma_3)_y}{(\sigma_1 - \sigma_3)_{rs}} \qquad (3\text{-}4)$$

式中,$(\sigma_1 - \sigma_3)_y$ 为不同含水率下的原状样主应力差;$(\sigma_1 - \sigma_3)_{rs}$ 为扰动饱和样的主应力差。

定义结构应力分担比作为结构性参数,在某一广义剪应变下,原状土的广义剪应力为 q_y,重塑土的广义剪应力为 q_c,结构应力分担比 η 为

$$\eta = \frac{q_y - q_c}{q_c} \qquad (3\text{-}5)$$

广义剪应力 q 和广义剪应变 γ_e 分别为

$$q = \frac{1}{\sqrt{2}} \sqrt{(\sigma_1 - \sigma_2)^2 + (\sigma_2 - \sigma_3)^2 + (\sigma_3 - \sigma_1)^2} \qquad (3\text{-}6)$$

$$\gamma_e = \frac{\sqrt{2}}{3} \sqrt{(\varepsilon_1 - \varepsilon_2)^2 + (\varepsilon_2 - \varepsilon_3)^2 + (\varepsilon_3 - \varepsilon_1)^2} \qquad (3\text{-}7)$$

式中,σ_1、σ_2、σ_3 为主应力;ε_1、ε_2、ε_3 为主应变。

结构性参数的意义如图 3-16 所示。由图可知:$(q_y - q_c)$ 是土体结构性承担的应力分量,则结构应力分担比 η 的物理意义为:在某一广义剪应变时,土体结构性承担的应力分量和重塑土承担的

应力分量的比值。

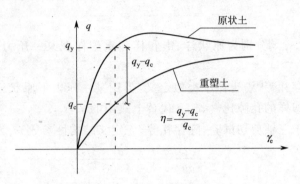

图 3-16 结构应力分担比

从图 3-16 中可以看出:η 和 (q_y-q_c) 及 q_c 都不是定值,它们是随着应变不同而发生变化的;由上一节的分析可知,围压和含水率是影响结构性的两个因素,当应变一定时,含水率和围压不同,结构应力分担比也将不同。所以,结构应力分担比可以写成含水率、围压和广义剪应变的函数,即

$$\eta = f(\sigma_3, \gamma_e, \omega) \tag{3-8}$$

式中,σ_3 为围压;ω 为含水率。

(2)相同含水率不同围压结构应力分担比和应变关系

图 3-17～图 3-20 表示具有相同含水率的土样在不同固结围

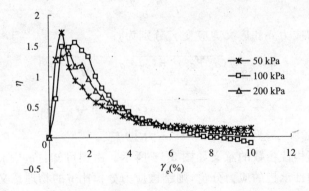

图 3-17 结构应力分担比($\omega=5.8\%$)

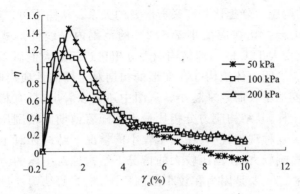

图 3-18 结构应力分担比($\omega=8.8\%$)

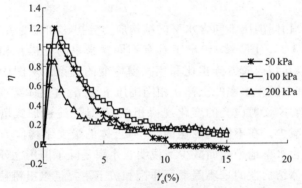

图 3-19 结构应力分担比($\omega=11.7\%$)

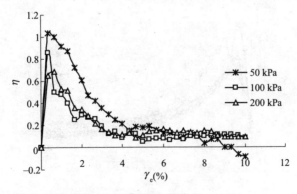

图 3-20 结构应力分担比($\omega=14.7\%$)

压下,结构应力分担比和广义剪应变的关系。从图中可以看出:当结构应力分担比在应变小于 1.2% 的范围内呈线性形式迅速增长,当应变大于 1.2%,即结构应力分担比达到最大值后以指数形式减少。表明土体结构性在变形的初期对土体的性质影响较大,随着应变地增长而越来越小。从图中还可以看出:具有相同的含水率的土样,其结构应力分担比最大值随着前期固结围压地增加而减少。这种现象说明:在围压较小的情况下结构性对土体的力学性质影响较大,在围压较大的情况下结构性对土体的力学性质影响较小。主要是因为在较小的围压下,土体的结构性没有被破坏或者破坏较少;而在较高的围压下,结构性在固结期间已经发生破坏。

(3)相同围压不同含水率的结构应力分担比和应变关系

图 3-21～图 3-23 给出了具有不同含水率的土样在相同围压下固结,其结构应力分担比和广义剪应变的关系。从图中可以看出:具有不同含水率的土样在相同围压下固结,其土体结构应力分担比随着广义剪应变的变化规律相似,都是先线性形式增大后指数形式减少。在不同的围压固结下,土体的最大结构应力分担比都随着含水率地增加而减少。说明含水率是除了围压之外另一个影响土体结构性的重要因素。非饱和黄土主要是以粗粉粒为主要

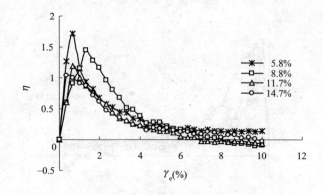

图 3-21 结构应力分担比($\sigma_3=50$ kPa)

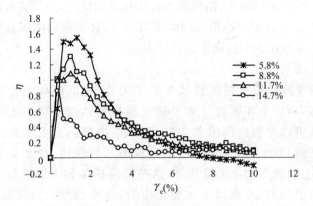

图 3-22 结构应力分担比($\sigma_3=100$ kPa)

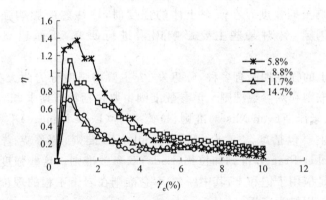

图 3-23 结构应力分担比($\sigma_3=200$ kPa)

骨架的架空结构,含水率增加后,使粗粉粒接点处在土体结构中起着半骨架半胶结作用的可溶盐发生了溶解,这就导致土体结构性的削弱,宏观上就表现为结构应力分担比减少。

综上分析可以得出:不管原状非饱和黄土为何种含水率,也不管在何种围压下固结,结构应力分量都是先增大后减少,而且结构应力分量在广义剪应变很小($\gamma_e \approx 0.8\% \sim 1.6\%$)的情况下就达到最大值,说明结构性在加载的初期已经发挥作用;当过了峰值后,由于结构性遭到破坏,结构应力分担比迅速降低,到广义剪应变约为10%左右达到最小值。同时可以得出:含水率和围压是影响结构应力分担比大小的两个主要因素。

3. 强度分析

强度就是指材料抵抗破坏的能力,土体的破坏通常都是剪切破坏,所以土体强度一般又称土的抗剪强度。影响土体强度的因素可以分为内部因素和外部因素,内部因素主要是土体本身的性质,如土的矿物成分、土颗粒的几何性质、含水率等土的组成,土的状态和土的结构等,这些性质都是和土形成的环境和应力历史相关;外部因素主要是应力、应变、时间、温度等,其中应力因素最为基本,主要包括围压、中主应力、应力历史、应变方向和加载速率等。这些外部因素主要是通过改变土的物理性质而影响土的强度。在研究土体的强度时,往往忽略影响强度的次要因素,针对某些主要影响因素进行研究,从而建立强度理论。

土的强度理论有多种,陈惠发[174]主要将强度分为两大类:单参数准则和双参数准则。单参数准则主要包括特雷斯卡(Tresca)准则、米泽斯(von Mises)准则、拉德-邓肯(Lade-Duncan)准则;双参数主要包括摩尔-库仑(Mohr-Coulomb)准则、德鲁克-普拉格(Drucker-Prager)准则和拉德(Lade)双参数准则。这些强度准则主要是应用于饱和土,其中摩尔-库仑准则在岩土工程的理论和实践中应用最为广泛。

非饱和土比饱和土复杂得多。首先,气水交界面的表面张力使孔隙中的水与气具有不同的压力,并且孔隙水压常常为负值;其次,孔隙气压力和负孔隙水压力的同时出现使土的有效应力不再等于粒间压力,从而使饱和土的有效应力原理在非饱和土力学中的可行性需要重新评价。非饱和土的强度主要由三个方面组成:(1)由水膜的物理化学作用、黏土矿物颗粒的黏结和颗粒间的分子引力形成的原始黏聚力;(2)聚集在粗颗粒接触点处的胶体颗粒、腐殖质胶体和可溶盐等胶结物质形成的加固黏聚力;(3)非饱和土的基质吸力和毛细压力形成的强度,该强度与外力无关,称为吸附黏聚力。

非饱和土的强度理论主要可以分为两类:一是强度理论中引入吸力;二是强度理论中引入含水率或饱和度[175]。

目前被岩土工程界广泛认可且影响较大的是引入吸力的非饱和土强度理论,一类是以摩尔-库仑(Mohr-Coulumb)准则为基础的毕肖普(Bishop)公式[176]。

$$\tau_f = c' + [(\sigma - u_a) + \chi(u_a - u_w)]\tan\varphi' \qquad (3-9)$$

式中,τ_f 为非饱和土抗剪强度;σ 为总应力;u_w 为孔隙水压力;u_a 为孔隙气压力;χ 为介于 0 到 1 的参数,其取值主要取决于土的饱和度,当为干土时 $\chi=0$,当为饱和土时 $\chi=1$。很多学者对参数 χ 进行了大量的研究,如 χ 的物理意义、表达式及对其影响的因素等。另一类是弗雷德隆德(Fredlund)的双应力变量公式[177]。

$$\tau_f = c' + (\sigma - u_a)\tan\varphi' + (u_a - u_w)\tan\varphi^b \qquad (3-10)$$

式中,c' 和 φ' 分别为有效黏聚力和有效内摩擦角;φ^b 为强度随吸力变化的内摩擦角。

引入吸力的非饱和土强度理论,不管是哪类理论都是要确定土体的吸力,由于测试吸力比较困难,控制基质吸力的试验代价昂贵、耗时,而且理论仍需成熟完善。为了便于工程运用,许多学者提出了用易于量测的含水率或饱和度代替吸力建立非饱和土强度公式,具体的做法就是通过试验找出土体的强度指标 c、φ 和含水率之间的关系[175~190]。凌华等[175]建立非饱和土的实用强度公式,表明一定的含水率范围内 c、φ 和含水率呈线性关系;缪林昌等[180]建立非饱和膨胀土的强度和含水率关系,c、φ 随含水率指数降低;程斌[183]建立 Q_3 非饱和原状黄土强度与含水率之间的关系,试验表明强度可以表示为含水率的指数公式;党进谦等[184,185]研究非饱和重塑黄土与含水率之间的关系,同样得到上述公式描述的类似表达式;赵慧丽等[186]利用无侧向试验和直剪试验,研究了具有相同含水率的非饱和重塑黄土和非饱和原状黄土的强度公式,试验表明原状样强度大于重塑样,但它们的强度都可以写成参数为含水率的公式,公式的表达式相似只是公式的系数不同。

(1)非饱和黄土摩尔-库仑公式

本次研究以摩尔-库仑强度理论为基础,研究非饱和黄土的强度参数 c、φ 与含水率之间的关系,以此来建立非饱和黄土的摩尔-库仑强度公式。

利用三轴试验数据,以剪应力 τ 为纵坐标,法向应力 σ 横坐标,在横坐标表以 $(\sigma_1+\sigma_2)/2$ 为圆心,以 $(\sigma_1+\sigma_2)/2$ 为半径绘制不同围压下破坏时的摩尔圆和包络线,从而得出摩尔-库仑强度参数。土体破坏取值标准为当应力应变为软化型曲线时取峰值,为硬化型时取应变为15%所对应的值。重塑黄土和原状黄土的强度指标如表3-3所示。由表可以看出:非饱和重塑黄土和原状黄土的黏聚力和内摩擦角都随着含水率的增加而减少。黏聚力在含水率变化时,其变化的幅度较大。在含水率的增长初期,黏聚力变化较大,随着含水率增加,黏聚力变化速度减缓。内摩擦角在土体含水率变化时,变化的幅度较小,其变化的速度也是先大后小。

表 3-3 非饱和黄土土样的强度指标

含水率 (%)	重塑土		原状土	
	c (kPa)	φ(°)	c (kPa)	φ(°)
5.8	85.21	28.61	126.45	30.94
8.8	50.58	26.05	85.35	27.66
11.7	36.76	24.64	51.36	25.92
14.7	26.15	23.51	35.45	24.49

非饱和土的强度随含水率变化,主要是因为含水率的变化导致了非饱和土的土体结构性和基质吸力发生了改变。非饱和黄土的结构由骨架颗粒、孔隙和胶结物组成,是以粗粉粒为主体骨架的架空结构,粗粉粒在接点处的可溶盐在土结构中起着半骨架半胶

结的作用,加强了接点处的连接强度[185]。当含水率增加时,可溶盐逐渐溶解,使胶结物质产生松弛作用,削弱了胶结物的连接能力,同时,吸附水膜厚度增加起到了润滑的作用,使颗粒易于滑动,这都降低了非饱和土的强度。而基质吸力很大程度上与含水率相关,随着含水率的增加非饱和土的基质吸力逐渐减少,使吸附黏聚力降低。

表 3-4 非饱和黄土含水率与土强度指标拟合公式

类别	拟合公式	复相关系数
重塑土	$c=171.82e^{-13.04\omega}$	$R^2=0.9865$
	$\varphi=32.043e^{-2.17\omega}$	$R^2=0.9737$
原状土	$c=297.24e^{-14.6\omega}$	$R^2=0.9956$
	$\varphi=35.402e^{-2.59\omega}$	$R^2=0.9728$

通过研究发现含水率与黏聚力和内摩擦角的影响,可以用指数关系拟合,具体的拟合公式如表 3-4 所示。拟合曲线和试验数据如图 3-24～图 3-27 所示。

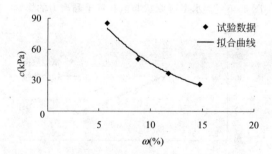

图 3-24 含水率对重塑非饱和黄土黏聚力的影响

由此可得,非饱和土的强度指标可以表达为

$$c=a_1 e^{b_1 \omega} \tag{3-11}$$

$$\varphi=a_2 e^{b_2 \omega} \tag{3-12}$$

则非饱和土的摩尔-库仑强度理论为

$$\tau_f=a_1 e^{b_1 \omega}+\sigma\tan(a_2 e^{b_2 \omega}) \tag{3-13}$$

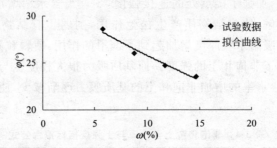

图 3-25　含水率对重塑非饱和黄土内摩擦角的影响

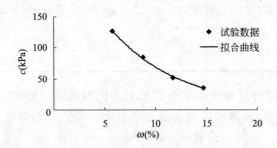

图 3-26　含水率对原状非饱和黄土黏聚力的影响

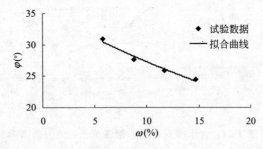

图 3-27　含水率对原状非饱和黄土内摩擦角的影响

本次试验的重塑非饱和黄土强度公式为

$$\tau = 171.82e^{-13.04\omega} + \sigma\tan(32.043e^{-2.17\omega}) \quad (3-14)$$

原状非饱和土的强度公式为

$$\tau = 297.24e^{-14.6\omega} + \sigma\tan(35.402e^{-2.59\omega}) \quad (3-15)$$

(2)非饱和土强度公式分析

上述得出的非饱和黄土摩尔-库仑强度公式,其意义和应用进行如下简单的分析。假设某一非饱和土的摩尔-库仑强度参数为:

$$a_1 = 275.62, b_1 = -13.5, a_2 = 40.12, b_2 = -3.17$$

将土体的强度在 $\tau\text{-}\sigma\text{-}\omega$ 三维空间中表示为空间曲面,如图 3-28 所示。强度曲面在 $\tau\text{-}\sigma$ 平面内投影如图 3-29,在 $\tau\text{-}\omega$ 平面内投影如图 3-30。由图 3-30 分析可以得出:当土体含水率为 ω,应力状态为 $\tau\text{-}\sigma$,应力状态和含水率组成的三维空间的点(ω、σ、τ),如果其位于强度曲面内或强度面的上方时,土体破坏;当点在强度面的下方时,土体稳定。由图 3-29 分析可以得出:任一含水率的情况下,土体抗剪强度随法向应力增大而增加。由图 3-30 分析可以得出任一法向应力情况下,土体的抗剪强度随含水率的增加而减少。

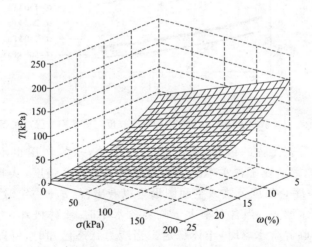

图 3-28 不同含水率下非饱和黄土强度与竖向压力关系

另外,非饱和黄土的摩尔-库仑强度公式也可以解释在应力状态一定时,当含水率增大,土体失稳或安全系数降低的现象。如在实际工程常遇到的情况:边坡在降雨后产生滑坡,基坑浸水

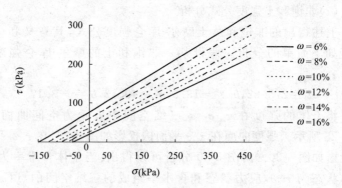

图 3-29　不同含水率下非饱和黄土强度与竖向压力关系

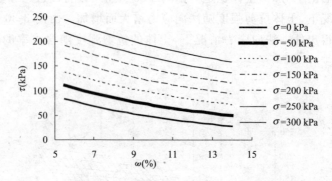

图 3-30　不同竖向压力下非饱和黄土强度与含水率与强度关系

后垮塌等。土体的破坏,除了力的作用外,水的作用也不容忽视,其原因就在于含水率的增加降低得了土体的强度,从非饱和土摩尔-库仑强度公式或空间图形可以看出:当 σ、τ 一定时,有个临界含水率 ω_{cr},当含水率大于临界含水率时,土体破坏,当含水率小于临界含水率时,土体稳定。当应力状态已知时,可以通过解方程

$$\tau = a_1 e^{b_1 \omega} + \sigma \tan(a_2 e^{b_2 \omega}) \tag{3-16}$$

得出临界含水率,由于上述方程没有解析解,可以通过数值算法或作图法得出。

3.4 非饱和黄土动力三轴试验研究

3.4.1 试验设备及试验方案

试验动力三轴试验研究采用天水红山试验机有限公司自行研发的20kN电液伺服微机控制动三轴测试系统如图3-31所示,试验系统主要由主机、液压源、电控系统及计算机四大部分组成;该设备三轴最大压力为1 MPa,轴向最大负荷20kN,轴向、侧向激振频率均为0~2 Hz;微机控制电液伺服动静三轴压力机可施加正弦、方波及三角波等规则波,分别通过轴向和侧向激振器施加轴向和侧向位移(或荷载),可以直接测量试样的轴向位移、轴向荷载、侧向位移、围压和孔压。

图3-31 动力三轴剪切仪器

为了研究固结围压和含水率对非饱和黄土的影响,试验采用三种含水率,三种固结围压,试验振动频率取为1 Hz,振动波形为正弦波,在每一围压下,沿土样的轴向逐级由小到大施加动应力,每级动应力振次为10次。试验方案如表3-5所示。

表 3-5 试验方案

围压 \ 含水率	8.8%	11.7%	14.7%
100 kPa	√	√	√
150 kPa	√	√	√
200 kPa	√	√	√

3.4.2 试验结果及分析

在进行试验时,数据保存时间间隔为 0.05 s,这样每个循环可采集 20 个点,这 20 个点中,有一个在正弦波的波峰采集,有一个在波底采集,循环动应力为 $\sigma_d = (\sigma_{max} - \sigma_{min})/2$,动应变为 $\sigma_d = (\varepsilon_{max} - \varepsilon_{min})/2$,试验典型的动应力和动应变的如图所示 3-32 所示。从图中可以看出:非饱和黄土在周期荷载的作用下,应力应变表现出非线性和滞后性特征。

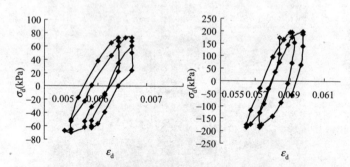

图 3-32 典型的非饱和黄土动应力和动应变关系

本节主要对非饱和黄土的动模量和阻尼比进行研究,重点研究含水率和固结围压对两者的影响。

1. 动模量

动弹性模量是土动力特性的重要指标之一,主要反应了土体在动力荷载下的非线性。其定义为:

$$E_d = \sigma_d / \varepsilon_d \tag{3-17}$$

式中,σ_d 为动应力;ε_d 为动应变。

相同含水率的土样在不同围压下固结的动模量和动应变的关系如图 3-33～图 3-35 所示。从图中可以看出:相同含水率非饱和土,在不同围压固结下其动模量都表现为随着动应变的增长而呈双曲线形式减小。对于相同含水率的土体,围压是影响动模量大小的重要因素,当动应变一定时,初始的固结围压越大其动模量越大。从图中还可以看出:在动应变开始较小的范围内,

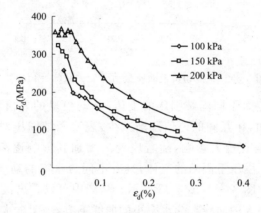

图 3-33 非饱和黄土动模量动应变关系($\omega=8.8\%$)

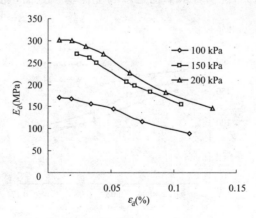

图 3-34 非饱和黄土动模量动应变关系($\omega=11.7\%$)

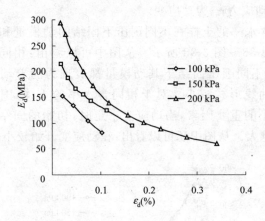

图 3-35 非饱和黄土动模量动应变关系($\omega=14.7\%$)

动应变一定时不同固结围压的土体,其动模量的差值较大,随着应变的增加,相互间的差值逐渐减少,表明固结围压对土体的初始动模量具有较大影响,随着应变的增加其影响逐渐减少。

在相同围压下固结的土体,具有不同含水率的动模量和动应变的关系如图 3-36~图 3-38 所示。从图中可以看出:当动应变相等时含水率大的曲线在含水率小的曲线下方,表明含水率越小,动弹性模量越大,说明含水率也是影响土体动模量的重要因素。同

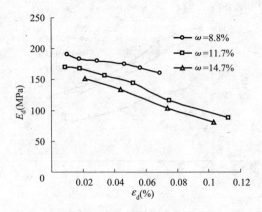

图 3-36 非饱和黄土动模量动应变关系($\sigma_3=100$ kPa)

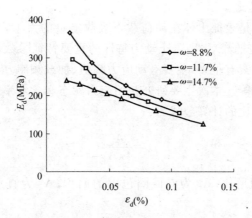

图 3-37　非饱和黄土动模量动应变关系($\sigma_3 = 150$ kPa)

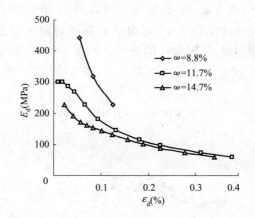

图 3-38　非饱和黄土动模量动应变关系($\sigma_3 = 200$ kPa)

样可以看出含水率对非饱和土的初始动模量影响较大,随着动应变的增加,其影响越来越小。

综上分析可知:非饱和黄土的动模量随着动应变的增加而降低,在加载初期的曲线较陡,随着动应变的增加动模量变化的幅度较大,在加载的后期曲线较缓,动模量的变化幅度较小。固结围压和含水率是影响非饱和土动模量的主要因素,它们都对初始的动模量影响较大,随着动应变的增大,影响逐渐减小。

2. 阻尼比

阻尼比是表征土体在动荷载下吸收能量的大小,反应了土动应力-动应变的滞后性,是土动力特性的重要特征参数之一。影响阻尼比的因素有很多,主要有动应力幅值、加载频率、应变速率、荷载振动次数等。本次主要研究初始应力状态和含水率对阻尼比的影响。阻尼比的计算公式为:

$$\lambda = \frac{A_1}{4\pi A_2} \qquad (3\text{-}18)$$

式中,λ 为阻尼比;A_1 为滞回圈包围的面积;A_2 为直角三角形的面积。

相同含水率在不同围压固结的非饱和土阻尼比和动应变的关系如图 3-39~图 3-41 所示,从图中可以看出:含水率相同的非饱和土,在不同的固结围压下,其阻尼比都随着动应变地增加而增加,当应变相同时,不同围压的阻尼比相差不大,表明阻尼受围压的影响不大。

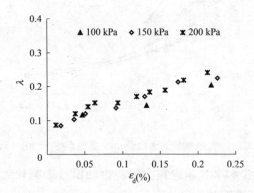

图 3-39 非饱和黄土阻尼比和动应变关系($\omega = 8.8\%$)

在相同围压下固结具有不同含水率的非饱和黄土的阻尼比和动应变之间的关系如图 3-42~图 3-44 所示,从图中可以看出:不同含水率的非饱和土在相同围压固结的条件下,其阻尼比都随着动应变的增加而增加,而且阻尼比在一条窄带中分布。

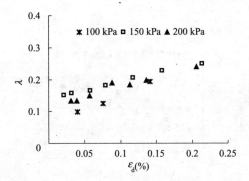

图 3-40 非饱和黄土阻尼比和动应变关系($w=11.7\%$)

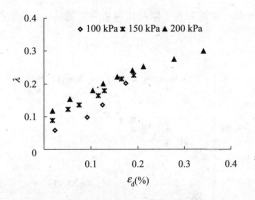

图 3-41 非饱和黄土阻尼比和动应变关系($w=14.7\%$)

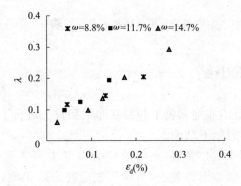

图 3-42 非饱和黄土阻尼比和动应变关系($\sigma_3=100$ kPa)

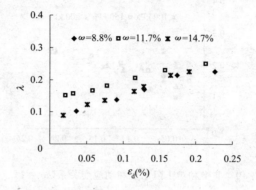

图 3-43 非饱和黄土阻尼比和动应变关系($\sigma_3=150$ kPa)

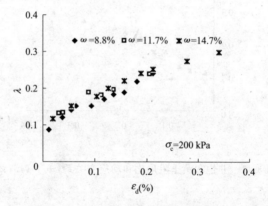

图 3-44 非饱和黄土阻尼比和动应变关系($\sigma_3=200$ kPa)

3.5 本章小结

本章对重塑非饱和黄土和原状非饱和黄土进行了静力和动力三轴试验,得到如下结论。

1. 在相同含水率下,土体的应力应变类型主要受围压的影响,尤其是原状非饱和黄土,当围压较低时为软化型,当围压较高时为硬化型;土体的初始变形模量和强度随着围压地增加而增加。

在相同围压下,含水率对土体变形有很大的影响。随着含水率地增加,土体的强度和初始变形模量都减小。

2. 定义了非饱和黄土的结构应力分担比。试验表明,在各种条件下非饱和黄土的结构分担率的变化规律相似,在应变开始较小范围内结构分担率呈线性增长,到达最大值后呈指数形式衰减。试验表明,围压和含水率是破坏土体结构性的主要原因。围压越大,结构性破坏越严重,结构分担率的最大值越小;含水率越大,结构性破坏越严重,结构分担率的最大值越小。

3. 提出了重塑非饱和黄土和原状非饱和黄土的实用强度公式。试验表明,非饱和重塑黄土和非饱和原状黄土的强度随含水率的变化规律相似,都随着含水率的增加而减少。其中,内摩擦角和黏聚力都随着含水率地增加而呈指数形式减低。

4. 非饱和黄土的动模量随着动应变地增加而减低,其减低的速度先快后慢。固结围压和含水率是影响非饱和黄土动模量的主要因素,它们都对初始的动模量影响较大,随动应变的增大,影响逐渐减小。非饱和黄土的阻尼比随着动应变的增大而增大,且变化范围较小。

第4章 考虑结构性的饱和黄土动力本构模型研究

4.1 引　言

土体的动力本构模型即动荷载作用下土体的应力-应变关系,是表征土体的动力学特性的基本关系,是了解土体在动力荷载作用下土体或土-结构动力特性的基础,是利用数值计算手段进行动力及稳定分析的前提条件,所以一直以来都是土动力学研究的核心问题之一。由于土体本身就具有相当复杂的性质,再加上工程实际情况千变万化,使得该问题的研究变得更加复杂。要建立一个能够适用于各种不同条件的动力本构模型的普遍形式是不切实际的,可行的方法是对于不同的工程问题,根据土体的具体条件和不同要求,有选择地舍弃部分次要因素,保留主要因素,建立一个能够基本反映实际情况的动力本构模型。

由于土体在动力荷载下的变形常常包括弹性变形和塑性变形两部分,卸载后土体内部将存在永久变形。而土体的变形又是影响土体特性的重要因素,所以从理论上来说,对于土体的动力本构模型使用弹塑性模型是更为科学的,理论上更为严密,适用条件更为广泛,而且能够反映土体较为复杂的各向异性、剪胀性等力学特性,对于描述复杂加载条件下的变形与破坏机理具有极大的潜力。这也是许多学者致力于这方面的原因所在。但总的来说,弹塑性动力本构模型普遍存在参数多、物理意义不明确和理论描述较为复杂等问题,再加上桩-土-结构动力相互作用问题本身的难度,这些模型在目前的情况下应用难度很大。

基于绪论中对目前土体动力本构模型研究现状的分析,笔者认为该课题的研究应该在工程应用和理论研究之间寻找一个平衡点。在符合基本理论的前提下不能太复杂,但要能较好的描述试验和现场土体的应力-应变特性,尽量不要包含没有任何物理意义的参数或包含较少的可以通过常规试验确定的参数,使用材料的不变量、荷载、边界和环境状况来描述土体的性质。针对目前土体的动力本构模型研究中基本上都是针对砂土和黏土建立的,还很少见到对于饱和黄土的类似研究。基于这种状况,本次研究将对饱和黄土不排水循环加载下动力本构模型的构建做一些有意义的探索。

4.2 基本应力应变关系的构建

4.2.1 基本假设

1. 土体单元的体积应力应变关系在加载和卸载过程中,视为弹性。

$$\Delta p' = K_0 \Delta \varepsilon_v \tag{4-1}$$

式中,$\Delta p' = (\Delta \sigma_x' + \Delta \sigma_y' + \Delta \sigma_z')/3$;$\Delta \varepsilon_v = \Delta \varepsilon_x + \Delta \varepsilon_y + \Delta \varepsilon_z$;$K_0$ 为土体体积压缩模量。

2. 增量加载的简单性。即在某一时段内,当荷载增量很小时,认为此过程中单元的应力增量方向张量和应变增量方向张量是重合的,但在整个过程中不同的荷载增量步内其方向又是变化的,即

$$(\Delta S_{mn})/\tau_i = 2(\Delta e_{mn})/\gamma_i \tag{4-2}$$

式中,ΔS_{mn} 为偏应力增量张量;Δe_{mn} 为偏应变增量张量;τ_i 为当前状态对应的剪应力强度;γ_i 为相应的剪应变强度。定义如下

$$\Delta S_{mn} = \begin{bmatrix} \Delta \sigma_{11}' - \Delta p' & \Delta \sigma_{12}' & \Delta \sigma_{13}' \\ \Delta \sigma_{12}' & \Delta \sigma_{22}' - \Delta p' & \Delta \sigma_{23}' \\ \Delta \sigma_{31}' & \Delta \sigma_{32}' & \Delta \sigma_{33}' - \Delta p' \end{bmatrix}$$

$$\Delta e_{mn} = \begin{bmatrix} \Delta \varepsilon_{11} - \Delta \varepsilon_v/3 & \Delta \varepsilon_{12} & \Delta \varepsilon_{13} \\ \Delta \varepsilon_{21} & \Delta \varepsilon_{22} - \Delta \varepsilon_v/3 & \Delta \varepsilon_{23} \\ \Delta \varepsilon_{31} & \Delta \varepsilon_{32} & \Delta \varepsilon_{33} - \Delta \varepsilon_v/3 \end{bmatrix}$$

$$\tau_i = \frac{1}{3}\sqrt{(\sigma'_x-\sigma'_y)^2+(\sigma'_y-\sigma'_z)^2+(\sigma'_z-\sigma'_x)^2+6(\tau_{xy}^2+\tau_{yz}^2+\tau_{zx}^2)}$$

$$= \frac{1}{3}\sqrt{(\sigma'_1-\sigma'_2)^2+(\sigma'_2-\sigma'_3)^2+(\sigma'_3-\sigma'_1)^2}$$

$$\gamma_i = \frac{1}{3}\sqrt{(\varepsilon_x-\varepsilon_y)^2+(\varepsilon_y-\varepsilon_z)^2+(\varepsilon_z-\varepsilon_x)^2+3(\gamma_{xy}^2+\gamma_{yz}^2+\gamma_{zx}^2)/2}$$

$$= \frac{1}{3}\sqrt{(\varepsilon_1-\varepsilon_2)^2+(\varepsilon_2-\varepsilon_3)^2+(\varepsilon_3-\varepsilon_1)^2}$$

另外还引入应力水平 σ_i 和变形水平 e_i,它们与应力偏量的第二不变量 J_2 及变形偏量的第二不变量 $J_{2\varepsilon}$ 之间有以下关系

$$J_2 = 3\tau_i^2/2 = \sigma_i^2/3, \quad J_{2\varepsilon} = 3\gamma_i^2/8 = 3e_i^2/4 \tag{4-3}$$

结合上两式可得出

$$\Delta S_{mn} = \frac{2\sigma_i}{3e_i}\Delta e_{mn} \tag{4-4}$$

式中,σ_i,e_i 为对应当前状态。上式在 x,y,z 轴上投影,则有

$$\begin{cases}\Delta\sigma'_x = \left(K_0-\dfrac{2\sigma_i}{9e_i}\right)\Delta\varepsilon_v+\dfrac{2\sigma_i}{3e_i}\Delta\varepsilon_x,\Delta\tau_{xy}=\dfrac{\sigma_i}{3e_i}\Delta\gamma_{xy}\\[2pt]\Delta\sigma'_y = \left(K_0-\dfrac{2\sigma_i}{9e_i}\right)\Delta\varepsilon_v+\dfrac{2\sigma_i}{3e_i}\Delta\varepsilon_y,\Delta\tau_{yz}=\dfrac{\sigma_i}{3e_i}\Delta\gamma_{yz}\\[2pt]\Delta\sigma'_z = \left(K_0-\dfrac{2\sigma_i}{9e_i}\right)\Delta\varepsilon_v+\dfrac{2\sigma_i}{3e_i}\Delta\varepsilon_z,\Delta\tau_{xy}=\dfrac{\sigma_i}{3e_i}\Delta\gamma_{zx}\end{cases} \tag{4-5}$$

3. 土体在单调加载下具有应变硬化特性。即对于图 4-1 所示

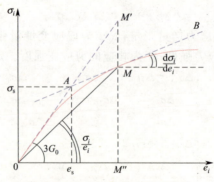

图 4-1 应力水平-应变水平曲线

的应力水平应变水平关系曲线,则满足如下不等式

$$3G_0 \geqslant \sigma_i/e_i \geqslant \mathrm{d}\sigma_i/\mathrm{d}e_i > 0 \tag{4-6}$$

定义函数 $\omega(e_i)$ 为线段 MM' 与线段 $M'M''$ 的比例。当变形处于弹性阶段,即应力水平 $\sigma_i \leqslant \sigma_s$,应变水平 $e_i \leqslant e_s$ 时,其等于零;处于塑性变形阶段时,则满足如下不等式

$$1 \geqslant \omega + e_i \frac{\mathrm{d}\omega}{\mathrm{d}e_i} > \omega > 0, \frac{\mathrm{d}\omega}{\mathrm{d}e_i} > 0 \tag{4-7}$$

4.2.2 应力应变关系推导

1. 加载阶段

由 $\omega(e_i)$ 的定义,根据图 4-1 应力水平-应变水平关系曲线则有

$$\sigma_i = 3G_0 e_i [1 - \omega(e_i)] \tag{4-8}$$

上式变形后可得

$$\omega = 1 - \sigma_i/3G_0 e_i \tag{4-9}$$

当 $e_i \leqslant e_s$ 时,上述关系式转化为通常形式的虎克定律。土体单元的变形包括弹性变形和塑性变形两部分,即

$$\Delta \varepsilon = \Delta \varepsilon^e + \Delta \varepsilon^p \tag{4-10}$$

式中,弹性部分 ε^e 由虎克定律来确定,则结合上式及虎克定律则有

$$\begin{cases}
\Delta \varepsilon_x^p = \left(\dfrac{e_i}{\sigma_i} - \dfrac{1}{E_0} + \dfrac{1}{9K_0}\right)\Delta \sigma_x' - \dfrac{1}{2}\left(\dfrac{e_i}{\sigma_i} - \dfrac{2\nu}{E_0} - \dfrac{2}{9K_0}\right)(\Delta \sigma_y' + \Delta \sigma_z'), \\
\Delta \gamma_{xy}^p = \left(\dfrac{3e_i}{\sigma_i} - \dfrac{1}{G_0}\right)\Delta \tau_{xy} \\
\Delta \varepsilon_y^p = \left(\dfrac{e_i}{\sigma_i} - \dfrac{1}{E_0} + \dfrac{1}{9K_0}\right)\Delta \sigma_y' - \dfrac{1}{2}\left(\dfrac{e_i}{\sigma_i} - \dfrac{2\nu}{E_0} - \dfrac{2}{9K_0}\right)(\Delta \sigma_z' + \Delta \sigma_x'), \\
\Delta \gamma_{yz}^p = \left(\dfrac{3e_i}{\sigma_i} - \dfrac{1}{G_0}\right)\Delta \tau_{yz} \\
\Delta \varepsilon_z^p = \left(\dfrac{e_i}{\sigma_i} - \dfrac{1}{E_0} + \dfrac{1}{9K_0}\right)\Delta \sigma_z' - \dfrac{1}{2}\left(\dfrac{e_i}{\sigma_i} - \dfrac{2\nu}{E_0} - \dfrac{2}{9K_0}\right)(\Delta \sigma_x' + \Delta \sigma_y'), \\
\Delta \gamma_{zx}^p = \left(\dfrac{3e_i}{\sigma_i} - \dfrac{1}{G_0}\right)\Delta \tau_{zx}
\end{cases} \tag{4-11}$$

式中,E_0,G_0 分别为土体的初始弹性变形模量和剪切变形模量;其他各参数值都是在当前增量段中考虑的。代入关系式:$G_0 = E_0/[2(1+\nu)]$;$K_0 = E_0/[3(1-2\nu)]$。并考虑到饱和土不可压缩的特性,上式经变换后则有

$$\begin{cases} \Delta\varepsilon_x^p = \dfrac{\varphi(e_i)}{3G_0}\left[\Delta\sigma_x' - \dfrac{1}{2}(\Delta\sigma_y' + \Delta\sigma_z')\right], \Delta\gamma_{xy}^p = \dfrac{\varphi(e_i)}{G_0}\Delta\tau_{xy} \\ \Delta\varepsilon_y^p = \dfrac{\varphi(e_i)}{3G_0}\left[\Delta\sigma_y' - \dfrac{1}{2}(\Delta\sigma_z' + \Delta\sigma_x')\right], \Delta\gamma_{yz}^p = \dfrac{\varphi(e_i)}{G_0}\Delta\tau_{yz} \\ \Delta\varepsilon_z^p = \dfrac{\varphi(e_i)}{3G_0}\left[\Delta\sigma_z' - \dfrac{1}{2}(\Delta\sigma_x' + \Delta\sigma_y')\right], \Delta\gamma_{zx}^p = \dfrac{\varphi(e_i)}{G_0}\Delta\tau_{zx} \end{cases}$$

(4-12)

其中函数 $\varphi(e_i)$ 的表达式为

$$\varphi(e_i) = \frac{3G_0 e_i - \sigma_i}{\sigma_i} = \frac{\omega}{1-\omega} \tag{4-13}$$

2. 卸载阶段

假设在图 4-1 上的 M 点上某 σ_i 开始,应力水平开始下降,并且取值 $\overline{\sigma_i} < \sigma_i$,考虑到卸载阶段的弹性特性,由虎克定律则有

$$\begin{cases} \sigma_x' - \overline{\sigma_x'} = \Lambda_{ur}(\varepsilon_v - \overline{\varepsilon_v}) + 2G_{ur}(\varepsilon_x - \overline{\varepsilon_x}), \tau_{xy} - \overline{\tau_{xy}} = G_{ur}(\gamma_{xy} - \overline{\gamma_{xy}}) \\ \sigma_y' - \overline{\sigma_y'} = \Lambda_{ur}(\varepsilon_v - \overline{\varepsilon_v}) + 2G_{ur}(\varepsilon_y - \overline{\varepsilon_y}), \tau_{yz} - \overline{\tau_{yz}} = G_{ur}(\gamma_{yz} - \overline{\gamma_{yz}}) \\ \sigma_z' - \overline{\sigma_z'} = \Lambda_{ur}(\varepsilon_v - \overline{\varepsilon_v}) + 2G_{ur}(\varepsilon_z - \overline{\varepsilon_z}), \tau_{zx} - \overline{\tau_{zx}} = G_{ur}(\gamma_{zx} - \overline{\gamma_{zx}}) \end{cases}$$

(4-14)

其中,$\Lambda_{0ur} = K_{0ur} - 2G_{0ur}/3$;$G_{0ur}$ 为卸载剪切变形模量;K_{0ur} 为卸载段的体积变形模量。

在上述关系中,若最后卸载到所有的应力为零,即 $\overline{\sigma_i} = 0$,则结合式 4-5 及虎克定律可求得完全卸载后土体单元内的残余变形为

$$\begin{cases} \overline{\varepsilon_x} = \sum\Delta\varepsilon_x - [\sigma_x' - \nu(\sigma_y' + \sigma_z')]/E_{ur}, \overline{\gamma_{xy}} = \sum\Delta\gamma_{xy} - \tau_{xy}/G_{ur} \\ \overline{\varepsilon_y} = \sum\Delta\varepsilon_y - [\sigma_y' - \nu(\sigma_z' + \sigma_x')]/E_{ur}, \overline{\gamma_{yz}} = \sum\Delta\gamma_{yz} - \tau_{yz}/G_{ur} \\ \overline{\varepsilon_z} = \sum\Delta\varepsilon_z - [\sigma_z' - \nu(\sigma_x' + \sigma_y')]/E_{ur}, \overline{\gamma_{zx}} = \sum\Delta\gamma_{zx} - \tau_{zx}/G_{ur} \end{cases}$$

(4-15)

4.3 K_0 正常固结饱和黄土不排水强度理论推导

胡再强等[191]对人工制备黄土样在充分扰动及饱和情况下进行侧限压缩、三轴剪切试验及等应力比三轴试验,验证和证明了充分扰动饱和黄土存在稳定孔隙比并满足稳定孔隙比原理,即充分扰动饱和黄土的孔隙比与有效应力状态之间存在唯一对应关系。而根据饱和黄土的定义,黄土在经历浸水过程形成饱和黄土之后,其原先具有的湿陷性会消失,这充分说明饱和过程对黄土的结构性破坏很大。在此,我们先忽略饱和黄土的结构性,直接引用上述研究成果,认为饱和黄土的孔隙比与其应力状态之间存在唯一性关系,这也就为下面从临界状态土力学的概念出发,应用修正剑桥模型推导非等向正常固结饱和黄土的不排水强度提供了理论基础。

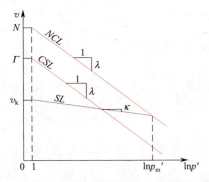

图 4-2 $v-\ln p'$ 坐标下饱和重塑黄土的压缩特性

在临界土力学理论[192]中,位于三向等固结线与临界物态线之间的屈服轨迹沿着各向等压初始固结曲线 NCL 移动就形成了空间曲面—状态边界面,它实质上是在三维空间 $p'-q-v$ 中的屈服面。如图 4-2 所示其在 $\ln p'-v$ 面内的投影即 NCL 的表达式为

$$v = N - \lambda \ln p' \tag{4-16}$$

在各向等压情况下 $p' = p'_0, v = v_0$。所以式 4-16 也可表示为

$$v_0 = N - \lambda \ln p_0' \tag{4-17}$$

NCL 上任一点 $A(p_0', v_0)$ 同时也位于回弹曲线 SL 的起点上,所以它又可用回弹曲线的方程来表示

$$v_0 = v_\kappa - \kappa \ln p_0' \tag{4-18}$$

由式 4-17 和式 4-18 可得到

$$v = N - (\lambda - \kappa) \ln p_0' - \kappa \ln p' \tag{4-19}$$

各向同性修正剑桥模型推广为 K_0 固结诱发各向异性的屈服面方程为[193~195]

$$\frac{p'}{p_0'} = \frac{M^2}{M^2 + \eta^{*2}} \tag{4-20}$$

其中,η^* 的定义为:$\eta^* = \sqrt{\frac{3}{2}\left(\frac{s_{ij}}{p'} - \frac{s_{ij0}}{p_0'}\right)\left(\frac{s_{ij}}{p'} - \frac{s_{ij0}}{p_0'}\right)}$。上式变形则有

$$\ln p_0' = \ln(p'/M^2) + \ln(M^2 + \eta^{*2}) \tag{4-21}$$

上式代入式 4-19 得到

$$v = N - \lambda \ln p' - (\lambda - \kappa) \ln \left[\frac{M^2 + \eta^{*2}}{M^2}\right] \tag{4-22}$$

联立式 4-17 后得

$$v = v_0 - (\lambda - \kappa) \ln \frac{M^2 + \eta^{*2}}{M^2} - \lambda \ln \frac{p'}{p_0'} \tag{4-23}$$

将式 4-23 微分后并考虑 $d\varepsilon_v = dv/v_0$,可得

$$d\varepsilon_v = \frac{1}{1+e_0}\left[(\lambda - \kappa)\frac{2\eta^* d\eta^*}{M^2 + \eta^{*2}} + \lambda \frac{dp'}{p'}\right] \tag{4-24}$$

如图 4-3 所示:初始状态位于 A 点的正常固结试样经过不排水加载后在 $q - p'$ 面内其应力状态经过 B 点最终到达 C 点。A 点位于初始屈服面以内;B 点为初始屈服点,位于屈服面上;C 点位于临界状态线上。ABC 三点的状态参数分别为 $A(v_A, p_A', \eta_A^*)$、$B(v_B, p_B', \eta_B^*)$、$C(v_C, p_C', \eta_C^*)$。显然有:$A \to B$ 为弹性阶段,而 $B \to C$ 为屈服阶段。对于从 $A \to B$ 的弹性阶段,根据回弹线方程则有

$$\Delta v = v_B - v_A = -\kappa \ln(p'_B/p'_A) \tag{4-25}$$

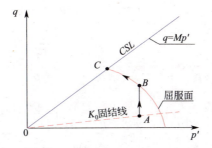

图 4-3　正常固结式样 $q-p'$ 平面内应力路径

因为其加载过程中土体不排水,即上式中 $\Delta v = 0$,故有 $p'_A = p'_B$。$B \to C$ 为屈服阶段,根据式 4-23 则有

$$\Delta v = v_C - v_B = \lambda \ln \frac{p'_B}{p'_C} + (\lambda - \kappa) \ln \frac{M^2 + \eta_B^{*2}}{M^2 + \eta_C^{*2}} \tag{4-26}$$

不排水加载过程中体积变化为 0,则

$$\lambda \ln \frac{p'_B}{p'_C} + (\lambda - \kappa) \ln \frac{M^2 + \eta_B^{*2}}{M^2 + \eta_C^{*2}} = 0 \tag{4-27}$$

B 点满足屈服条件,故

$$\frac{p'_B}{p'_0} = \frac{M^2}{M^2 + \eta_B^{*2}} \tag{4-28}$$

结合上两式消去 η_B^* 得

$$\lambda \ln \frac{p'_B}{p'_C} + (\lambda - \kappa) \ln \frac{M^2 p'_0}{p'_B (M^2 + \eta_C^{*2})} = 0 \tag{4-29}$$

对于正常固结土,则有:$p'_A = p'_B = p'_0$,代入式 4-29 有正常固结土不排水应力路径应满足的关系为:

$$\left(\frac{p'_0}{p'_C}\right)^\lambda + \left(\frac{M^2}{M^2 + \eta_C^{*2}}\right)^{(\lambda - \kappa)} = 1 \tag{4-30}$$

K_0 固结饱和黄土的屈服函数为

$$f = \frac{p'}{p'_0} - \frac{M^2}{M^2 + \eta^{*2}} \tag{4-31}$$

则不排水条件下塑性体积增量为

$$d\varepsilon_v^{p'} = \mu \frac{\partial f}{\partial \sigma'_{ij}} \delta_{ij} = \mu \frac{\partial f}{\partial p'} = 0 \tag{4-32}$$

联立式 4-31 和式 4-32 有

$$\frac{\partial f}{\partial p'} = \frac{1}{p'_0} + \frac{2\eta^* M^2}{(M^2 + \eta^{*2})^2} \cdot \frac{d\eta^*}{dp'} = 0 \tag{4-33}$$

由 η^* 的定义则有 $\dfrac{d\eta^*}{dp'} = -\dfrac{3}{2\eta^*} \left(\dfrac{s_{ij}}{p'} - \dfrac{s_{ij0}}{p'_0} \right) \dfrac{s_{ij}}{(p')^2}$ 代入上式得:

$$\frac{p'_0}{p'} \left(\frac{s_{ij}}{p'} - \frac{s_{ij0}}{p'_0} \right) \frac{s_{ij}}{p'} = \frac{(M^2 + \eta^{*2})^2}{3M^2} \tag{4-34}$$

联立式 4-20 和式 4-34 有

$$\left(\frac{s_{ij}}{p'} - \frac{s_{ij0}}{p'_0} \right) \frac{s_{ij}}{p'} = \frac{(M^2 + \eta^{*2})}{3} \tag{4-35}$$

对于等压固结情况有: $s_{ij0}=0$,则上式简化为常见临界状态应力比

$$\eta = M \tag{4-36}$$

常规三轴试验的应力条件如下

$$\sigma'_{r0} = \sigma'_{\theta 0} = K_0 \sigma'_{z0}, \tau_{zr} = \tau_{r\theta} = \tau_{z\theta} = 0 \\ \sigma'_r = \sigma'_\theta, \tau_{zr} = \tau_{r\theta} = \tau_{z\theta} = 0 \tag{4-37}$$

把上述应力条件代入 η^* 的定义可得

$$\eta^* = \frac{\sigma'_z - \sigma'_r}{p'} - \frac{\sigma'_{z0} - \sigma'_{r0}}{p'_0} = \eta - \eta_0 \tag{4-38}$$

式中,$\eta = q/p' = (\sigma'_z - \sigma'_r)/p'$;$\eta_0 = q_0/p'_0 = (\sigma'_{z0} - \sigma'_{r0})/p'_0 = 3(1-K_0)/(1+2K_0)$;$K_0$ 为侧压力系数;式 4-37 和式 4-38 代入式 4-35 则得到三轴条件下的破坏条件

$$M^2 + \eta_0^2 = \eta^2 \tag{4-39}$$

上两式代入式 4-29,消去 p'_C 得

$$\frac{q}{p'_0} = \frac{\sqrt{M^2 + \eta_0^2}}{2^\Lambda} \cdot \left(\frac{M^2}{M^2 + \eta_0^2 - \eta_0 \sqrt{M^2 + \eta_0^2}} \right)^\Lambda \tag{4-40}$$

式中,$\Lambda = 1 - \kappa/\lambda$。有不排水强度的定义为

$$s_u = q/2 \tag{4-41}$$

结合上两式则有

$$\frac{s_u}{p'_0} = \frac{\sqrt{M^2+\eta_0^2}}{2^{\Lambda+1}} \cdot \left(\frac{M^2}{M^2+\eta_0^2-\eta_0\sqrt{M^2+\eta_0^2}}\right)^{\Lambda} \quad (4-42)$$

临界土力学理论假设临界状态线在 $q-p'$ 面内的投影线 $q=Mp'$ 是通过坐标原点的,而实际上由于土体具有黏性,土颗粒之间具有一定的黏结强度,所以土体的抗剪强度可认为由两部分组成,即摩擦分量和黏聚分量,而后者是与外加法向应力无关的,只与土颗粒之间的胶结作用和排列方式有关,因此上面的理论推导仅仅是考虑了土体的摩擦分量,而总的不排水强度还要加上黏聚力。试验研究表明:土的破坏符合摩尔-库仑准则,其可以表示为如下形式

$$\sigma_1-\sigma_3=(\sigma_1+\sigma_3+2c\cdot\cot\varphi)\cdot\sin\varphi \quad (4-43)$$

剑桥模型破坏准则可写为

$$\sigma_1-\sigma_3=(\sigma_1+\sigma_3)\cdot\sin\varphi \quad (4-44)$$

比较两式可知两者相差 $2c\cdot\cos\varphi$,所以式 4-42 修正为

$$\frac{s_u}{p'_0} = \frac{\sqrt{M^2+\eta_0^2}}{2^{\Lambda+1}} \cdot \left(\frac{M^2}{M^2+\eta_0^2-\eta_0\sqrt{M^2+\eta_0^2}}\right)^{\Lambda} + \frac{c\cdot\cos\varphi}{p'_0}$$

$$(4-45)$$

4.4 超固结饱和黄土不排水强度变化规律理论推导

杨振茂等[128]通过应力控制固结不排水三轴试验,研究了饱和黄土的稳态强度特性及超固结对其不排水性状的影响。稳态强度反映了饱和黄土处于稳态变形时的抗剪切能力。饱和黄土发生稳态变形时,其结构已不同于原来静止状态时土的结构,土体原来的结构已经被完全破坏,形成一种新的流动结构,这种流动结构决定了土体稳态强度的大小。文中指出:饱和黄土的稳态线和稳态强度线不受超固结比的影响,而只取决于土本身的性质。也即稳态有效应力内摩擦角和有效黏聚力不受超固结比的影响。但在实际工程问题中,土体的变形一般是达不到稳态强度所需的变形量

的(文献中为 20%),那么在未达到稳态强度所需的变形量前,此时总的不排水强度中黏聚强度分量所占比例更大一些,而其又与土体的应力历史紧密相关,所以在下面的研究中,我们认为超固结比对饱和黄土的不排水强度是有影响的,从本次研究的试验成果也可以看出:这种影响还是相当明显的,相同前期固结压力下,强度比随着第一类超固结比的增大而下降;且超固结比越小,下降速率越快;相同当前围压下,不排水强度比随着第二类超固结比地增大而增大,但增长速率略有减缓。这里利用伏斯列夫的真强度理论来研究超固结土的强度变化[196,197]。

根据摩尔-库仑破坏理论

$$\tau = p' \tan \varphi_e + c_e \tag{4-46}$$

式中,φ_e 和 c_e 分别为真内摩阻角和真凝聚力。

土的真凝聚力 c_e 只与孔隙比相关,也即与等效固结压力 p'_e 成正比,因此可写为:$c_e = \xi p'_e$,ξ 是凝聚系数,对于给定土,其为常数;而 $\tan \varphi_e$ 则是含水率不变的情况下,抗剪强度随有效应力变化的增率。对于不排水剪切,在超固结土中,p'_e 是试样破坏时的孔隙比在正常压缩曲线上所对应的固结压力;在正常固结土中,p'_e 就等于其固结压力。

由于真内摩阻角 φ_e 是以有效应力定义,因此用式 4-46 表示不排水强度时,还必须考虑不排水剪切过程中所产生的孔隙压力即有效应力变化的影响。根据临界状态概念,对于在应力历史中经受过一次简单的加载卸载循环的土,可以假设超固结土的应力路径达到临界状态线(CSL)时的破坏点与同样含水率的正常固结试样的破坏点正好重合,这个概念与伏斯列夫提出的等效固结压力概念相仿。从图 4-4 中看出:超固结试样 B 破坏时的有效应力 p'_f 为

$$p'_f = p'_a + \Delta p'_2 = p'_d - \Delta p'_3 \tag{4-47}$$

另外,许多试验已证明:不同固结压力下正常固结试样的不排水应力路径的形状是几何相似的。因此,其相应的有效应力变化也应与固结压力成比例,即

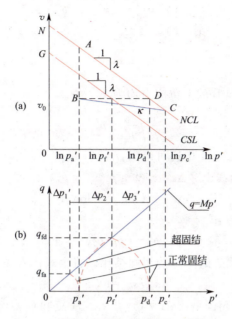

图 4-4　正常固结饱和重塑黄土和超固结
饱和重塑黄土的不排水应力路径

$$\Delta p'_3 = \left(\frac{p'_d}{p'_a}\right)\Delta p'_1 \qquad (4\text{-}48)$$

现用式 4-48 来进行计算以比较现有上覆压力相同的正常固结土和超固结土的不排水强度。根据图 4-4，正常固结试样 A 的不排水强度为

$$s_{ua} = (p'_a - \Delta p'_1)\tan\varphi_e + \xi p'_a \qquad (4\text{-}49)$$

而超固结试样 B 的不排水强度则为

$$s_{ub} = (p'_a + \Delta p'_2)\tan\varphi_e + \xi p'_d \qquad (4\text{-}50)$$

将式 4-46 和式 4-47 代入上式则得

$$s_{ub} = (p'_d - p'_d \Delta p'_1 / p'_a)\tan\varphi_e + \xi p'_d \qquad (4\text{-}51)$$

结合式 4-49 和式 4-51 则有

$$s_{ub} - s_{ua} = [(p'_d - p'_a) - (p'_d / p'_a - 1)\Delta p'_1]\tan\varphi_e + \xi(p'_d - p'_a)$$

$$= (p'_d/p'_a - 1)[(p'_a - \Delta p'_1)\tan\varphi_e + \xi p'_a]$$
$$= (p'_d/p'_a - 1)s_{ua}$$

变形后有
$$s_{ub}/s_{ua} = p'_d/p'_a \tag{4-52}$$

由于试样 A 和 B 的上覆应力均为 p'_a,故
$$\frac{s_{ub}}{p'_a} \bigg/ \frac{s_{ua}}{p'_a} = p'_d/p'_a \tag{4-53}$$

另外,从图 4-4 中还可得出:

在正常压缩曲线上 $\quad \Delta e = c_c(\log p'_c - \log p'_d)$

在回弹曲线上 $\quad \Delta e = c_s(\log p'_c - \log p'_a)$

结合式 4-53 有:
$$p'_d/p'_a = (p'_c/p'_a)^{1-c_s/c_c} \tag{4-54}$$

式中,p'_c/p'_a 就是试样 B 的超固结比。将上式代入式 4-52 得
$$s_{ub}/s_{ua} = OCR^\Lambda \tag{4-55}$$

式中,OCR 为超固结比;$\Lambda = 1 - c_s/c_c$。A 点和 C 点都位于正常固结线上,所以其强度比与围压比满足下式
$$S_{uc}/S_{ua} = p'_c/p'_a \tag{4-56}$$

上两式经过变换后得
$$\left(\frac{s_u}{p}\right)_{OC} \bigg/ \left(\frac{s_u}{p}\right)_{NC} = OCR^\Lambda \tag{4-57}$$

上式变形后可得
$$\Lambda = \left[\ln\left(\frac{s_u}{p'_0}\right)_{OC} - \ln\left(\frac{s_u}{p'_0}\right)_{NC}\right] \bigg/ \ln OCR \tag{4-58}$$

式中,S_{uNC} 和 S_{uOC} 分别为未卸载前的正常固结和卸载回弹后形成的超固结土的不排水强度;$(s_u/p)_{NC}$ 和 $(s_u/p)_{OC}$ 分别表示正常固结和卸载回弹后形成的超固结土的不排水强度与其相应的有效固结压力之比。

理论上有 $\Lambda = 1 - C_S/C_C$,但根据 Mayne 对已公开发表的文献中各种土样的 96 组三轴实验数据的统计结果表明:Λ 的理论计算值与实测值相差比较明显,且一般理论值要大一些[198]。所以在

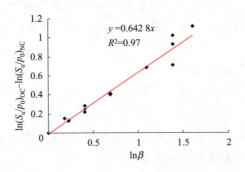

图 4-5 Λ_0 试验拟合结果

Kazuya Yasuhara 等的研究中[199~201],都将 Λ 作为一个单独的参数 Λ_0 由试验来确定。本次研究中也发现理论值与实测值差别较大,理论值为:$\Lambda=0.857$,实测值则为:$\Lambda_0=0.643$。图 4-5 为根据试验按公式 4-58 进行拟合的结果,从图中可以看出其一致性是非常好的,相关系数达到 0.97。所以在后面的研究中,用式 4-59 来代替式 4-57。

$$\left(\frac{s_u}{p}\right)_{OC} \bigg/ \left(\frac{s_u}{p}\right)_{NC} = OCR^{\Lambda_0} \tag{4-59}$$

4.5 考虑拉压不同性质以及中主应力影响进行修正

在土体的三轴试验中,相同固结围压下,其三轴压缩剪切和拉伸剪切所表现出的性质是不同的,其中之一就是最后得到的强度是不相等的。因此在循环荷载作用下,要考虑到有可能出现的拉压循环交替过程中,土体力学性能参数所具有的差异性。对于不排水强度,可以用剑桥模型中的临界偏应力比 M 来进行区分,其定义为

$$M = 6\sin\varphi / (3 \pm \sin\varphi) \tag{4-60}$$

在三轴压缩状态取负号,在三轴拉伸状态取正号。中主应力对不排水强度的影响采用方开泽[202]、殷宗泽等[203]的研究成果,

即用中主应力和第三主应力和值的一半来替代第三主应力,将内摩擦角修正为随中主应力系数变化的。定义中主应力系数如下

$$b=(\sigma_2-\sigma_3)/(\sigma_1-\sigma_3) \tag{4-61}$$

对于方开则破坏准则

$$(\sigma_1-\sigma_2)^2+(\sigma_2-\sigma_3)^2+(\sigma_3-\sigma_1)^2=2(\sigma_1+\sigma_3+2\sigma_c)^2\sin^2\varphi_0 \tag{4-62}$$

式中,$\sigma_c=C\cdot\cot\varphi_0$,$C$为凝聚力。将中主应力系数代入消去$\sigma_2$,经过变换之后上式可表示为

$$\sin\varphi_b=\frac{\sin\varphi_0}{\lambda} \tag{4-63}$$

$$\lambda=\sqrt{1-b-b^2} \tag{4-64}$$

式中,φ_0为未考虑中主应力影响通过常规三轴试验确定的有效内摩擦角;φ_b为考虑中主应力影响后φ_0的修正值。由于$0\leqslant b\leqslant 1$,$\lambda\leqslant 1$,故总有$\varphi_b\geqslant\varphi_0$。这样临界偏应力比$M$修正为

$$M=6\sin\varphi\Big/\Big[3\pm(1-2b)\frac{\sin\varphi}{\lambda}\Big] \tag{4-65}$$

综合上述研究可得:考虑拉压不同性质以及中主应力影响,且处于超固结状态下的K_0固结饱和黄土不排水强度理论计算公式如下

$$s_{uOCR}=\Bigg[\frac{\sqrt{M^2+\eta_0^2}}{2^{\Lambda+1}}\cdot\Bigg(\frac{M^2}{M^2+\eta_0^2-\eta_0\sqrt{M^2+\eta_0^2}}\Bigg)^{\Lambda}p_0'+c\cdot\cos\varphi\Bigg]OCR^{\Lambda_0} \tag{4-66}$$

4.6 退化模型

饱和土体在不排水动荷载作用过程中的力学性能会发生退化,这对土-结构系统的相互作用机制影响甚大。对于饱和砂土,一般认为其力学性能的退化主要是因超孔隙水压力的产生而导致有效应力降低而引起的;而对于饱和黏性土,除了上述原因之外,土体内部结构的逐渐变化也有很大的影响。Tamotsu 等[204]、Kazuya 等[205]人对循环荷载作用下饱和黏土的退化性能进行了模拟研究,并与试验值进行了对比。高广运等[206]则指出:上述研究只考虑了超孔压的影响,而没有考虑土体内部结构变化,因而引入循环荷载衰减因子来进行修正,试验结果表明这一改进是十分有效的。实际工程中,要对土-结构动力相互作用的机理进行分析以及整个过程进行模拟再现,则土体变形模量和强度的退化规律是我们要关注的重点,因为计算任一时段内土体的变形增量都需要先给出此时段内土体的变形模量;只有给出了强度的变化规律,才能正确的判断破坏可能出现的位置,以采取相应的措施。当前对于土-结构动力相互作用的研究,按是否考虑土体的退化可分为两类:一类是不考虑退化,胡昌斌等[207]在频域内对桩的竖向振动进行分析时直接假定土体是弹性的;Meheshwari BK 等[208]中则采用频率相关的刚度系数,这种方法一般只在理论分析时采用。另一类是考虑退化,黄雨等[209]、肖晓春等[210]人采用 Drnevich 模型将每一循环内土体的等效剪切模量描述成应变和该循环初始模量的函数,初始模量则根据有效应力由经验公式求得,这样变形模量在每一循环内随着应变地增大而降低,在整个加载过程中随着有效应力地降低而减小,从而反应土体刚度地退化。显然,第二类分析更符合实际情况,但也存在两方面的问题:一是每一循环的初始变形模量没有考虑土体内部结构变化的影响;二是每一循环内的等效变形模量只认为和该循环内发生的变形相关。到目前为止,土-结构相互作用分析中土体力学性能的退化研究还只针对于饱和砂土和黏土,但在黄土地区,同样面临着这类工程问题。且吴燕开等[130]也指出:虽然饱和黄土无湿陷性,其物理性质和黏土有相似之处,但它有其自身的特点,不应和一般黏性土相混淆。因此有必要对其单独进行深入的研究。下面将从试验和理论两方面着手研究饱和黄土在动荷载不排水作用下刚度和不排水强度的退化规律,并进行对比分析。

4.6.1　不排水变形模量随超固结比变化规律

在应力水平-应变水平曲线上定义以下三种变形模量:初始切

线模量 $3G_0$、割线模量 $3G_{50}$ 和卸载模量 $3G_{ur}$，其中割线模量为对应于应力应变曲线上应力为破坏强度一半的点，如图 4-6 所示。下面的理论分析对于这三种模量都是适用的，但文中只给出初始切线模量 $3G_0$ 变化规律的试验结果。

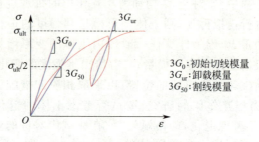

图 4-6　三种变形模量的定义图

考虑到动荷载作用下，超孔隙水压力产生导致了有效应力地降低。为了对应动荷试验条件下这种有效应力降低的现象，本次试验中：试样在相同前期固结压力下进行固结（包括偏压固结），然后卸载到不同的压力得到不同的超固结比状态，对不同的超固结状态试样进行三轴不排水剪切试验，得到应力应变关系曲线，按邓肯-张模型的思路获得初始切线模量的数值和不排水强度。在三种围压（50 kPa，100 kPa，200 kPa），五种超固结比（1.0，1.25，1.5，2.0，4.0）下按上述思路进行试验。不同前期固结围压下，典型应力应变曲线如图 4-7 所示。从图 4-7 中可以看出：不同前期围压下饱和黄土的应力应变关系曲线呈弱软化型。在变形初始阶段，应力上升速率非常快，几乎呈直线形上升，在应变还不到 1‰ 时，应力就几乎已达到峰值，在随后 1%～10% 的变形阶段，应力略有降低，这表明饱和黄土具有一定的结构性。在变形过程中，结构性和颗粒间的摩擦共同抵抗外力，但两者并不是同时达到最大值的。结构性强度通常是在较小的应变下达到它的最大值，在其破坏之后土体过渡到另外一种稳定结构体系。在新的结构体系下，变形继续增大直至剪切带开始形成到最后贯通破坏，试样的体积不再变化，应力应变曲线趋于水平,此时主导的强度分量为摩擦分量。图 4-7 为不同超固结状态下的初始切线模量比与正常固结状态的初始切线模量比的比值随超固结比的变化规律,其中初始切线模量比定义为初始切线模量与当前固结围压之比。

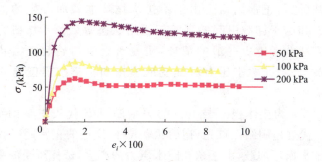

图 4-7 不同前期围压下典型应力应变曲线

图 4-8 中可以看出:初始切线模量比随超固结比变化规律是非线性的,可用如下公式进行拟合:

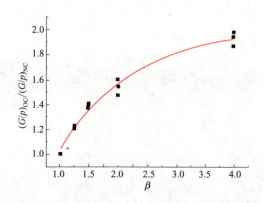

图 4-8 初始切线模量比随超固结比变化规律

$$\frac{(G/p_0')_{\text{OC}}}{(G/p_0')_{\text{NC}}} = A\exp(kOCR) + B \quad (4\text{-}67)$$

式中,k,A,B 为试验拟合参数,其值分别为:$A=-2.101, B=2.013, k=-0.7702$。

4.6.2 超孔压对变形模量、不排水强度的影响

Yasuhara K 等人基于似超固结比的概念推导出了正常固结饱和黏土在动载作用下不排水强度退化的计算方法[211~213]。其理论基础为:正常固结土由于不排水循环加载而产生的似超固结状态和由于卸载引起的真实超固结状态等效。本次研究将借用此方法并考虑更一般的情形,研究对处于初始超固结状态的饱和黄土,超孔隙水压力对其变形模量和不排水强度退化特性的影响。

图 4-9 为比体积 v 与 $\ln p'$ 的关系图,DB 代表正常固结,CB 和 EA 代表超固结。首先,初始状态位于 D 点的正常固结试样承受不排水循环加载,由于超孔隙水压力的产生,试样所受的平均有效应力 p' 将从 D 点平行移动到 C 点,这个应力点代表一种类型的超固结状态,由似超固结比 OCR_{eq0} 来描述。

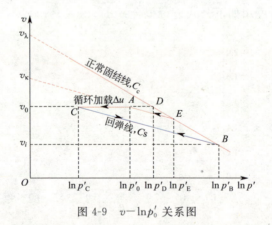

图 4-9 $v - \ln p'_0$ 关系图

另外,考虑一个位于 B 点的正常固结试样,当降低平均有效应力 p' 允许其发生膨胀,则试样状态将从 B 点移动到 C 点,这个应力点代表另外一种超固结状态,由通常定义的超固结比来描述,即 OCR_{BC}。这样对于 C 点的试样,就出现两种有不同应力-应变历史的状态,即循环不排水应力-应变历史的 DC 路径和普通超固

结历史的 BC 路径。每种路径的超固结比定义如下

$$OCR_{eq0} = p'_D/p'_C \tag{4-68}$$

$$OCR_{BC} = p'_B/p'_C \tag{4-69}$$

根据图 4-10 中的关系有

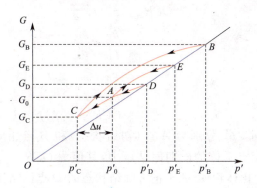

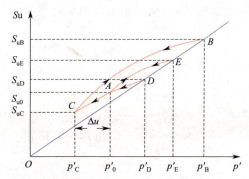

图 4-10 变形模量、不排水强度与有效围压关系

$$v_0 = v_\kappa - C_S \ln p'_0$$
$$\Rightarrow v_\kappa = v_0 + C_S \ln p'_0$$
$$\Rightarrow v_E = v_0 + C_S \ln p'_0 - C_S \ln (OCR_0 \cdot p'_0)$$
$$v_0 - C_S \ln p'_0 = v_\lambda - C_C \ln (OCR_0 \cdot p'_0)$$
$$\Rightarrow v_\lambda = v_0 - C_S \ln OCR_0 + C_C \ln (OCR_0 p'_0)$$
$$\Rightarrow v = v_0 - C_S \ln OCR_0 + C_C \ln (OCR_0 \cdot p'_0) - C_C \ln p'$$

对于 D 点,有如下关系式

$$-C_S \ln OCR_0 + C_C \ln (OCR_0 \cdot p_0') - C_C \ln p_D' = 0$$

$$p_D' = OCR_0^{1-C_S/C_C} \cdot p_0' \qquad (4\text{-}70)$$

而对于初始超固结状态，即初始状态位于 A 点的试样在承受不排水循环加载后，等效超固结比定义为

$$\begin{aligned} OCR_{eq} &= p_E'/p_C' \\ &= \frac{p_E'}{p_D'} \cdot \frac{p_D'}{p_C'} \\ &= \frac{p_E'}{p_A'} \cdot \frac{p_A'}{p_C'} \\ &= OCR_0 \cdot p_0'/(p_0' - U) \qquad (4\text{-}71) \end{aligned}$$

式中，p_0'、p_B' 分别为 A 点（初始状态）和 B 点相应的固结压力；p_E' 为 A 点土体的前期固结压力，其值为 $OCR_0 p_0'$、p_D' 为与 A 点对应相同比体积 v_0 处于正常固结状态的 D 点固结压力。

根据前述的方法基础，从图中可得出如有下关系

$$v_0 = v_\lambda - C_C \ln p_D'$$
$$\Rightarrow v_\lambda = v_0 + C_C \ln p_D'$$
$$\Rightarrow v = v_0 + C_C \ln p_D' - C_C \ln p'$$
$$v_0 = v_\lambda' - C_S \ln p_C'$$
$$\Rightarrow v_\lambda' = v_0 + C_S \ln p_C'$$
$$\Rightarrow v = v_0 + C_S \ln p_C' - C_S \ln p'$$

则有

$$C_C \ln\left(\frac{p_D'}{p_B'}\right) = C_S \ln\left(\frac{p_C'}{p_B'}\right)$$

$$\Rightarrow C_C \left[\ln\left(\frac{p_D'}{p_C'}\right) - \ln\left(\frac{p_C'}{p_B'}\right)\right] = C_S \ln\left(\frac{p_C'}{p_B'}\right)$$

即

$$OCR_{eq0} = p_D'/p_C' = OCR_{BC}^{1-C_S/C_C} \qquad (4\text{-}72)$$

联立式 4-71 和式 4-72 两式并结合图 4-9 可得：

$$OCR_{eq} = OCR_0^{C_S/C_c} \cdot OCR_{BC}^{\Lambda} \qquad (4\text{-}73)$$

式中，OCR_0 为初始超固结比；v_0 为初始比体积，其值等于 $1+e_0$；

e_0 为初始孔隙比;v_λ 为图中正常固结线与纵轴的交点;C_c 为图中正常固结线的斜率;C_s 为回弹线的斜率;$\Lambda=1-C_s/C_c$。

根据等效原理以及式 4-73 可得初始状态位于 A 点的土体在循环不排水加载后土体不排水变形模量 G_{cy} 与位于 B 点处正常固结状态土体的不排水强度 G_B 的关系为

$$\frac{G_{cy}/p_c'}{G_B/p_B'}=A\exp(kOCR_{BC})+B \qquad (4\text{-}74)$$

A 点位于 E 点回弹线上,则有

$$\frac{G_A/p_A'}{G_E/p_E'}=A\exp(kOCR_0)+B \qquad (4\text{-}75)$$

B、D、E 点都位于正常固结状态线上,则有

$$\frac{G_B}{p_B'}=\frac{G_D}{p_D'}=\frac{G_E}{p_E'} \qquad (4\text{-}76)$$

由上三式可得

$$\frac{G_{cy}}{G_A}=\frac{A\exp(kOCR_{BC})+B}{A\exp(kOCR_0)+B}\cdot\frac{OCR_0}{OCR_{eq}} \qquad (4\text{-}77)$$

联立式 4-73 则有

$$\frac{G_{cy}}{G_A}=\frac{A\exp[kOCR_0\,(p_0'/(p_0'-U))^{1/\Lambda}]+B}{p_0'/(p_0'-U)[A\exp(kOCR_0)+B]} \qquad (4\text{-}78)$$

同理结合式 4-59,对于不排水强度则有

$$\frac{S_{ucy}}{S_{uA}}=\left(\frac{p_0'}{p_0'-U}\right)^{\Lambda_0/\Lambda-1} \qquad (4\text{-}79)$$

4.6.3 结构变化对变形模量和不排水强度退化的影响

饱和土体在经历若干次的循环加载后,塑性残余变形的产生表明此时的土体内部结构已与初始时刻不同,这显然会影响到土体后期的力学性能表现。前面分析认为循环加载后的土体状态和真实的超固结状态相似,而通常意义下的超固结状态产生过程是一个弹性卸载过程,没有不可逆变形产生。这表明似超固结比的等价原理暗含了在加载前后无残余变形产生,即土体结构无变化,

这显然和实际情况不符。下面将考察土体内部结构的变化对其变形模量和不排水强度退化的影响。采用如下定义的广义剪应变来描述土体内部结构的变化：

$$\bar{\varepsilon} = \frac{\sqrt{2}}{3} \left[(\varepsilon_1 - \varepsilon_2)^2 + (\varepsilon_2 - \varepsilon_3)^2 + (\varepsilon_3 - \varepsilon_1)^2 \right]^{1/2} \quad (4\text{-}80)$$

试验研究思路如下：在一定围压下对饱和黄土试样进行固结，卸载后得到不同超固结状态的试样。进行不排水三轴剪切试验至不同的轴向变形后停止加载，排水固结后得到相同围压下具有不同应变（即不同初始土体内部结构）的初始状态，最后进行不排水剪切试验，得到对应应力应变关系曲线，同样按邓肯-张模型的思路获得每一种情况下初始切线模量的数值和相应的不排水强度。在三种围压(50 kPa, 100 kPa, 200 kPa)，四种超固结比(1.0, 1.5, 2.0, 4.0)下按上述思路进行试验。定义不排水变形模量比为：初始剪应变为 $\bar{\varepsilon}$ 时的初始变形模量与无初始剪应变时初始变形模量之比。图 4-11 为初始变形模量比随初始剪应变变化的试验结果。定义不排水强度比为：初始剪应变为 $\bar{\varepsilon}$ 时的不排水强度与无初始剪应变时不排水强度之比。图 4-12 为不排水强度比随初始剪应变变化的试验结果。

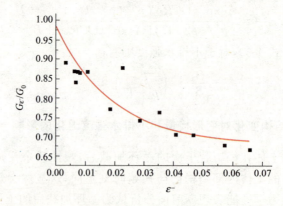

图 4-11　初始变形模量比随初始剪应变变化规律

从图 4-11 可以看出：初始变形模量比随初始剪切应变的增大呈指数规律降低，可用如下公式进行拟合

$$G_{\varepsilon^-}/G_0 = C\exp(m\varepsilon^-) + D \qquad (4\text{-}81)$$

式中，m,C,D 为试验拟合参数。本次试验拟合结果为：$C=0.307\,56$，$D=0.679\,8$，$m=-53.97$。从图中可以看出拟合效果较好。

从图 4-12 可以看出：不排水强度比随初始剪应变地增大也呈指数规律降低，用如下公式进行拟合

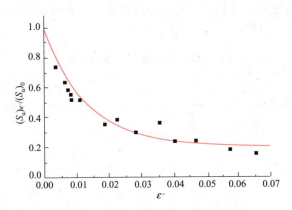

图 4-12　不排水强度比随初始剪应变变化规律

$$(S_u)_{\varepsilon^-}/(S_u)_0 = E\exp(n\varepsilon^-) + F \qquad (4\text{-}82)$$

式中，n,E,F 为拟合参数，本次试验拟合结果为：$E=0.798\,8$，$F=0.201\,2$，$n=-75.125$。从图中可以看出拟合效果较好。

综合式 4-78 和式 4-81 则有：对于初始超固结状态的饱和黄土，其循环加载后不固结不排水变形模量退化规律可按下式进行计算

$$\frac{G_{cy}}{G_A} = \frac{A\exp[kOCR_0\,(OCR_{eq0})^{1/\Lambda}] + B}{p_0'/(p_0'-U)[A\exp(kOCR_0)+B]} \cdot [C\exp(m\varepsilon^-)+D]$$
$$(4\text{-}83)$$

综合式 4-79 和式 4-82 则有：对于初始超固结状态的饱和黄土，其循环加载后不固结不排水强度退化规律可按下式进行计算

$$\frac{S_{ucy}}{S_{uA}} = (p_0'/(p_0'-U))^{\Lambda_0/\Lambda-1} \cdot [E\exp(n\varepsilon^-)+F] \qquad (4\text{-}84)$$

为了对上面所提出的饱和黄土循环加载下不排水变形模量和不排水强度退化公式进行验证，进行如下试验：对物性指标如表

2-1 所示的不同超固结状态,固结围压为 200 kPa 的饱和黄土试样进行动三轴不排水剪切试验。施加频率为 1 Hz,动剪应力比(动应力幅值与固结围压之比)为 0.3 的正弦应力波,至一定循环次数后停止,记录此时的孔压值以及应变值,最后在不固结的前提下进行不排水剪切试验至破坏,得到应力应变关系曲线,同样按邓肯-张模型的思路获得相应的初始切线模量数值和循环作用后的不排水强度,以进行分析。所得试验结果如表 4-1 所示。

表 4-1 循环加载后不排水剪切试验结果

试验编号	循环次数	剪切变形 ε^-(%)	OCR_0	U/p_0'	$p_0'/(p_0'-U)$	G_{cy}/G_0	$(S_u)_{cy}/(S_u)_0$
1	6	1.08	1	0.0975	1.108	0.8088	0.6784
2	14	2.135	1	0.2462	1.3266	0.6546	0.4573
3	23	3.895	1	0.4352	1.7705	0.5403	0.2437
4	47	5.261	1	0.7123	3.4758	0.4953	0.1565
5	14	0.942	2	0.05762	1.0611	0.8563	0.7291
6	33	1.755	2	0.14387	1.168	0.7468	0.5543
7	119	3.516	2	0.54397	2.1928	0.6646	0.3246
8	227	4.896	2	0.75873	4.1447	0.6409	0.2572
9	264	6.658	2	0.80423	5.108	0.6701	0.1633
10	43	0.870	4	0.07542	1.0816	0.8735	0.7587
11	178	2.712	4	0.3456	1.5281	0.8056	0.4469
12	377	5.112	4	0.5889	2.433	0.8140	0.2472
13	469	5.746	4	0.7286	3.685	0.7259	0.2739

图 4-13 为初始变形模量比随似超固结比变化规律试验结果与计算结果的对比,若干计算参数已在前文中给出。从图中可以看出:对于不同初始超固结状态的饱和黄土,试验值与计算值都符合的很好。但当超孔压比达到一定数值后,理论公式的计算效果变差。而且初始超固结比越大,对应的数值越小。正常固结状态的饱和黄土,其值约为 0.8。这也就是说本次研究所提出的计算方法,只在一定孔压范围内可较好的模拟本次试验中所用饱和黄土在动荷载作用后不排水变形模量的退化规律。

图 4-14 为不排水强度比随似超固结比变化规律试验结果与

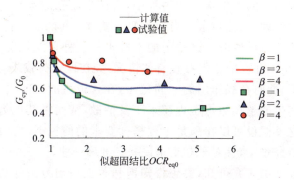

图 4-13 变形模量比随似超固结比变化规律

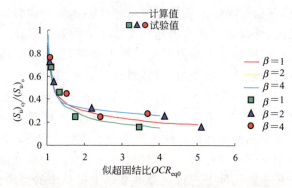

图 4-14 不排水强度比随似超固结比变化规律

计算结果的对比,若干计算参数已在前文中给出。从图中可以看出:对于不同初始超固结状态的饱和黄土,试验值与计算值都符合的很好,一般试验值要略大一些。这说明本次研究所提出的计算方法可以很好的模拟本次试验中所用的饱和黄土在动荷载作用后,不排水强度的退化规律。

4.7 孔压模型

动力荷载作用下孔隙水压力的发展变化是影响土体变形及强度变化的重要因素,也是用有效应力法分析土体动力稳定性的关键。在饱和土的不排水剪切过程中，会产生超孔隙水压力。根据有效应力原理，超孔隙水压力会改变土颗粒之间的应力状态，从而影响土体的力学性能。试验中的不排水是一种理想状况，在现实中，是几乎不存在的。但存在有些情况，如在地震荷载或者冲击荷载作用下，此时荷载作用的时间很短，在这极短的时间内，我们可以认为产生的超孔隙水压力还来不及消散，从而将其视为不排水过程。这种假设可以在满足工程精度要求的前提下，大大地降低我们的研究难度，且对于黏土来说要更准确一些。

由前面的研究可知，要想得知饱和黄土在动力循环荷载作用过程中其力学性能的退化规律，必须要给出任一时刻土体的似超固结比，而似超固结比又是直接由超孔隙水压力和初始固结压力来定义的，所以必须要给出超孔隙水压力的发展规律。超孔隙水压力的增长模型是土动力研究中的重要课题，也是土体有效应力动力分析的基础。迄今为止，针对饱和砂土、黏土，已发展了多种考虑不同因素的孔隙水压力计算模式，如应力模型、应变模型、能量模型、内时模型、有效应力路径模型和瞬态模型等，周建[155]对各类模型中几种具有代表性模型进行了详细的概述。但目前还没有一种模型的适用性得到普遍的认可，已提出的模型也多半都是基于某种土或几种土进行试验的基础上提出来的经验公式，这是土体性质的复杂性所决定的。从目前这方面的研究现状来看，针对砂土的研究要远比针对黏性土的研究广泛，其原因一方面可能是黏性土的性质要比砂土更加复杂，各个不同地区的差异性更大；另一方面可能是不排水循环荷载作用下黏土中产生的孔压要比砂土中小得多，由于孔压的发展而导致土体在动荷载下破坏的情况较少。但孔压是不排水循环荷载作用下饱和软黏土的重要特性之一，是导致饱和软黏土循环软化的一个重要因素，尤其是分析近海结构下部的黏土在循环荷载作用下以及饱和砂土与黏土互层的土体在地震作用下的反应时是必须考虑的。由于饱和黄土与饱和黏土具有一定的相似性，且针对饱和黏土的研究也较多，这里先对饱和黏土在动力荷载作用下孔压发展的研究现状做简单的总结,这对饱和黄土的研究也是有很重要的参考价值的。影响饱和黏土不排水循环加载时超孔隙水压力增长的因素主要包含以下4个方面:1. 循环应力幅或循环应变幅的影响。在循环加载或循环剪切的每一周,孔隙水压力都会发生变化。但是,只有当施加的应力幅或应变幅大于某一门槛值时,循环加载或循环应变停止之后,才会产生残余孔隙水压力;若小于这一值,则没有残余孔隙水压力产生。这些门槛值称为体积循环应力门槛和体积循环应变门槛。可见循环应力幅和循环应变幅是影响循环孔隙水压力产生、增长规律的主要因素。2. 频率的影响。目前关于加荷频率对孔压的影响还未取得一致的认识。不同黏性土的试验表明[214~216]:对于给定的循环次数而言,低频越低,产生孔隙水压力就越高。Brown S F[217]的试验则表明:当频率在1~2 Hz变化时,对给定的应力水平,频率对孔压几乎没有什么影响。Yasuhara K等人对Ariake黏土的试验也表明0.1~3 Hz间的加载频率对孔压的产生几乎没有影响[218]。周建[219]的研究指出:像波浪作用和交通荷载这种长期荷载,可以认为频率的影响很小,而对于地震荷载作用,由于加荷频率较小,加荷次数较少,必须考虑频率的影响。3. 循环次数的影响。在一定的循环应力或循环应变水平下(大于门槛值),随着循环次数的不断增加,孔压不断增长,且前期增长迅速,到了一定次数后,孔压增长速率明显减低。循环次数对孔压的影响程度,取决于循环应力水平或循环应变水平以及频率等。4. 土体应力历史的影响。孔压的产生与土体的加荷历史及加荷过程中土体微观结构的改变有十分密切的关系。正常固结和弱超固结黏土,在一定的循环应力水平下,随着循环次数的增加,正的孔隙水压力不断增加;强超固结黏土在一定的循环应力水平下,开始几周内会产生负的孔隙水压力,随着循环次数的增加,孔隙水压力逐渐从负转向正的。这种复杂的特性使得我们难以用同一个式子来描述不同土体中孔压增长的规律,特别是对于强超固结土,负孔压的产生伴随着强度的降低,这本身和有效应力原理是矛盾的。总的说来:由于不排水循环加载下饱和黏土中孔压变化的影响因素很多,鉴于目前的研究现状,要建立一个能考虑各种因素对孔压影响、理论上的数学模型是不可能的,比较切合实际的是建立一个基于试验基础的数学模型,模型中的未知量应尽量是不随各种影响因素变化的客观基准量,而且数量越少越好;而其他因素则根据具体的分析问题,通过一定的试验手段来考虑。如许才军等[216]、周建[219]根据应力控制循环三轴试验结果来建立孔压与循环周期数的关系式,其他因素如应力应变幅值、频率、应力历史等则针对具体问题在试验中考虑,总的影响则通过系数来综合反映。饱和砂土、饱和黏土在动荷载作用下的孔压增长模型可分别参考陈存礼[220]、周建[155]等人的研究成果。

相对于饱和砂土、黏土的研究,饱和黄土在动力荷载作用下动孔隙水压力的发展变化规律研究要更加滞后一些。在国内外,只有少数学者基于试验结果进行了数学上了拟合,给出了各自的饱和黄土动孔隙水压力增长公式。刘公社等[164]选用国际标准剖面上 Q_3 饱和原状黄土试样,在振动三轴试验条件下,分析了动荷大小、动荷形式、振动频率、固结应力比对饱和黄土振动孔压演化过程的影响。分析表明:由于黏性和结构强度的存在,使饱和黄土的动孔压与无黏性土的动孔压规律有一定的差异。在振动过程中,孔压线上不出现像砂土那样的剪胀现象,孔压过程线表现出单调增长的形态。动荷形式和波序排列对饱和黄土孔压发展影响较小。振动频率对强度、变形的发展有一定影响,但孔压时程曲线的形态。对试验规律做数学拟合,他们建议孔压计算公式如下

$$u = u_{\max} \left\{ \frac{1}{2} \left[1 - \cos\left(\pi \frac{N}{N_f}\right) \right] \right\}^b \tag{4-85}$$

式中,u 为孔压;$u_{\max}$ 为液化时最大孔压,与土性、静应力状态动荷大小有关;N 为振次;N_f 为液化振次;b 为试验参数,且随固结比变化。

兰州地震研究所[123,162,221,222]对饱和原状黄土试样在动三轴试验中的孔隙水压力发展规律进行了研究。在最初阶段,孔隙水压力急剧上升,后期阶段增长速率减慢,最终趋于稳定。这是因为黄

土的渗透系数小于无黏性砂土,故在振动初始时,孔隙水压力不易消散和转移,使土体的结构迅速破坏产生较大的体变势,致使初始阶段孔压急剧上升;另一方面,正因为黄土颗粒细小,有少量的黏粒存在,使黄土具有一定的结构强度和黏性强度,其结果阻碍和限制了孔隙水压力增大,致使后期的孔压增长缓慢,直至趋于稳定。在各向等压固结的情况下,密度较低时,饱和黄土液化孔压发展表现为:开始时上升速率比较缓慢,当循环次数较高时,在某一振动次数时往往出现孔压迅速增高的现象。当密度较高时,开始时急剧上升,之后上升速率逐渐下降,直至稳定不变。前者这种孔压的发展与松砂和中密砂极为相似,后者与密砂极为相似。此外,孔压的上升速率还明显受到动应力幅值的影响,动应力愈大,孔压上升愈快。对试验结果的非线性拟合发现,在等压固结条件下,饱和黄土的孔压增长,可以用一个多项式来表示

$$\frac{u_d}{u_f} = \sum_{i=1}^{m} (-1)^{i+l} \cdot a_i \cdot \left(\frac{N}{N_f}\right)^i \qquad (4-86)$$

式中,u_d 为孔压;u_f 为液化最大孔压;N 为振次;N_f 为液化振次;a_i 为系数,由试验确定;m 为级数;l 为指数。m 和 l 可根据围压和液化振次确定如下

(1)当 $\sigma_0' < \sigma_v$ 时,$m=5, l=1$;

(2)当 $\sigma_0' \geqslant \sigma_v$ 时,m, l 可分别由下式确定:

$$m = \begin{cases} 4 \cdots\cdots N_f \leqslant 20 \\ 5 \cdots\cdots N_f > 20 \end{cases}; \quad l = \begin{cases} 1 \cdots\cdots\cdots\cdots\cdots\cdots N_f < 45, N_f > 50 \\ 1 \cdots\cdots\cdots\cdots i = 1,2,4 \\ 0 \cdots\cdots\cdots\cdots i = 3 \cdots\cdots 45 \leqslant N_f \leqslant 50 \end{cases}$$

(4-87)

式中,σ_0' 为试验有效固结围压;σ_v 为土样的原有上覆土层压力。

宁夏地震局委托中国建筑科学研究院地基基础研究所完成的"固原黄土动力特性"的试验报告[223]给出了液化试验中孔压比随振次的变化曲线。王至刚[224]将其转化成孔压比随振次比的变化曲线,用 $y=ax$ 的线性关系(y 表示孔压比;x 表示振次比;a 表示

回归系数)对所有数据点重新回归,其结果为 $y=1.119\ 304x$,其相关系数为 $\gamma=0.915$,因此认为采用的线性假设对固原饱和黄土是适宜的。

刘汉龙等[225]认为在等压固结条件下,饱和击实黄土的孔压增长可用 A 型曲线来拟合,即

$$\frac{u_d}{u_f}=(1-e^{-\beta\frac{N}{N_f}})\quad(4-88)$$

式中,u_d 为孔压;u_f 为破坏或液化时的最大孔压;β 为曲线拟合参数;N 为振次;N_f 为破坏振次。

杨振茂等[126]通过室内饱和原状黄土液化试验研究,探讨了孔压增长规律,并从微观结构角度研究了黄土液化机理。研究结果表明:未湿陷饱和黄土结构是一种介稳结构,在地震作用下,介稳结构遭到破坏,塌陷和剪缩共同作用造成黄土较大的收缩体积应变并引起孔隙水压力迅速上升。认为在等压固结条件下,饱和原状黄土的孔压增长可近似地用 A 型曲线来拟合;但 A 型曲线只考虑了地震时程中高峰值应力对孔压增长的影响,并未考虑黄土这类结构性土体变形特征对孔压增长的影响。认为可以在 A 型孔压增长方程上添加结构修正项来反映结构性对孔压增长的影响,称为修正 A 型孔压增长方程,公式如下

$$\frac{u_d}{u_f}=\left[1-\left(\frac{1}{\varepsilon_v}\right)^{N_r}e^{-\beta N_r}\right]\quad(4-89)$$

式中,u_d,u_f,β 意义同前,N_r 为振次比,ε_v 为不同固结应力条件下增湿体应变值(%)。其中拟合参数 β 隐含了动应力的大小对孔压增长的贡献,而体应变 ε_v 则反映了湿陷分量即黄土的原始结构性、胶结物的含量等对孔压的影响。两者不同组合决定曲线形态丰满程度。最后文中认为对于黄土这类结构性强,具有较大体变性的土,其在动荷载作用下的孔压增长采用修正 A 型曲线更为合适。

杨振茂等[129]对取自甘肃省兰州市七里河区崔家崖乡郑家庄的原状马兰黄土和饱和重塑黄土进行了动三轴试验。试验表明:动荷载下,正常固结饱和原状黄土试样的孔压开始增长较快,后期

增长速率减慢,且曲线的形状受围压、荷载频率和循环应力比的影响较小。其孔压比-振次比关系曲线可用下式拟合:

$$\frac{U_d}{\sigma_0}=\frac{1}{2}\left[\frac{1}{2}\left(1-\cos\pi\frac{N}{N_f}\right)\right]^a-\frac{1}{2}e^{-b\frac{N}{N_f}}+0.5 \quad (4-90)$$

式中,U_d 为动孔压(kPa);σ_0 为初始有效固结围压;N 为振次;N_f 为液化振次;a,b 为试验参数,与土性有关,由试验确定。

超固结时饱和原状黄土试样动荷载下孔压的增长与正常固结时有较大差异。超固结比越大,动荷载下孔压发展愈慢。动荷载下饱和重塑黄土试样的孔压增长开始较为缓慢,后期发展较快。曲线形状受荷载频率和循环应力比的影响较小,但受试验时所施加围压的大小影响较大:围压越大,孔压曲线增长越慢,其孔压比-振次比关系曲线可采用下面的四次多项式来拟合

$$\frac{U_d}{\sigma_0}=\sum_{i=1}^{4}a_i\left(\frac{N}{N_f}\right)^i \quad (4-91)$$

式中,U_d,σ_0,N,N_f 的意义同前;a_i 为系数,由试验确定。

从已有的饱和黄土动孔压模型可以看出:和砂土黏性比较起来,其类别比较单一,都是将其与振次比建立函数关系,只是形式不一样而已。直接建立孔压与振次比的关系对于模拟动三轴试验还是比较可行的,因为在动三轴试验中,一般施加的荷载是规则的正弦波或者其他波形,都有固定的周期和幅值,可以很容易确定已经进行过的振次。而在实际工程中,荷载一般都是不规则的,甚至是随机的,如地震波。我们很难准确地确定到底已发生了多少次规则的振动。虽然现已有一套将不规则波形转化为试验室里所施加的规则波形的办法,但终究是做了一定的假设,比如下面所介绍的方法。

在地震反应计算中,每一时刻的等效振动次数 ΔN 可按下述方法近似确定。首先根据 Martin 等[226]的研究,从表 4-2 中查出不同震级地震的持续时间 T_d 和等效振动次数 N_{eq}。然后计算时间间隔 $\Delta T_i=t_i-t_{i-1}$ 内的地震波能量与整个持续时间 T_d 内的地震波能量之比

$$SA(\Delta T_i) = \frac{\int_{i-1}^{i} a^2(t)\,\mathrm{d}t}{\int_0^{T_d} a^2(t)\,\mathrm{d}t} \tag{4-92}$$

再按下式计算 ΔN

$$\Delta N = N_{eq} \cdot SA(\Delta T_i) \tag{4-93}$$

上式的物理意义是以时段 ΔT_i 内地震波能量的相对大小为权系数,将总的等效振动次数 N_{eq} 按权系数的大小分配到各时段内。

表 4-2 N_{eq} 与 T_d 的经验取值

地震震级	N_{eq}(次)	T_d(s)
5.5～6	5	8
6.5	8	14
7	12	20
7.5	20	40
8	30	60

这种方法就要根据地震震级,凭以往的经验来事先确定总的等效振动次数和总的持续时间。但实际工程面临的情况千变万化,这种经验性的处理方法很难保证在任何情况下都具有一定的准确性。总的说来,振次比并不能用于描述地震荷载时土体内部组织结构的变化,故其准确性难以评价。所以在本次研究中,我们不以振次比作为自变量。而是借助于 Valanis[227] 提出来的内时理论,认为非弹性变形和孔压都是由土颗粒的重新排列引起的,而非弹性变形也就是残余变形表征了土体内部组织结构的不可逆变性,同时它的变化也表征了其在受荷积累过程中材料内部结构的变化。基于这个前提,我们选取塑性变形水平作为自变量,将超孔隙水压力表示成塑性变形水平的函数,而在数值模拟中,塑性变形还是比较容易计算出的,因此这种方法具有一定的优越性。

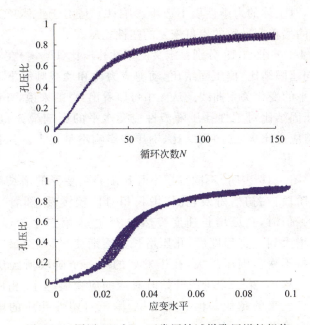

图 4-15 围压 200 kPa,正常固结试样孔压增长规律

饱和黄土在动荷载作用下的典型孔压比-循环次数关系曲线、孔压比-应变水平关系曲线如图 4-15 所示。可以看出:随着振次的增加,应变和孔压都是呈波浪形单调增大的,没有出现孔压陡增或应变突然变大的现象;应变的发展也没有出现饱和砂土那样呈喇叭状逐渐增大的特征。超孔隙水压力由两部分组成:一部分为弹性孔压,是由于动荷载的施加导致总应力的变化而引起的,其值就等于总应力的变化量,是可恢复的,不影响土体的有效应力,但造成孔压曲线的波动;另一部分为塑性孔压,是由于土体不可恢复的剪切变形累积引起的,直接导致有效应力的变化,从而影响土体的力学性能。根据上面的分析,超孔隙水压力由两部分组成,即

$$U = U_1 + U_2 \tag{4-94}$$

式中,$U_1 = \Delta p$,Δp 为土体单元围压(总应力)的变化量,为可恢复

的超孔,对土体的力学性质不产生影响;U_2是由于土体单元不可逆变形的累积而导致的不可恢复的塑性孔压。

图 4-15～图 4-19 分别是定义的塑性孔压比(U_2/σ_0)在不同围压、不同超固结比、偏压固结比、动剪应力比和动载频率下随残余应变水平的变化关系曲线。从图中可以看出:总的来说,五种因素中,偏压固结比对塑性孔压随塑性应变水平的影响最大;加载频率、动剪应力比次之;超固结比、围压的影响不是很大。其各自的规律性如下:

(1)图 4-16 表明:不同围压下孔压随残余变形的增长均可分为三个阶段:在初始阶段,孔压增长相对比较缓慢;随着变形增大到某一值时,孔压增长速度突然加快,进入第二个阶段;当残余变形增大到一定程度后,孔压增长又逐渐变缓,直至最后孔压基本保持不变。围压越大,孔压发展的第一个阶段所经历的应变范围就越小,第二个阶段开始时对应的应变值越小,相应第三个阶段也就来的越快。但总的来说,围压对塑性孔压的增长形态影响不大。

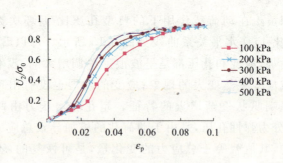

图 4-16 不同围压下塑性孔压增长曲线

(2)图 4-17 表明:不同超固结比下孔压随残余变形的增长也可分为三个阶段。超固结比越大,孔压发展的第一个阶段所经历的应变范围就越小,第二个阶段开始时对应的应变值越小,相应第三个阶段也就来的越快。从图中还可看出:当超固结比介于 1～4 之间时,其对孔压增长的形态影响不大。

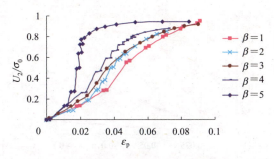

图 4-17　不同超固结比下塑性孔压增长曲线

（3）图 4-18 表明：不同动剪应力比下孔压随残余变形的增长也可分为三个阶段。动剪应力越大，孔压发展的第一个阶段所经历的应变范围就越大，第二个阶段开始时对应的应变值越大，相应第三个阶段也就来的越慢，甚至在破坏范围内不会出现。

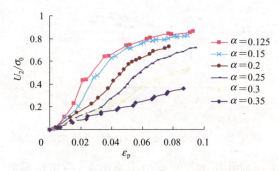

图 4-18　不同动剪应力比下塑性孔压影响曲线

（4）图 4-19 表明：不同偏压固结比下孔压随残余变形的增长也可分为三个阶段。偏压固结比越大，孔压发展的第一个阶段所经历的应变范围就越大，第二个阶段开始时对应的应变值越大，相应第三个阶段也就来的越慢，甚至在破坏范围内不会出现。

（5）图 4-20 表明：不同加载频率下孔压随残余变形的增长也可分为三个阶段。频率越大，孔压发展的第一个阶段所经历的应

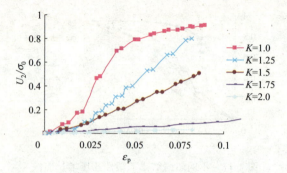

图 4-19 不同偏压固结比下塑性孔压增长曲线

变范围就越小,第二个阶段开始时对应的应变值越小,相应第三个阶段也就来的越快。

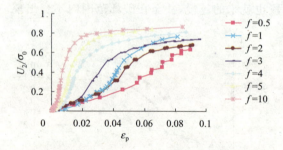

图 4-20 不同加载频率下对塑性孔压增长曲线

鉴于围压对孔压增长形态的影响不大,稳定性最好。这里对不同围压下的增长趋势给出数学上的拟合公式。用如下一个连续函数来描述不同围压下塑性孔压比随残余应变水平的增长规律,即

$$U/p'_0 = H(1 - e^{-(\chi \varepsilon_p)^t}) \tag{4-95}$$

式中,H、χ、t 为拟合参数;p'_0 为初始固结围压;ε_p 为残余变形水平。在动荷载作用过程中,前面的 ε^- 和 ε_p 的物理意义是一样的。图 4-21 为用式 4-95 的拟合结果。从图中可以看出:其拟合效果是非常好的。但要确定各种影响因素下各参数的变化规律,还需

要做大量的试验研究。

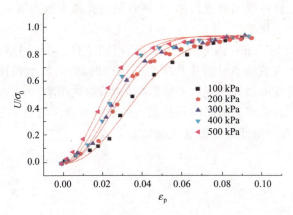

图 4-21　不同围压下公式 4-95 拟合效果

4.8　本章小结

本章基于对目前土体动力本构模型以及动载下饱和黄土超孔压增长规律研究现状的简单总结上,做了如下工作。

1. 基于土体单元的体积应力应变关系为弹性、增量加载的简单性以及单调加载下具有应变硬化特性的假设,构建了土体基本的应力应变关系表达式。

2. 基于稳定孔隙比原理结合临界土力学理论推导出 K_0 正常固结饱和黄土不排水强度的理论表达式,并考虑土颗粒之间具有一定的黏结强度的实际情况,对其进行了修正。

3. 基于稳态强度理论及真强度理论推导了饱和黄土不排水强度随超固结比变化规律的表达式。并考虑土体拉压不同性质,基于方开则破坏准则考虑中主应力的影响对其进行了修正。

4. 基于试验拟合结果给出不排水变形模量、不排水强度随超固结比的变化规律表达式;结合似超固结比的概念推导出了动荷载作用下,土体不排水变形模量、不排水强度随土体有效应力变化的关系式;基于试验结果,给出了两者随变形水平变化规律的拟合公式。综合可得动荷载作用下,两者随超孔隙水压力增长,残余变形积累的变化规律,并结合试验进行了验证。

5. 分析了五种因素:固结围压、超固结比、偏压固结比、动剪应力比和加载频率对塑性孔压增长规律的影响,得出偏压固结比对塑性孔压随塑性应变水平的影响最大;加载频率、动剪应力比次之;超固结比、围压的影响不是很大的定性规律。给出了不同围压下,塑性孔压随残余变形变化的拟合公式。

第 5 章 饱和黄土结构性动力本构模型程序实现及验证

5.1 引 言

在第 4 章中,已构建了饱和黄土基本的应力应变关系式;推导了饱和黄土动荷作用下不排水变形模量、不排水强度的退化公式;据试验结果给出了饱和黄土动荷载作用下超孔隙水压力的增长拟合公式。本章将以上述已得成果为基础,并进一步结合试验结果来研究结构性的演化规律进而来构建考虑结构性的饱和黄土动力本构模型,从而来实现对动载下饱和黄土力学性能变化整个过程的模拟,并给出模型中主要参数的确定方法。基于 ABAQUS 软件的操作平台,开发出本次模型的用户子程序并进行相应的验证。

5.2 结构性的考虑

从第 2 章对实验数据的分析可知:在变形小于 3% 时,饱和黄土的结构性对土体的力学性能影响都比较明显。从定义的应力分担率来看:在抵抗外荷载过程中,结构性有时甚至处于主导地位,大于摩擦分量所起的作用。因此,建立饱和黄土的动力本构模型非常有必要考虑结构性的影响。根据第 2 章的建议,基于如下思想[109,110,228,229]:认为非均质的结构性土体是有由胶结块和软弱带组成的二元介质材料。胶结块(胶结元)由胶结作用强的土颗粒组成,软弱带(摩擦元)由胶结作用很弱的土颗粒组成。认为土体抵抗外荷载的能力来自两部分的贡献,一部分是结构性;另外一部分是除结构性以外的其他因素,这里面主要是颗粒之间的摩擦。在受荷过程中,胶结块逐步破损,也就是结构性逐渐丧失,转化为软弱带,两者共同承受外部荷载。后者用第3章中给出的应变硬化模型进行描述,其关键是要确定ω的变化规律。

5.2.1 ω变化规律研究

根据第4章对ω的定义以及土体实际的应力应变关系曲线可知:理论上,当变形无限增大时,ω越来越接近于1。但在实际情况中,变形水平是有限的。图5-1为各种情况下试样破坏时$\omega-e_i$的统计图。从图中可以看出:试样破坏时,ω的值比较一致,其平均值$\bar{\omega}$为0.957。所以对于本次的土样,可以认为ω是以$\bar{\omega}=0.957$为极限值的。通过对试验所得应力水平-应变水平曲线进行处理并结合ω的定义,整理得出$e_i/\omega-e_i$关系图。图5-2~图5-6分别是不同试验条件下的$e_i/\omega-e_i$关系图,从图中可以看出具有很好的归一性,两者之间具有线性关系。即可以用如下函数进行拟合

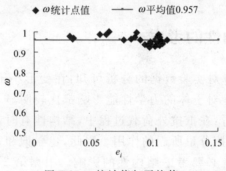

图5-1 ω统计值与平均值

$$e_i/\omega = e_i/\bar{\omega} + x \tag{5-1}$$

变化可得

$$\omega = e_i/(e_i/\bar{\omega} + x) \tag{5-2}$$

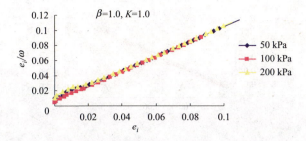

图 5-2 不同围压下正常固结式样 $e_i/\omega - e_i$ 变化规律

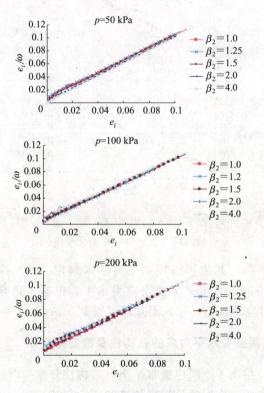

图 5-3 相同围压、不同第二类超固结比下 $e_i/\omega - e_i$ 变化规律

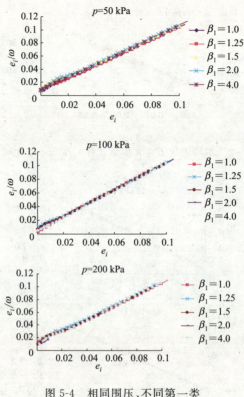

图 5-4 相同围压、不同第一类超固结比下 $e_i/\omega - e_i$ 变化规律

x 为拟合参数,其值可以按如下方法来确定:认为应变水平为 10% 时对应的应力水平为残余应力水平,根据 ω 的定义计算出 $e_i = 10\%$ 对应的 ω 值,带入上式即可得到 x 的值。

5.2.2 不同应变水平对应的结构性参数变化规律

第 2 章给出了不同应变水平下,结构性分量与摩擦分量在抗剪切变形中所起作用的分担之值 ζ 的变化规律。即应力分担率随变形水平 e_i 的变化曲线如图 5-7 所示,明显分为两段:第一段几乎表现为线性增长。这说明在此阶段,结构性是处于线性发挥阶段,

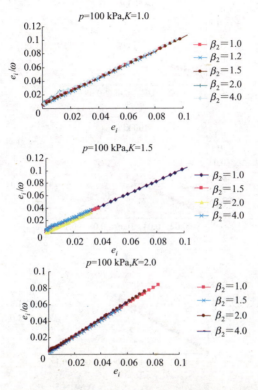

图 5-5 围压 $p=100$ kPa、相同偏压固结比、
不同第二类超固结比下 $e_i/\omega - e_i$ 变化规律

当应变水平达到一定值后,应力分担率出现峰值,随后结构性开始发生破坏,进入到第二阶段。第二阶段内,应力分担率随着变形水平地增长而减小,呈对数衰减,变化速率是先快后慢,最终趋于 0。应力分担率的变化规律表明:如果在变形未达到结构性破坏的峰值应变水平之前发生卸载的话,土体所具有的结构性能完全恢复,在下一次再加载过程中,结构强度仍能发挥到其最大值;当变形水平超过结构性破坏的峰值应变水平之后,土体的结构性部分已被破坏,在后面的加载过程中,已无法发挥出其最大值。据此定义结构性发挥

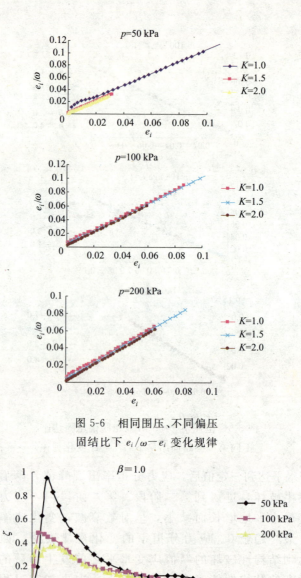

图 5-6 相同围压、不同偏压固结比下 $e_i/\omega - e_i$ 变化规律

图 5-7 不同围压下正常固结式样 $\zeta - e_i$ 变化规律

系数 η 如下

$$\eta = \zeta/\zeta_{max} \tag{5-3}$$

式中，ζ_{max} 为应力分担率峰值。

不同围压、两类超固结比下结构性发挥系数随变形水平的变化规律如图 5-8 和图 5-9 所示。从图中可以看出：结构性发挥系数随应变水平的变化分为两段：峰值应变之前，η 呈线性增长；峰值

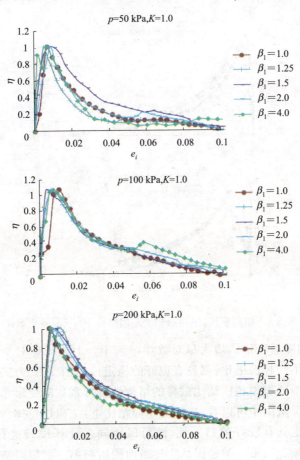

图 5-8 相同围压、不同第一类超固结比下 $\eta - e_i$ 变化规律

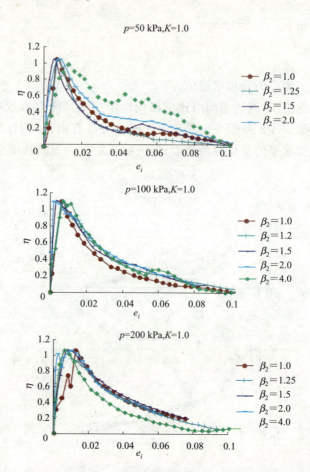

图 5-9 相同围压、不同第二类超固结比下 $\eta - e_i$ 变化规律

之后,则随着变形的增大呈对数规律减小。上述规律对于不同围压下的不同超固结比,都具有很好的稳定性。图 5-10 为三种围压的两种不同类型超固结比试样的结构性发挥系数随变形水平的变化规律。从图中可以看出:两类超固结比下,结构性发挥系数的变化规律也具有较好的归一性,故可以用同一计算模式进行计算。这也意味着当第一类超固结土样当前围压和第二类超固结土样前期固结压力相同时,两者结构性演化规律的模拟计算中所不同的

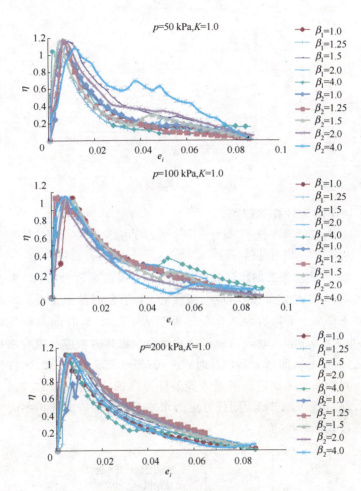

图5-10 相同围压、两类超固结比下 $\eta - e_i$ 变化规律

是应力分担率的峰值 ζ_{max} 不一样,结构性发挥系数计算模式是相同的。

综合上述分析可知:结构性发挥系数的演化规律可采用如图5-11所示的计算模式。

相应的理论公式如式5-4,其中独立的参数只有两个,即结构性初始破坏应变阈值 $e_{i,sta}$,结构完全破坏应变值 $e_{i,ult}$,其余三个参

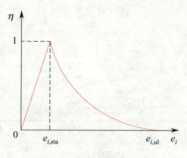

图 5-11 η 计算模式

数 a,b,c 均为计算参数。

$$\eta=\begin{cases}ae_i & e_i\leqslant e_{i,\text{sta}}\\ b\ln e_i+c & e_{i,\text{sta}}<e_i\leqslant e_{i,\text{ult}}\end{cases} \quad (5\text{-}4)$$

25 个试验结果的统计如图 5-12 所示,离散系数为 0.067 7,由此可知:对于给定的土样,应变阈值 $e_{i,\text{sta}}$ 具有较好的稳定性。本次试验土样 $e_{i,\text{sta}}$ 平均值为 0.655%,即当 $e_i<0.655\%$ 时,η 呈线性增长;当 $e_i=0.655\%$ 时,$\eta_{\max}=1$;结构性完全破坏时对应的应变水平取 $e_{i,\text{ult}}=10\%$,即当 $e_i\geqslant 10\%$ 时,$\eta=0$;当 $0.655\%<e_i<10\%$ 时,由一对数曲线来确定。根据边界条件可以确定出:$a=152.7$,$b=-0.367$,$c=-0.845$。则任意应变水平下结构性应力分担率由一个三段式函数确定

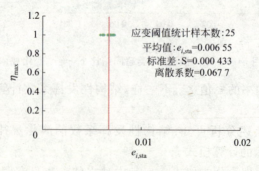

图 5-12 应变阈值统计

$$\zeta = \begin{cases} 152.7\zeta_{\max} e_i & e_i \leqslant 0.655\% \\ (-0.367\ln e_i - 0.845)\zeta_{\max} & 0.655\% < e_i < 10\% \\ 0 & e_{i,\mathrm{sta}} \geqslant 10\% \end{cases} \quad (5\text{-}5)$$

5.2.3 其他参数确定

完全重塑饱和黄土初始变形模量由以下公式进行确定

$$3G_{0\mathrm{p}} = K_{\mathrm{p}} p_{\mathrm{a}} \left(\frac{p}{p_{\mathrm{a}}}\right)^{n_{\mathrm{p}}} \quad (5\text{-}6)$$

式中,p 为式样固结围压;K_p,n_p 为试验参数;p_a 为大气压。

对于完全重塑饱和黄土,认为其弹性变形加载模量和卸载-再加载模量是相等的。通过常规三轴压缩试验的卸载-再加载曲线确定卸载模量。试验规律表明:在卸载-再加载过程中,应力水平-应变水平表现为一个滞回圈,所以用一个平均斜率代替,表示为 $3G_\mathrm{urp}$。不同应力水平下卸载-再加载循环中,这个平均斜率都接近相等,所以可认为它在同样围压 p 下是一个常数,但它随着围压的增加而增加,试验表明在双对数坐标中二者关系可近似为一条直线。即

$$3G_{\mathrm{urp}} = K_{\mathrm{urp}} p_{\mathrm{a}} \left(\frac{p}{p_{\mathrm{a}}}\right)^{n_{\mathrm{t}}} \quad (5\text{-}7)$$

式中,K_urp 为 $\lg(3G_\mathrm{urp}/p_\mathrm{a}) - \lg(p/p_\mathrm{a})$ 直线的截距,n_t 为其斜率。这里的 n_t 与上式中的 n_p 认为相等。其实 $3G_\mathrm{urp}$ 与 $3G_{0\mathrm{p}}$ 和 p/p_a 之间的指数不会完全相等,但二者一般相差不大,取为相等后可用截距 K_p 或 K_urp 来调整误差,这样可减少一个材料常数。一般 $K_\mathrm{urp} > K_\mathrm{p}$。引入比例系数 $k_\mathrm{urp} = K_\mathrm{urp}/K_\mathrm{p}$,则上式变化为

$$3G_{\mathrm{urp}} = k_{\mathrm{urp}} \cdot K_{\mathrm{p}} p_{\mathrm{a}} \left(\frac{p}{p_{\mathrm{a}}}\right)^{n_{\mathrm{t}}} \quad (5\text{-}8)$$

在饱和黄土的动三轴试验过程中,对于一定的动应力比,除了固结偏应力比很大的情况只会出现压缩相以外,其他情况下,土体都是在压缩相和拉伸相的交替循环中发生变形的。考虑到存在两

种不同剪切过程的实际情况,引入拉压不同模量比参数 μ,则在相同的固结围压下,完全重塑饱和黄土拉伸剪切的初始变形模量 $3G_{0t}$ 与弹性变形模量 $3G_{urt}$ 分别由下两式来确定

$$3G_{0t} = 3\mu G_{0f} \tag{5-9}$$

$$3G_{urt} = 3\mu G_{urf} \tag{5-10}$$

5.2.4 结构性饱和黄土参数确定

根据二元介质模型的概念,土体单元在受荷剪切过程中,代表结构性的胶结元和描述摩擦特性的摩擦元共同承受外荷载的作用,二者形成一个并联机构。也就是在剪切过程中的任意时刻,两种特性的单元机体在应变水平相同的前提下互不关联的各自发挥自己的作用。所以任意变形水平下,土体的抗剪切变形模量为这两种单元机体各自变形模量之和,即

$$3G_0 = 3G_{0p} + 3G_{0b} \tag{5-11}$$

式中,$3G_0$ 为总的变形模量;$3G_{0b}$ 为胶结元的变形模量。

根据土体结构性随着应变水平发挥的规律以及系数 η 的定义则有

$$3G_0 = 3(1+\eta)G_{0p} \tag{5-12}$$

弹性变形模量则是随着结构性的发挥而变化的

$$3G_{ur} = 3G_{urp} + 3\eta G_{0p} \tag{5-13}$$

根据 ω 的定义及其确定方法,对于无结构性的饱和黄土则有

$$\sigma_i = 3G_{0p} \cdot \frac{[(1/\bar{\omega}-1)e_i + x]e_i}{e_i/\bar{\omega} + x} \tag{5-14}$$

对于结构性饱和黄土,上式变化为

$$\sigma_i = 3(1+\zeta_{max})G_{0p} \cdot \frac{[(1/\bar{\omega}-1)e_i + x]e_i}{e_i/\bar{\omega} + x} \tag{5-15}$$

卸载-再加载过程为弹性变形过程,则有

$$\sigma'_i = \sigma_i \pm (3G_{urp} + 3\eta G_{0p}) \cdot \Delta e_i \tag{5-16}$$

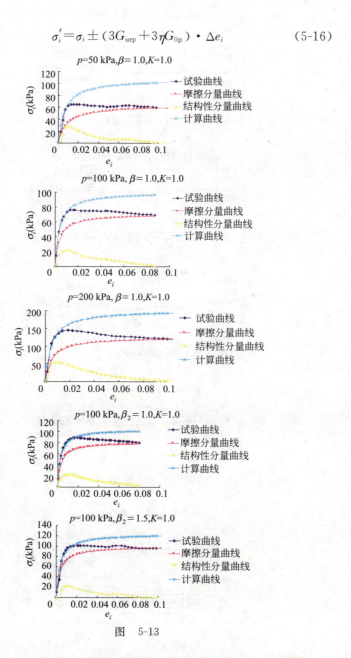

图 5-13

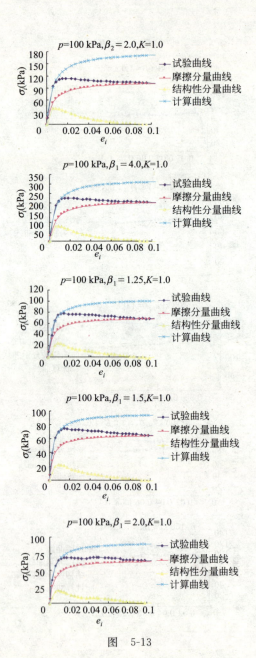

图 5-13

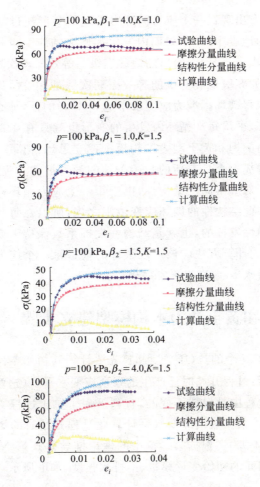

图 5-13 不同情况下试验曲线、拟合曲线对比

若为拉伸剪切,则需对相应的参数进行变化。图 5-13 为不同情况下,试验曲线、摩擦分量曲线、结构分量曲线以及模拟曲线的对比图。从上面各种情况下的模拟效果来看,公式计算曲线在应变水平小于应变阈值,即 $e_i \leqslant e_{i,\text{sta}}$($e_{i,\text{sta}}$ 约为 0.655%)时,都与试验曲线符合的非常好,但在超过应变阈值之后,其误差比较大。从所进行的五种不同影响因素下的饱和黄土动力不排水三轴试验结果

来看,还没有出现在一个应力循环内发生的变形超过 0.655% 的。而在实际的地震中,一个周期内发生如此大的应变也是难以想象的。按照 Martin 等[226]给出的地震震级与等效振动次数的经验关系来看,例如 8 级地震对应的等效振动次数是 30 次,如果按照本次试验中取得破坏标准为应变水平达到 10% 的话,那么最终如果会发生破坏,平均每次循环内发生的变形也就只有 0.33%。按照第 3 章给出的饱和黄土动力本构模型建立思想:把每一个荷载循环周期都看成一个具有新的初始条件的静力加载过程,这样每一个循环都会对应不同的结构性,由于每一个应力循环内发生的应变水平都在此结构性的破坏应变范围之内,所以在每一个循环内结构性是弹性发挥的,也就是结构性发挥系数保持不变。由此可见,用上面的计算方法应该可以很好的模拟每一个应力循环内的土体的应力水平-应变水平发展规律。

5.3 饱和黄土动力本构模型建立步骤

对于第 N 个的拉(压)过程,首先要计算其初始条件。这些初始条件包括:过程开始时已产生的残余应变水平 ε_p(这两个量在本次拉或压过程中是保持不变的,直到下一个拉压过程交替时才会重新计算)。根据残余应变水平计算此过程开始时的塑性超孔隙水压力(式 4-95)。根据第 4 章中的理论推导得到第 N 个拉(压)过程中摩擦元的初始变形模量、不排水强度,如下所示

$$\frac{G_N}{G_0} = \frac{A\exp[kOCR_0(p_0'/(p_0'-U))^{1/\Lambda}]+B}{p_0'/(p_0'-U)[A\exp(kOCR_0)+B]} \cdot [C\exp(m\varepsilon_p)+D]$$

(5-17)

$$\frac{S_{uN}}{S_{u0}} = (p_0'/(p_0'-U))^{\Lambda_0/\Lambda-1} \cdot [E\exp(n\varepsilon_p)+F]$$

(5-18)

式中,G_0 由本章中式 5-6 来确定;卸载模量由式 5-8 确定;s_{u0} 由第 4 章的式 4-66 即下式来确定

$$s_{u0} = \left[\frac{\sqrt{M^2+\eta_0^2}}{2^{\Lambda+1}} \cdot \left(\frac{M^2}{M^2+\eta_0^2-\eta_0\sqrt{M^2+\eta_0^2}} \right)^{\Lambda} p_0' + c \cdot \cos\varphi \right] OCR^{\Lambda_0}$$
(5-19)

若不考虑结构性，则上面得到的数值就是本次拉压过程中饱和黄土的初始变形模量 $3G_{0pN}$、弹性模量 $3G_{urpN}$、不排水抗剪强度 S_{uN}。在本次拉压过程的任一一个时刻，只要已知本次拉压过程已产生的变形水平，再结合 ω 的定义和式 5-2、$3G_{0pN}$ 和 S_{uN}，就可以确定下一个增量段的参数，以便进行计算。若考虑结构性，则还需根据应变水平 e_i 按照式 5-4 计算本过程内的结构性发挥系数 η，基于给定的应力分担率最大值 ζ_{max} 按照式 5-12 和式 5-13 分别计算本次过程内的初始变形模量和卸载-再加载模量，不排水强度按下式来进行计算

$$s_{uN} = (1+\zeta)s_{uN}'$$
(5-20)

式中，s_{uN}' 为不考虑结构性时式 5-18 的计算值。

本质上，由于在不排水过程中超孔隙水压力产生，有效应力是变化的，因而弹性变形模量也是变化的。但考虑到每一个拉压过程内产生的塑性残余变形相对较小，所以计算中不考虑有效应力变化对弹性变形模量的影响，其计算按本次拉(压)过程开始时的有效应力进行计算。综合可得，动荷载作用下，任意一个拉(压)过程的应力应变关系由下面的式子进行确定。

1. 不考虑结构性

加载过程

$$\sigma_i = 3G_{0pN} \cdot \frac{[(1/\bar{\omega}-1)e_i + x_N]e_i}{e_i/\bar{\omega} + x_N}$$
(5-21)

卸载-再加载过程

$$\sigma_i' = \sigma_i \pm 3G_{urpN} \cdot \Delta e_i$$
(5-22)

2. 考虑结构性

加载过程

$$\sigma_i = 3(1+\zeta_N)G_{0pN} \cdot \frac{[(1/\bar{\omega}-1)e_i + x_N]e_i}{e_i/\bar{\omega} + x_N}$$
(5-23)

卸载-再加载过程

$$\sigma'_i = \sigma_i \pm (3G_{\text{urpN}} + 3\eta_N G_{0\text{pN}}) \cdot \Delta e_i \tag{5-24}$$

需要注意的是：以上各式中的计算参数均加注了脚标 N，其表示在当前拉（压）过程中考虑的；此时的应变水平是本次拉（压）剪切过程产生的变形水平，而不是总的变形水平。根据以上的推导，增量计算中应力应变关系的刚度矩阵如下

$$[\Delta \sigma'] = [D][\Delta \varepsilon] \tag{5-25}$$

式中

$$[D] = \begin{bmatrix} K + \dfrac{4e_i}{9\sigma_i} & K - \dfrac{2e_i}{9\sigma_i} & K - \dfrac{2e_i}{9\sigma_i} & 0 & 0 & 0 \\ K - \dfrac{2e_i}{9\sigma_i} & K + \dfrac{4e_i}{9\sigma_i} & K - \dfrac{2e_i}{9\sigma_i} & 0 & 0 & 0 \\ K - \dfrac{2e_i}{9\sigma_i} & K - \dfrac{2e_i}{9\sigma_i} & K + \dfrac{4e_i}{9\sigma_i} & 0 & 0 & 0 \\ 0 & 0 & 0 & \dfrac{e_i}{3\sigma_i} & 0 & 0 \\ 0 & 0 & 0 & 0 & \dfrac{e_i}{3\sigma_i} & 0 \\ 0 & 0 & 0 & 0 & 0 & \dfrac{e_i}{3\sigma_i} \end{bmatrix} \tag{5-26}$$

根据 ω 的定义则有

$$\begin{aligned} &\dfrac{4e_i}{9\sigma_i} = \dfrac{4}{3} G_0 (1-\omega), \quad \dfrac{2e_i}{9\sigma_i} = \dfrac{2}{3} G_0 (1-\omega) \\ &\dfrac{e_i}{3\sigma_i} = G_0 (1-\omega), \quad K = \dfrac{2(1+\nu)}{3(1-2\nu)} G_0 \end{aligned} \tag{5-27}$$

对于不考虑结构性的饱和黄土动力本构模型，上式表述如下

$$\begin{aligned} &\dfrac{4e_i}{9\sigma_i} = \dfrac{4}{3} G_{0\text{pN}} (1-\omega), \quad \dfrac{2e_i}{9\sigma_i} = \dfrac{2}{3} G_{0\text{pN}} (1-\omega) \\ &\dfrac{e_i}{3\sigma_i} = G_{0\text{pN}} (1-\omega), \quad K = \dfrac{2(1+\nu)}{3(1-2\nu)} G_{0\text{pN}} \end{aligned} \tag{5-28}$$

考虑结构性的饱和黄土动力本构模型，表述如下

$$\frac{4e_i}{9\sigma_i} = \frac{4}{3}(1+\zeta_N)G_{0pN}(1-\omega_N), \frac{2e_i}{9\sigma_i} = \frac{2}{3}(1+\zeta_N)G_{0pN}(1-\omega_N)$$
$$\frac{e_i}{3\sigma_i} = (1+\zeta_N)G_{0pN}(1-\omega_N), K = \frac{2(1+\nu)}{3(1-2\nu)}(1+\zeta_N)G_{0pN} \tag{5-29}$$

5.4 ABAQUS 有限元分析软件介绍

美国 ABAQUS 公司于 1978 年推出的 ABAQUS 是一套功能强大的工程有限元分析软件,在全球工业界中,已被公认是一套解题能力最强、分析结果最可靠的软件[230~232]。其解决问题的范围从相对简单的线性分析到许多复杂的非线性问题。它包括一个非常丰富的、可模拟任意实际形状的单元库,以及与之相对应的各种类型的材料模型库。可以模拟大多数典型工程材料的性能,其中包括金属、橡胶、高分子材料、复合材料、钢筋混凝土、可压缩的高弹性泡沫材料以及类似于土与岩石等地质材料。作为通用的模拟计算工具,ABAQUS(包括 CAE,Stand 等一系列模块)能解决结构(应力/位移)的许多问题。它可以模拟各种领域的问题,例如:热传导、介质扩散、电子部分的热控制(热电祸合)、声学分析、岩土力学分析(流体渗透/应力耦合分析)及压电介质分析等。虽然 ABAQUS 材料模型库中有丰富的适用于岩土材料的本构模型,如多孔弹性模型、摩尔-库仑模型、D-P 模型、剑桥模型等,但这些都属于静力模型。所以要进行土体的动力分析,必须要进行二次开发。

为了方便用户开发自己研究或感兴趣的模型,ABAQUS 采用 FORTRAN 语言接口方式,提供了若干用户子程序(User Subroutines)以及在编程时可以调用的实用程序(Utility Routines),这些子程序和实用程序的具体作用与功能可参见文献。ABAQUS 用户子程序主要是用来对有限元分析能力进行个性化控制和处理,实现用户对 ABAQUS 自身没有包括的特定问题的分析要求。用户子程序 UMAT 是 ABAQU 提供给用户定义自己材料属性的 FORTRAN程序接口,通过与 ABAQUS 主求解程序的接口实现与

ABAQUS 的数据交流。UMAT 子程序具有强大的功能,使用 UMAT 子程序:1. 可以定义材料的本构关系,使用 ABAQUS 材料库中没有包含的材料进行计算,以扩充程序功能;2. 可以用于包含力学行为的任意分析过程,可把用户定义的材料属性赋予 ABAQUS 中的任何单元;3. 可以在本构关系中使用求解相关的状态变量;4. 可以和用户子程序 USDFLD 联合使用,通过 USDFLD 定义单元每一物质点上传递到 UMAT 中场变量的数值。

按照 ABAQUS 二次开发的约定,开发者需利用 UMAT 子程序定义其单元材料积分点的 Jacobian 矩阵,即材料本构关系的刚度系数矩阵

$$[D] = \frac{\partial \Delta \sigma}{\partial \Delta \varepsilon} \tag{5-30}$$

由于 ABAQUS 属于通用性,基于几何、材料和接触问题的非线性有限元分析平台,式中的应力 σ 采用 Cauchy 应力张量描述,即真应力,$\Delta \sigma$ 是对应的应力增量;ε 是应变张量,$\Delta \varepsilon$ 是对应的应变增量。ABAQUS 中的应变描述可以是无限小应变或有限应变,依赖于用户问题的选择与定义;同时,ABAQUS 约定剪应变分量 ε_{ij} 按照工程剪应变 γ_{ij} 的定义存储。对于率相关应力与应变分析问题,材料积分点的应力与应变可以理解为应力率与应变率。式 5-30 中的刚度矩阵 $[D]$ 可以是对称矩阵,也可以是非对称矩阵,依赖于用户材料本构关系的需要和定义。所以说 ABAQUS 中的用户子程序 UMAT 是一个灵活多样的二次开发程序模块。

UMAT 子程序的核心内容就是给出定义材料本构模型的雅可比矩阵,即应力增量对应变增量的变化率 $\frac{\partial \Delta \sigma}{\partial \Delta \varepsilon}$。UMAT 子程序采用 FORTRAN 语言编写,包含变量传递列表、数组变量定义、定义材料力学行为的用户程序代码段及子程序结束语句等基本格式。在每一个荷载增量步中,ABAQUS 将对每一次平衡迭代,对每一个用户定义材料单元,每一个材料积分点都将调用一次 UMAT 子程序。高频率调用用户子程序,要求开发 UMAT 时应

充分考虑程序代码质量,其好坏直接影响计算效率和计算精度。应注意以下几个问题:1. ABAQUS中定义的应力应变符号与岩土力学中的定义相反,以拉为正,压为负,相应的主应力、主应变的排序也与岩土力学中的定义相反。另外,ABAQUS中的剪应变采用的是工程剪应变。2. UMAT中定义的雅可比矩阵为各个积分点上的值,积分点的数目由用户采用的单元类型和积分方式(完全积分还是减缩积分)决定。3. 在各个增量步中,由雅可比矩阵计算得到的是应力增量,需进行累加以得到该步的应力全量。4. 对于一些材料本构模型中需更新的状态变量,可结合用户子程序SDVINI进行联合使用。5. 在程序调试的过程中,建议先进行只有一个单元的常规土工试验的数值模拟,在计算结果准确合理的前提下再使用较大规模的例题或工程实例进行验证。关于本构模型的二次开发问题还可参考王金昌等[233]、朱向荣等[234]、徐元杰等[235,236]、庄海洋等[237]人的研究成果。

5.5 饱和黄土结构性动力本构模型的程序实现步骤

根据ABAQUS用户子程序UMAT的开发规则,对本次建立的饱和黄土动力本构模型分如下步骤用FORTRAN语言进行二次开发,以下对此做详细说明。

第一步:定义用户变量、状态变量、参数说明。

定义六个用户变量:

①ETENDER(NTENS,NTENS)——弹性变形柔度矩阵;

②DESTRAIN(NTENS)——弹性变形应变增量;

③DSTRESS(NTENS)——应力增量;

④CYSTRAIN(NTENS)——相邻两次拉压过程交替期间内累积的应变水平,每一个增量步结束后进行更新,并在拉压过程交替时归零;

⑤TPSTRAIN(NTENS)——总的塑性应变,每一个增量步结束后更新;

⑥CPOR(3)——孔压张量(弹性孔压,塑性孔压,总孔压),每一个增量步结束后进行更新。

定义状态变量如下:

①HW1——拉压过程判断系数,HW1=0 代表压缩剪切过程,HW1=1 代表拉伸剪切过程,在拉压过程交替时进行更新;

②HW2——本次拉(压)过程中发生的最大应力水平,在应力水平超过本次拉(压)过程中的最大值时进行更新;

③HW3——上一增量步结束时的应力水平,每一个增量步结束后进行更新;

④HW4——新的拉(压)过程开始时的超孔隙水压力,在拉压过程交替时进行更新。

定义如下参数:

①OCR——初始超固结比;

②VB——泊松比 ν;

③CN——完全重塑饱和黄土的粘聚力 c_0;

④FA——完全重塑饱和黄土的不排水内摩擦角 φ;

⑤CSS——$v-\ln p'$ 图中 SL 斜率 κ;

⑥CC——$v-\ln p'$ 图中 NCL 斜率 λ;

⑦AK——完全重塑饱和黄土压缩剪切初始变形模量参数 K_p;

⑧AN——完全重塑饱和黄土压缩剪切初始变形模量参数 n_p;

⑨AUR——弹性卸载模量与初始变形模量之比 k_{urp};

⑩ALY——拉伸剪切与压缩剪切初始变形模量之比 μ;

⑪S1P,S2P,S3P 分别为塑性超孔隙水压力计算系数 H, χ, t;

⑫RSO——不排水强度与超固结比关系的材料参数 Λ_0 跑;

⑬STR——应力分担率峰值 $\zeta_{\max}$;

⑭CYK——偏压固结比 K_0。

第二步:给状态变量赋初始值;对有效主应力进行拉应力修正;调用主应力计算子程序计算总应力的主应力并排序,如果最大的主应力的绝对值小于孔压(应力以压为负),即有效应力小于零,则将最大主应力修正到等于孔压的相反数,其他应力做相应的调整,具体方法如下:

保持竖向应力 σ_z 和 xOy 平面内的剪应力 τ_{xy} 不变,其他应力修正如下

$$a=\frac{\sigma_1+U}{\sigma_1-\sigma_3} \tag{5-31}$$

$$\begin{cases}\sigma'_x=\sigma_z-a(\sigma_z-\sigma_x)\\ \sigma'_y=\sigma_z-a(\sigma_z-\sigma_y)\end{cases} \tag{5-32}$$

由上式则有

$$\begin{cases}\sigma_z-\sigma'_x=a(\sigma_z-\sigma_x)\\ \sigma_z-\sigma'_y=a(\sigma_z-\sigma_y)\\ \sigma'_x-\sigma'_y=a(\sigma_x-\sigma_y)\end{cases} \tag{5-33}$$

为了保证应力强度水平不变,也就是修正后的应力满足下列式子

$$\begin{cases}(\sigma_x-\sigma_z)^2+4\tau_{xz}^2=(\sigma'_x-\sigma_z)^2+4(\tau'_{xz})^2\\ (\sigma_y-\sigma_z)^2+4\tau_{yz}^2=(\sigma'_y-\sigma_z)^2+4(\tau'_{yz})^2\\ (\sigma_x-\sigma_y)^2+4\tau_{xy}^2=(\sigma'_x-\sigma'_y)^2+4(\tau'_{xy})^2\end{cases} \tag{5-34}$$

由上三式可推得

$$\begin{cases}\tau'_{xz}=\tau_{xz}\sqrt{1+(1-a^2)\left(\dfrac{\sigma_x-\sigma_z}{2\tau_{xz}}\right)^2}\\ \tau'_{yz}=\tau_{yz}\sqrt{1+(1-a^2)\left(\dfrac{\sigma_y-\sigma_z}{2\tau_{yz}}\right)^2}\\ \tau'_{xy}=\tau_{xy}\sqrt{1+(1-a^2)\left(\dfrac{\sigma_x-\sigma_y}{2\tau_{xy}}\right)^2}\end{cases} \tag{5-35}$$

第三步:计算应力水平 S_1,根据其值进行加载卸载判断,如果当前应力水平大于上一增量步结束时的应力水平,则视为加载。如果大于本次拉(压)过程内的最大应力水平,则为弹塑性加载;若小于,则为弹性加载或卸载。如果当前应力水平小于上一增量步结束时的应力水平,则视为卸载。三种情况下的计算各不相同。

第四步：若判断为弹塑性加载，则计算本次拉（压）过程内累积的应变水平，并结合其他参数计算当前增量步的切线模量，获得加载雅克比矩阵。此时矩阵中的各量按式 5-28 或式 5-29 进行计算。

第五步：由变形增量和雅克比矩阵计算应力增量，并更新应力张量，计算应力水平 S_2。若此时应力水平超过应力水平极限值，则需进行修正，计算修正系数如下

$$\alpha = \frac{\sigma_{iult} - S_1}{S_2 - S_1} \tag{5-36}$$

式中，σ_{iult} 为本次拉（压）过程的应力水平极限值，其值与不排水强度之间存在 2 倍关系。

第六步：若判断为弹性加载，则不考虑结构性的弹性加载雅克比矩阵如式 5-36 所示，若考虑结构性，则需将式 5-36 中的 G_{urpN} 替换为 $(G_{urpN} + \eta_N G_{0pN})$。

$$[D] = \frac{2G_{urpN}(1-\nu)}{3(1-2\nu)} \begin{bmatrix} 1 & \frac{\nu}{1-\nu} & \frac{\nu}{1-\nu} & 0 & 0 & 0 \\ \frac{\nu}{1-\nu} & 1 & \frac{\nu}{1-\nu} & 0 & 0 & 0 \\ \frac{\nu}{1-\nu} & \frac{\nu}{1-\nu} & 1 & 0 & 0 & 0 \\ 0 & 0 & 0 & \frac{1-2\nu}{2(1-\nu)} & 0 & 0 \\ 0 & 0 & 0 & 0 & \frac{1-2\nu}{2(1-\nu)} & 0 \\ 0 & 0 & 0 & 0 & 0 & \frac{1-2\nu}{2(1-\nu)} \end{bmatrix}$$

$$(5-37)$$

第七步：若判断为弹性卸载，除按上述雅克比矩阵更新应力张量之外，还要判断是否发生了拉（压）过程的交替。如果没有则和第二种情形一样，如果发生了过程交替，则需进行修正。根据三个主应力差符号来判断是否发生了拉压过程交替。在动荷载施加的初始时刻，对于平面应变，如果第一主应力与第三主应力之差小于

等于零的话,则开始土体单元处于压缩剪切状态,反之则为拉伸剪切状态;对于三维情况,则当第一主应力与第二主应力之差,第一主应力和第三主应力之差同时小于等于零时,才视为压缩剪切,反之则为拉伸剪切。在应力更新之后如果判断发生拉压过程交替的话,则需进行相应的修正。拉压两段中各自的弹性变形增量需结合如下系数进行计算,当由压转为拉时,系数为

$$k = \frac{S_1}{S_1 + S_2 k_{\mathrm{urp}}/\mu} \quad (5-38)$$

由拉转为压,系数为

$$k = \frac{S_1}{S_1 + k_{\mathrm{urp}} \cdot \mu S_2} \quad (5-39)$$

式中,S_1、S_2 为该增量步前后的应力水平;μ 为拉压模量之比。

第八步、计算若干参数;更新变量,子程序结束。

整个过程示意图如图 5-14 所示。

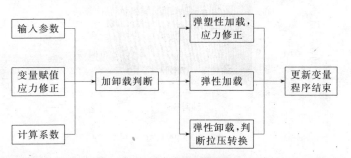

图 5-14 程序流程图

5.6 模型验证

为了验证本次所构建本构模型的有效性,应用 ABAQUS 有限元程序结合二次开发出的本构模型子程序对饱和黄土的动三轴不排水试验进行了模拟,并将其结果与试验数据进行了对比。以

下是三种工况下的对比结果,三种工况及相应的参数取值分别如表 5-1~表 5-3 所示。

表 5-1 正常固结饱和黄土参数取值

动剪应力比	p	β	ν	φ	c	c_c	c_s	K_0
0.15	200 kPa	1.0	0.45	25°	13 kPa	0.163 8	0.023 4	1.0
K_P	n_P	k_{urp}	μ	H	χ	t	Λ_0	ζ_{max}
174.49	0.962 6	1.6	2.0	0.925	27.1	1.76	0.634	0.8

表 5-2 超固结饱和黄土参数取值

动剪应力比	β	H	χ	t	其他
0.2	2.0	0.88	25.1	2.3	同表 5-1

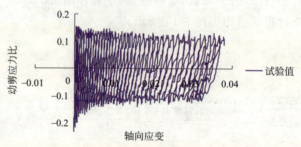

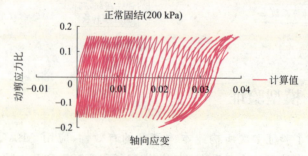

图 5-15 围压 200 kPa 正常固结试样动剪应力-应变关系曲线对比

表 5-3 偏压固结饱和黄土参数取值

K_0	H	χ	t	其他
2.0	0.88	25.1	2.3	同表 5-1

图 5-15～图 5-23 给出各种工况下给出了动剪应力比-应变关系曲线、应变-循环次数、超孔压比-循环次数的数值与试验对比图,另外还给出了不排水变形模量退化比、不排水强度比随循环次数的变化规律计算曲线。从图中可以看出：对于正常固结试样,数值模拟和试验结果符合的非常好,其他两种情况下效果要稍微差一些。这与试验中各种不确定性影响因素有关,此外有限元模型也与真实试验有一定的差别。但总的来说,本章所构建的模型还是能够较好的反应饱和黄土的动力力学特性,能够应用于后面将要展开的研究中。

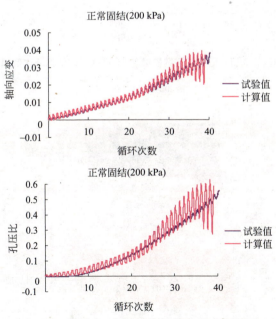

图 5-16 围压 200 kPa 正常固结试样应变-循环周数、超孔压比-循环次数曲线对比

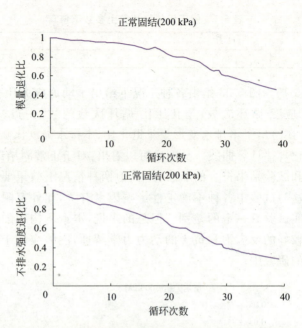

图 5-17 围压 200 kPa 正常固结试样模量、不排水强度随循环次数退化计算曲线

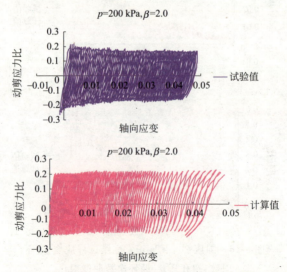

图 5-18 围压 200 kPa、超固结比 2.0,动剪应力-应变关系曲线对比

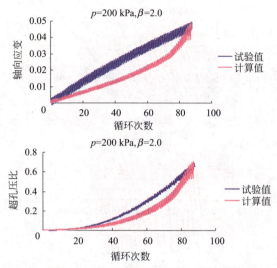

图 5-19 围压 200 kPa、超固结比 2.0,应变-循环次数、超孔压比-循环次数曲线对比

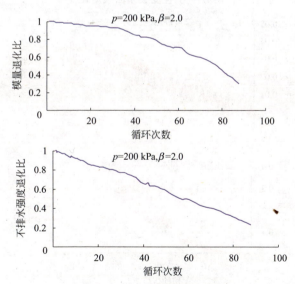

图 5-20 围压 200 kPa、超固结比 2.0,模量、不排水强度随循环次数退化计算曲线

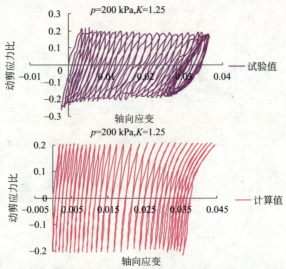

图 5-21 围压 200 kPa、偏压固结比 1.25，
动剪应力-应变关系曲线对比

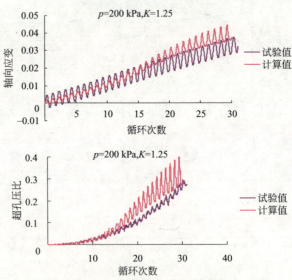

图 5-22 围压 200 kPa、偏压固结比 1.25，应变-
循环次数、超孔压比-循环次数曲线对比

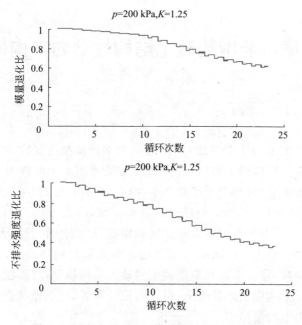

图 5-23 围压 200 kPa、偏压固结比 1.25,模量、不排水强度随循环次数退化计算曲线

5.7 本章小结

在第四章的基础上,给出了饱和重塑黄土动力本构模型的构建步骤。并在此基础上,基于二元介质模型的概念,引入结构性发挥系数对试验数据进行归一化处理,给出了其相应的计算模型。最终建立了考虑土体结构性的饱和黄土动力本构模型,并对模型中主要参数的确定进行了说明。应用 FORTRAN 语言,开发出了本模型的用户子程序。三轴试验的 ABAQUS 有限元数值模拟结果与试验结果对比证明了本次所构建模型的有效性,能够应用于后续研究中。

第6章 非饱和黄土结构性动力本构模型

6.1 引　言

正如本书第 1 章所述：土体的动力本构模型主要分为黏弹性模型和弹塑性模型。其中，边界面模型既适用于土的静力分析也适用于动力分析，相对于经典弹塑性模型而言，它取消了屈服面的概念，适用于周期加载；相对于跌套模型而言，由于取消了大量的跌套面，在计算分析时不需要存储和跟踪每个面的位置和大小，克服了数值计算方面的缺陷。本章在边界面模型的基础上，引入用含水率参数，建立非饱和重塑黄土的动力本构模型；继而在重塑非饱和黄土本构模型的基础上，引入结构性参数，建立原状非饱和黄土的动力本构模型。

6.2 经典弹塑性本构模型

经典的弹塑性本构关系是各种动力弹塑性本构关系的基础，比如套叠屈服面模型、边界面模型等，它们都保留了经典弹塑性模型的一些概念，所以有必要对经典弹塑性模型做介绍。

6.2.1 基本概念

弹塑性本构关系主要包括如下几个方面的内容。

1. 屈服准则

屈服准则是判断材料进入塑性受力阶段的标志。如果材料没有发生屈服，则其变形为弹性变形，一旦屈服就产生塑性变形。屈服前后材料的应力-应变关系将发生变化。一般屈服准则可表示为应力（应变）函数，即

$$f(\sigma_{ij}, H) = 0 \qquad (6\text{-}1)$$

目前常用的屈服准则有特雷斯卡（Tresca）准则、米泽斯（Von Mises）准则、拉德-邓肯（Lade-Duncan）准则、摩尔-库仑（Mohr-Coulomb）准则、德鲁克-普拉格（Drucker-Prager）准则和拉德（Lade）双参数准则和辛克维兹-潘德（Zienkiewicz-Pande）准则等。

2. 流动法则

流动法则是塑性应变增量与引起塑性应变的应力状态之间的关系，它规定了塑性应变增量的方向。塑性应变增量的方向不同于弹性应变增量方向，它不取决于应力增量而是取决于应力全量。假设塑性势函数为 $g(\sigma_{ij})$，它的应力分量微分决定了塑性应变增量的比例，可用下式表示

$$d\varepsilon_{ij}^{p} = d\lambda \frac{\partial g(\sigma_{ij})}{\partial \sigma_{ij}} \qquad (6\text{-}2)$$

式中，$d\lambda$ 是塑性标量因子，是个非负标量。

流动法则有两种，一种是塑性势函数和屈服函数一致，即塑性势面就是屈服面 $g(\sigma_{ij}) = f(\sigma_{ij})$，称为相关联的流动法则；另外一种是塑性势面和屈服面不一致，即 $g(\sigma_{ij}) \neq f(\sigma_{ij})$，称为不相关联的流动法则。

3. 硬化规律

硬化规律是研究应力变化过程中塑性应变发生、发展的规律。它决定了屈服面和硬化模量在塑性变形发展过程中是如何变化的。按屈服面随塑性应变增大而变化的情况，硬化规律可分为三种：随动硬化、各向同性硬化和混合硬化。硬化参数主要有：塑性功、塑性体变、塑性偏应变、塑性全应变及塑性体变和塑性偏应变的某种组合。

4. 加载准则

加载准则就是为了区别加载和卸载的过程，屈服函数如式 6-1，则加载和卸载，可以表示为

加载 $$df = \frac{\partial f(\sigma_{ij})}{\partial \sigma_{ij}} d\sigma_{ij} > 0 \qquad (6\text{-}3)$$

卸载 $$\mathrm{d}f = \frac{\partial f(\sigma_{ij})}{\partial \sigma_{ij}}\mathrm{d}\sigma_{ij} < 0 \qquad (6\text{-}4)$$

中性加载 $$\mathrm{d}f = \frac{\partial f(\sigma_{ij})}{\partial \sigma_{ij}}\mathrm{d}\sigma_{ij} = 0 \qquad (6\text{-}5)$$

6.2.2 普遍的弹塑性本构模型

有了屈服准则、流动法则、硬化规律和加载准则就可以推导出适用于塑性材料的普遍弹塑性本构关系。

已知屈服函数 f、塑性势函数 g 分别为

$$f(\sigma_{ij}, H) = 0 \qquad (6\text{-}6)$$

$$g(\sigma_{ij}, H) = 0 \qquad (6\text{-}7)$$

加载产生的应变增量可以写成

$$\mathrm{d}\varepsilon_{ij} = \mathrm{d}\varepsilon_{ij}^{\mathrm{e}} + \mathrm{d}\varepsilon_{ij}^{\mathrm{p}} \qquad (6\text{-}8)$$

式中,$\mathrm{d}\varepsilon_{ij}^{\mathrm{e}}$ 弹性应变增量;$\mathrm{d}\varepsilon_{ij}^{\mathrm{p}}$ 塑性应变增量。

式 6-8 两边乘以弹性模量 D_{ijkl}^{e} 可得

$$D_{ijkl}^{\mathrm{e}}\mathrm{d}\varepsilon_{ij} = D_{ijkl}^{\mathrm{e}}\mathrm{d}\varepsilon_{ij}^{\mathrm{e}} + D_{ijkl}^{\mathrm{e}}\mathrm{d}\varepsilon_{ij}^{\mathrm{p}} \qquad (6\text{-}9)$$

由虎克定律可得

$$\mathrm{d}\sigma_{kl} = D_{ijkl}^{\mathrm{e}}\mathrm{d}\varepsilon_{ij}^{\mathrm{e}} \qquad (6\text{-}10)$$

流动法则可得

$$\mathrm{d}\varepsilon_{ij}^{\mathrm{p}} = \mathrm{d}\lambda\,\frac{\partial g}{\partial \sigma_{ij}} \qquad (6\text{-}11)$$

将式 6-10 和式 6-11 代入式 6-9 可得

$$\mathrm{d}\sigma_{ij} = D_{ijkl}^{\mathrm{e}}(\mathrm{d}\varepsilon_{kl} - \mathrm{d}\lambda\,\frac{\partial g}{\partial \sigma_{kl}}) \qquad (6\text{-}12)$$

由式 6-1 可得,$\mathrm{d}f = 0$,即

$$\frac{\partial f}{\partial \sigma_{kl}}\mathrm{d}\sigma_{kl} + \frac{\partial f}{\partial H}\frac{\partial H}{\partial \varepsilon_{kl}^{\mathrm{p}}}\mathrm{d}\varepsilon_{kl}^{\mathrm{p}} = 0 \qquad (6\text{-}13)$$

将式 6-12 代入式 6-13 可得

$$\frac{\partial f}{\partial \sigma_{kl}}\mathrm{d}\sigma_{kl}+\frac{\partial f}{\partial H}\frac{\partial H}{\partial \varepsilon_{kl}^{\mathrm{p}}}\mathrm{d}\lambda\,\frac{\partial g}{\partial \sigma_{kl}}=0 \qquad (6\text{-}14)$$

由此可得

$$\mathrm{d}\lambda=-\frac{\dfrac{\partial f}{\partial \sigma_{kl}}\mathrm{d}\sigma_{kl}}{\dfrac{\partial f}{\partial H}\dfrac{\partial H}{\partial \varepsilon_{kl}^{\mathrm{p}}}\dfrac{\partial g}{\partial \sigma_{kl}}} \qquad (6\text{-}15)$$

设

$$A=-\frac{\partial f}{\partial H}\frac{\partial H}{\partial \varepsilon_{kl}^{\mathrm{p}}}\frac{\partial g}{\partial \sigma_{kl}} \qquad (6\text{-}16)$$

将式 6-12 和式 6-16 代入式 6-14 得

$$\frac{\partial g}{\partial \sigma_{ij}}D_{ijkl}^{\mathrm{e}}\,\mathrm{d}\varepsilon_{kl}-\frac{\partial f}{\partial \sigma_{mn}}D_{mnpq}^{\mathrm{e}}\mathrm{d}\lambda\,\frac{\partial g}{\partial \sigma_{pq}}-A\mathrm{d}\lambda=0 \qquad (6\text{-}17)$$

化简可得

$$\mathrm{d}\lambda=\frac{\dfrac{\partial g}{\partial \sigma_{ij}}D_{ijkl}^{\mathrm{e}}\,\mathrm{d}\varepsilon_{kl}}{A+\dfrac{\partial f}{\partial \sigma_{mn}}D_{mnpq}^{\mathrm{e}}\dfrac{\partial g}{\partial \sigma_{pq}}} \qquad (6\text{-}18)$$

将式 6-18 再代入式 6-12 可得

$$\mathrm{d}\sigma_{ij}=(D_{ijkl}^{\mathrm{e}}-\frac{D_{ijab}^{\mathrm{e}}\dfrac{\partial g}{\partial \sigma_{ab}}\dfrac{\partial f}{\partial \sigma_{ij}}D_{cdkl}^{\mathrm{e}}}{A+\dfrac{\partial f}{\partial \sigma_{mn}}D_{mnpq}^{\mathrm{e}}\dfrac{\partial g}{\partial \sigma_{pq}}})\mathrm{d}\varepsilon_{kl} \qquad (6\text{-}19\mathrm{a})$$

$$\mathrm{d}\sigma_{ij}=(D_{ijkl}^{\mathrm{e}}-D_{ijkl}^{\mathrm{p}})\mathrm{d}\varepsilon_{kl} \qquad (6\text{-}19\mathrm{b})$$

$$\mathrm{d}\sigma_{ij}=D_{ijkl}^{\mathrm{ep}}\,\mathrm{d}\varepsilon_{kl} \qquad (6\text{-}19\mathrm{c})$$

式中,$D_{ijkl}^{\mathrm{p}}=\dfrac{D_{ijab}^{\mathrm{e}}\dfrac{\partial g}{\partial \sigma_{ab}}\dfrac{\partial f}{\partial \sigma_{ij}}D_{cdkl}^{\mathrm{e}}}{A+\dfrac{\partial f}{\partial \sigma_{mn}}D_{mnpq}^{\mathrm{e}}\dfrac{\partial g}{\partial \sigma_{pq}}}$,$D_{ijkl}^{\mathrm{p}}=D_{ijkl}^{\mathrm{e}}-D_{ijkl}^{\mathrm{p}}$。

为了便于数值计算,上述张量表示的弹塑性本构关系可以表示为矩阵的形式

$$\{\mathrm{d}\sigma\} = \left[D^e - \frac{D^e \left\{\frac{\partial g}{\partial \sigma}\right\} \left\{\frac{\partial f}{\partial \sigma}\right\}^T D^e}{A + \left\{\frac{\partial f}{\partial \sigma}\right\}^T D^e \left\{\frac{\partial g}{\partial \sigma}\right\}} \right] \{\mathrm{d}\varepsilon\} \quad (6\text{-}20\mathrm{a})$$

$$D^p = \frac{D^e \left\{\frac{\partial g}{\partial \sigma}\right\} \left\{\frac{\partial f}{\partial \sigma}\right\}^T D^e}{A + \left\{\frac{\partial f}{\partial \sigma}\right\}^T D^e \left\{\frac{\partial g}{\partial \sigma}\right\}} \quad (6\text{-}20\mathrm{b})$$

$$D^{ep} = D^e - D^p \quad (6\text{-}20\mathrm{c})$$

6.3 边界面模型

虽然,土的经典弹塑性模型在理论和应用方面都取得了很大的成功,但是在动力荷载及低应力水平下的塑性特性都遇到了困难。于是,自20世纪60年代以来,在经典的弹塑性模型的基础上提出了许多模型,例如:跌套模型、边界面模型、次加载面模型等。

Mroz[238]首次提出了塑性硬化模量场理论,在此基础上,作者还提出了多面模型,Dafalias 也基于塑性硬化模量场理论建立模型[239,240]。这些模型的主要差别在于对边界面与套叠面的形状及其移动规则以及硬化模量场的研究方法不同。

边界面可以表示为

$$F(\bar{\sigma}_{ij}, q_n) = 0 \quad (6\text{-}21)$$

塑性势函数为

$$Q(\bar{\sigma}_{ij}, q_n) = 0 \quad (6\text{-}22)$$

式中,$\bar{\sigma}_{ij}$是边界面上的应力,是边界面内真实应力 σ_{ij} 在边界面上的映像点。q_n 是内变量,定性的表示加载历史等,假设内变量增量是应力增量的线性函数,即

$$\mathrm{d}q_n = \langle L \rangle r_n \quad (6\text{-}23)$$

式中,r_n 是应力状态函数;L 是塑性系数,也称加载函数;$\langle \rangle$ 是 Macauley 运算符号。即:当 $L > 0$ 时,$\langle L \rangle = L$;当 $L \leqslant 0$ 时,$\langle L \rangle = 0$。

加载产生的应变增量可以表示为弹性应变增量和塑性应变增量之和,即

$$d\varepsilon_{ij} = d\varepsilon_{ij}^e + d\varepsilon_{ij}^p \tag{6-24}$$

则由塑性流动法则可得塑性应变增量为

$$d\varepsilon_{ij}^p = \langle L \rangle \frac{\partial Q}{\partial \bar{\sigma}_{ij}} \tag{6-25}$$

由式 6-21 可得,$df=0$,即

$$\frac{\partial F}{\partial \bar{\sigma}_{ij}} d\bar{\sigma}_{ij} + \frac{\partial F}{\partial q_n} dq_n = 0 \tag{6-26}$$

将式 6-23 代入上式可得

$$\frac{\partial F}{\partial \bar{\sigma}_{ij}} d\bar{\sigma}_{ij} + \frac{\partial F}{\partial q_n} \langle L \rangle r_n = 0 \tag{6-27}$$

设塑性模量 K_p 表示为

$$\bar{K}_p = -\frac{\partial F}{\partial q_n} r_n \tag{6-28}$$

将式 6-28 代入式 6-27 化简可得如下加载函数

$$L = \frac{1}{\bar{K}_p} \frac{\partial F}{\partial \bar{\sigma}_{ij}} d\bar{\sigma}_{ij} = \frac{1}{K_p} \frac{\partial F}{\partial \bar{\sigma}_{ij}} d\sigma_{ij} \tag{6-29}$$

由此,$L>0$,表示塑性加载;$L=0$,表示中性加载;$L<0$,表示卸载。

将式 6-29 代入式 6-28,则塑性应变增量可以表示如下

$$d\varepsilon_{ij}^p = \left(\frac{1}{\bar{K}_p} \frac{\partial F}{\partial \bar{\sigma}_{ij}} d\bar{\sigma}_{ij}\right) \frac{\partial Q}{\partial \bar{\sigma}_{ij}} = \left(\frac{1}{K_p} \frac{\partial F}{\partial \bar{\sigma}_{ij}} d\sigma_{ij}\right) \frac{\partial Q}{\partial \bar{\sigma}_{ij}} \tag{6-30}$$

式中,$\bar{K}_p$ 是由边界面上的虚应力求得塑性模量,而 K_p 真实应力的塑性模量。

当真实应力点在边界面上即 $\bar{\sigma}_{ij} = \sigma_{ij}$ 时,$\bar{K}_p = K_p$,塑性模量可由一致性条件 $dF=0$ 求得;当真实应力点在边界面时,每一个点也对应一个塑性模量,而不像经典弹塑性模型,在屈服面内塑性模量无穷大,只有弹性变形而没有塑性变形。此时,真实塑性模量 K_p 可以通过边界面上塑性模量 $\bar{K}_p$ 和真实应力 σ_{ij} 与虚应力 $\bar{\sigma}_{ij}$ 之

间的距离 δ 求得。可以表示为

$$K_{\mathrm{p}} = \overline{K}_{\mathrm{p}} + h(\delta) \tag{6-31}$$

Dafalias 提出的插值函数为

$$K_{\mathrm{p}} = \overline{K}_{\mathrm{p}} + H(\sigma_{ij}, q_{\mathrm{n}}) \frac{\delta}{\delta_0 - \delta} \tag{6-32}$$

式中,H 是硬化参数,δ_0 是原点到边界面之间的距离。当 $\delta = \delta_0$,$\overline{K}_{\mathrm{p}}$ 为零;当 $\delta = 0$,真实应力在边界面上,$\overline{K}_{\mathrm{p}} = K_{\mathrm{p}}$。

将式 6-24 两边乘以弹性模量得

$$D^{\mathrm{e}}_{ijkl} \mathrm{d}\varepsilon_{ij} = D^{\mathrm{e}}_{ijkl} \mathrm{d}\varepsilon^{\mathrm{e}}_{ij} + D^{\mathrm{e}}_{ijkl} \mathrm{d}\varepsilon^{\mathrm{p}}_{ij} \tag{6-33}$$

由虎克定律可得

$$\mathrm{d}\sigma_{kl} = D^{\mathrm{e}}_{ijkl} \mathrm{d}\varepsilon^{\mathrm{e}}_{ij} \tag{6-34}$$

将式 6-24 和式 6-25 代入式 6-34 可得

$$\mathrm{d}\sigma_{ij} = D^{\mathrm{e}}_{ijkl} (\mathrm{d}\varepsilon_{kl} - \langle L \rangle \frac{\partial Q}{\partial \bar{\sigma}_{kl}}) \tag{6-35}$$

将式 6-35 代入式 6-29 得

$$\langle L \rangle = \frac{1}{K_{\mathrm{p}}} \frac{\partial F}{\partial \bar{\sigma}_{ij}} D^{\mathrm{e}}_{ijkl} (\mathrm{d}\varepsilon_{kl} - \langle L \rangle \frac{\partial Q}{\partial \bar{\sigma}_{kl}}) \tag{6-36}$$

化简得

$$L = \frac{\dfrac{\partial F}{\partial \bar{\sigma}_{ij}} D^{\mathrm{e}}_{ijkl} \mathrm{d}\varepsilon_{kl}}{K_{\mathrm{p}} + \dfrac{\partial F}{\partial \bar{\sigma}_{ab}} D^{\mathrm{e}}_{abcd} \dfrac{\partial Q}{\partial \bar{\sigma}_{cd}}} \tag{6-37}$$

将式 6-37 代入式 6-35 可得

$$\mathrm{d}\sigma_{ij} = \left[D^{\mathrm{e}}_{ijkl} - h(L) \frac{D^{\mathrm{e}}_{ijab} \dfrac{\partial Q}{\partial \sigma_{ab}} \dfrac{\partial F}{\partial \sigma_{ij}} D^{\mathrm{e}}_{cdkl}}{K_{\mathrm{p}} + \dfrac{\partial F}{\partial \bar{\sigma}_{ab}} D^{\mathrm{e}}_{abcd} \dfrac{\partial Q}{\partial \bar{\sigma}_{cd}}} \right] \mathrm{d}\varepsilon_{kl} \tag{6-38}$$

式中,$h(L)$ 是亥维塞(Heavisid)函数,当 $L > 0$ 时,$h(L) = 1$;当 $L \leqslant 0$ 时,$h(L) = 0$。

所以弹塑性模量为

$$D_{ijkl}^{ep} = D_{ijkl}^{e} - h(L) \frac{D_{ijab}^{e} \frac{\partial Q}{\partial \sigma_{ab}} \frac{\partial F}{\partial \sigma_{ij}} D_{cdkl}^{e}}{K_p + \frac{\partial F}{\partial \bar{\sigma}_{ab}} D_{abcd}^{e} \frac{\partial Q}{\partial \bar{\sigma}_{cd}}} \quad (6\text{-}39)$$

式 6-39 同式 6-20 比较可知:边界面模型和经典弹塑性本构模型的弹塑性模量相似。

6.4 重塑非饱和黄土的模型构建

为了反映重塑非饱和黄土的动力特性及其随含水率变化的性质,本章建立的本构模型是基于 Mroz 和 Dafalias 提出的边界面模型[238~240];同时,在模型中若干参量的具体定义时也借鉴了胡伟[241]和刘明[242]的一些概念。

6.4.1 边界面形式

1. 边界面的形式

由辛克维兹-潘德(Zienkiewice-Pande)提出的屈服准则克服了摩尔-库仑准则在的棱边和尖角,屈服线在 p-q 子午线平面上是光滑曲线,不仅有利于数值计算,而且考虑了屈服和静水压力的非线性关系及第二主应力的影响[233,244]。

本章的边界面采用辛克维兹-潘德(Zienkiewice-Pande)形式。屈服曲线在 p-q 子午线平面上的图形为椭圆,如图 6-1 所示,方程如式 6-40 所示。

$$\left[\frac{\bar{p} - \frac{1}{2}(p_c - d)}{\frac{1}{2}(p_c + d)}\right]^2 + \left[\frac{\bar{q}}{\frac{1}{2}M(\theta_\sigma)(p_c + d)}\right]^2 = 1 \quad (6\text{-}40)$$

化简为

$$\bar{p}^2 - \bar{p}(p_c - d) + \left[\frac{\bar{q}}{M(\theta_\sigma)}\right]^2 - p_c d = 0 \quad (6\text{-}41)$$

式中,$d=c\cot\varphi$;c 为黏聚力;φ 是内摩擦角;$M(\theta_\sigma)$ 为 π 平面边界面曲线形状函数;p_c 为椭圆和 p 轴的交点,它决定了椭圆的大小,并且它作为模型的硬化参数;$\bar{p}$、$\bar{q}$ 是边界面上虚应力 $\bar{\sigma}_{ij}$ 的平均主应力和广义剪应力。

为了使 π 平面上边界面曲线光滑,且在罗德(Lode)角 $\theta_\sigma = \pm \dfrac{\pi}{6}$ 时与摩尔-库仑准则符合,本章采用 Gudehus 及 Arygris 提出的曲线形式,π 平面上的形状如图 6-2 所示。

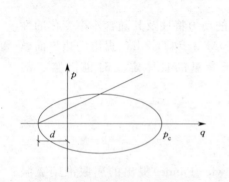

图 6-1 p-q 平面上边界面形状　　图 6-2 π 平面上边界面形状

方程如下所示

$$M(\theta_\sigma) = \frac{2mM_c}{(1+m)-(1-m)\sin 3\theta_\sigma} \tag{6-42}$$

式中,$m = \dfrac{M_e}{M_c}$,为了保证边界的外凸性 m 的取值为:$0.7 \leqslant m \leqslant 1$;$M_e$ 是轴对称拉伸时破坏线的斜率,$M_e = \dfrac{6\sin\varphi}{3+\sin\varphi}$;$M_c$ 是轴对称压缩时破坏线的斜率,$M_c = \dfrac{6\sin\varphi}{3-\sin\varphi}$;$\theta_\sigma$ 是罗德角,$-\dfrac{\pi}{6} \leqslant \theta_\sigma = \dfrac{1}{3}\sin^{-1}\left(-\dfrac{3\sqrt{3}}{2}\dfrac{J_3}{(J_2)^{3/2}}\right) \leqslant \dfrac{\pi}{6}$。

由上式可以看出:当 $\theta_\sigma = \dfrac{\pi}{6}$,表示三轴压缩 $M(\theta_\sigma) = M_c$;当

$\theta_\sigma = -\frac{\pi}{6}$ 时,表示三轴拉伸 $M(\theta_\sigma) = M_e$。

2. 参数分析

边界面方程中含有三个参数,黏聚力 c、内摩擦角 φ 和硬化参量 p_c。这三个参数决定了边界面的大小和形状。显然,对于非饱和黄土,当含水率不同时,三个参数的值也不相同,边界的形状和大小随着含水率变化而变化。本书第三章分析了土体的粘聚力 c 和内摩擦角 φ 与含水率 ω 的关系。表达式如下

$$c = a_1 e^{b_1 \omega} \tag{6-43}$$

$$\varphi = a_2 e^{b_2 \omega} \tag{6-44}$$

p_c 是边界面和 p 轴的交点,作为模型的硬化参数,它的初始值 p_{c0} 是土体的初始固结压力,可以通过等向压缩试验来确定。本次试验非饱和重塑黄土的初始固结压力和含水率关系如图 6-3 所示。从图中可以看出:初始硬化参数 p_{c0} 随含水率变化而变化,当含水率增加 p_{c0} 随之减少,它们之间符合幂函数关系,张腾对不同含水率非饱和黄土进行等向压缩试验并确定了初始固结压力也得到了类似规律[245]。p_{c0} 和 ω 的关系可以通过试验拟合而得。本次研究的拟合公式如下

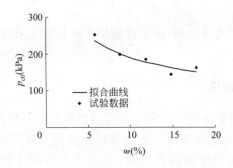

图 6-3 硬化参数初始值和含水率关系

$$p_{c0} = a_3 \omega^{-b_3} \tag{6-45}$$

试验的参数为 $a_3 = 75.3, b_3 = -0.4$。

6.4.2 流动规则

流动规则就是确定塑性应变增量方向的法则。所谓应变增量的方向,是指在以应变分量为坐标轴构成的应变空间内,应变增量的合成矢量方向,也就是应变增量各分量之间的比例关系。1928年 Mises 类比弹性应变增量可以用弹性势函数对应力微分来表示,提出了塑性势理论。在流体力学中,由于流体的流动速度方向总是沿着速度等势面的梯度方向,因此,类比流体的流动,塑性位势理论又称为塑性流动规律。

边界面函数为 $F=0$ 上的虚应力点的梯度为

$$L_{ij}=\frac{\partial F}{\partial \bar{\sigma}_{ij}} \qquad (6\text{-}46)$$

设塑性函数为 $Q=0$,则塑性应变增量的方向为

$$R_{ij}=\frac{\partial Q}{\partial \bar{\sigma}_{ij}} \qquad (6\text{-}47)$$

塑性应变增量为

$$\mathrm{d}\varepsilon_{ij}^{\mathrm{p}}=\langle L \rangle R_{ij} \qquad (6\text{-}48)$$

$$L=\frac{1}{K_{\mathrm{p}}}L_{ij}\,\mathrm{d}\sigma_{ij} \qquad (6\text{-}49)$$

采用相关联的流动规则,即塑性流动方向和塑性加载方向相同

$$R_{ij}=L_{ij} \qquad (6\text{-}50)$$

6.4.3 硬化规律

硬化规律是计算一个给定的应力增量引起的塑性应变大小的准则,是控制屈服面如何发展的规则。硬化参数实际上是一种土的状态与组构变化的内在尺度,从宏观上影响土的应力应变关系[192]。

常用的硬化参数主要有如下几种[246]:

(1)塑性功 W^{p},数学表达式为 $W^{\mathrm{p}}=\int \sigma_{ij}\,\mathrm{d}\varepsilon_{ij}^{\mathrm{p}}$,在 $p\text{-}q$ 坐标系

里,可以表示为 $W^p = \int p \mathrm{d}\varepsilon_v^p + \int q \mathrm{d}\varepsilon_s^p$;

(2) 塑性体积应变 ε_v^p,它能够较好的反映土体的体积变形特征;

(3) 塑性偏应变 ε_s^p,可以用应变偏量的增量累计计算,$\varepsilon_s^p = \int \sqrt{\frac{2}{3} \mathrm{d}e_{ij}^p \mathrm{d}e_{ij}^p}$;

(4) 塑性全应变 ε^p,$\varepsilon_s^p = \int \sqrt{\mathrm{d}\varepsilon_{ij}^p \mathrm{d}\varepsilon_{ij}^p}$;

(5) 塑性体应变 ε_v^p 和塑性偏应变 ε_s^p 两者的组合函数。

1. 硬化参数

硬化参数 p_c 假设为塑性功 W_p 的函数,即 $p_c = H(W_p)$。由于重塑非饱和黄土的应力应变都是硬化型,所以硬化参数 p_c 和 W_p 关系都呈双曲线型,如图 6-4~图 6-10 所示。

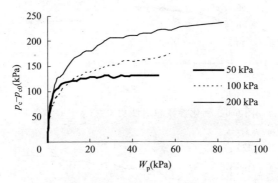

图 6-4 硬化参数和塑性功关系($\omega = 5.8\%$)

相同含水率不同围压的土样硬化参数与塑性功之间的关系如图 6-4~图 6-7 所示。从图中可以看出:具有相同含水率的非饱和土在不同的围压情况下,硬化参数和塑性功都呈双曲线的形式。在土体具有相同含水率的情况下,随着围压的增大,最大塑性功也增大,同时,硬化参数初始变化率也随着围压的增大而增大。含水率相同的土体,当塑性功相同时,围压越大硬化参数越大。

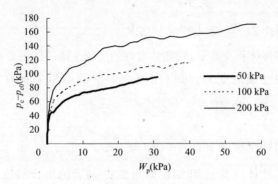

图 6-5　硬化参数和塑性功关系（$\omega = 8.8\%$）

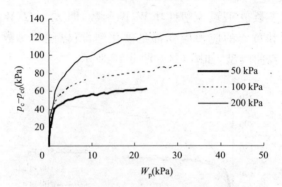

图 6-6　硬化参数和塑性功关系（$\omega = 11.7\%$）

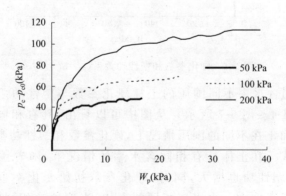

图 6-7　硬化参数和塑性功关系（$\omega = 14.7\%$）

相同围压不同含水率土样的硬化参数与塑性功之间的关系如图 6-7～图 6-10 所示。从图中可以看出：在相同围压作用下，不同含水率土的硬化参数和塑性功都呈双曲线的形式。在相同围压的情况，土体的最大塑性功随着含水率的增大而逐渐减少，同时，硬化参数初始变化率也随着含水率地增大而减少。

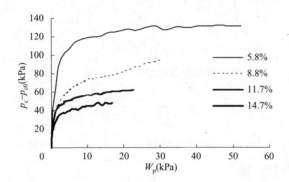

图 6-8　硬化参数和塑性功关系（$\sigma_3=50$ kPa）

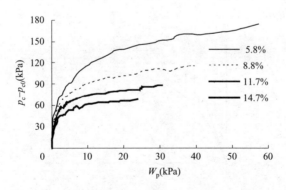

图 6-9　硬化参数和塑性功关系（$\sigma_3=100$ kPa）

从图中可以看出不管含水率为多少的土样在多大围压下固结，其硬化参数和塑性功的关系可以用双曲线表示，如式 6-51 所示。

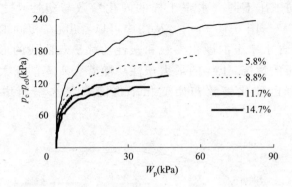

图 6-10 硬化参数和塑性功关系($\sigma_3 = 200$ kPa)

$$p_c - p_{c0} = \frac{W^p}{a + bW^p} \quad (6\text{-}51)$$

式中,$W^p = \int \sigma_{ij} \mathrm{d}\varepsilon_{ij}^p$;$a$、$b$ 为材料参数;p_{c0} 是硬化参数的初始值。

2. 参数分析

由于硬化参数与塑性功关系表示为双曲线形式和邓肯-张 (Duncan-zhang)模型的表达式相似,所以参数的几何意义相同,如图 6-11 所示。

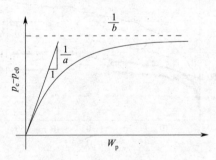

图 6-11 参数 a、b 意义

a 为双曲线的初始切线斜率的倒数,表示为

$$\left(\frac{p_c - p_{c0}}{W^p} \right)_{W^p \to 0} = \frac{1}{a} \quad (6\text{-}52)$$

b 为双曲线渐进线的倒数,表示为

$$(p_c - p_{c0})_{ult} = (p_c - p_{c0})_{W^p \to \infty} = \frac{1}{b} \quad (6-53)$$

参数 a、b 的值可以通过类似如邓肯-张(Duncan-zhang)模型的处理方法,方法如下:

双曲线方程又可以写成

$$\frac{W^p}{p_c - p_{c0}} = a + bW^p \quad (6-54)$$

以 $\frac{W^p}{p_c - p_{c0}}$ 纵坐标,W^p 为横坐标,则在新的坐标系下,曲线转换为直线如图 6-12 所示,a 是与纵坐标的截距,b 是直线的斜率。

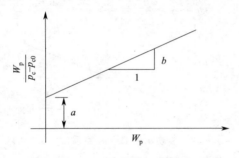

图 6-12 参数 a、b 意义

(1)参数 a

试验表明:在相同的含水率下,a 随围压 σ_3 变化而变化,为了将坐标无因次量化,引入参数大气压 p_a,则 $\lg\left(\frac{a}{p_a}\right)$ 和 $\lg\left(\frac{\sigma_3}{p_a}\right)$ 近似的呈直线关系,各种含水率土体的参数 a 和固结围压的关系如图 6-13~图 6-16 所示。

由此可以得到

$$\lg\left(\frac{a}{p_a}\right) = l\lg\left(\frac{\sigma_3}{p_a}\right) + \lg m \quad (6-55)$$

则 a 可以表示为

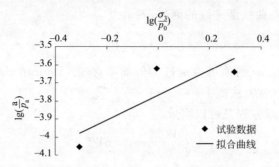

图 6-13　参数 a 和围压 σ_3 关系（$\omega=5.8\%$）

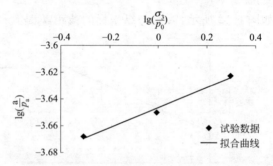

图 6-14　参数 a 和围压 σ_3 关系（$\omega=8.8\%$）

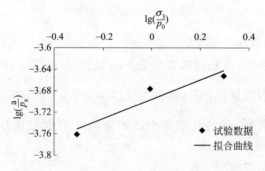

图 6-15　参数 a 和围压 σ_3 关系（$\omega=11.7\%$）

$$a = m p_\mathrm{a} \left(\frac{\sigma_3}{p_\mathrm{a}}\right)^l \qquad (6-56)$$

在相同围压下，m 变化不大，而 l 随着含水率的增加而线性变

化,可以用下式表示

$$l = b_4 \omega + a_4 \tag{6-57}$$

参数 l 和含水率的拟合曲线和试验曲线如图 6-17 所示。

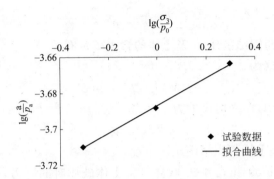

图 6-16 参数 a 和围压 σ_3 关系($\omega = 14.7\%$)

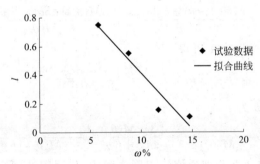

图 6-17 参数 l 和含水率 ω 关系

(2)参数 b

由式 6-53 可得:

$$b = \frac{1}{(p_c - p_{c0})_{W^p \to \infty}} = \frac{1}{(p_c - p_{c0})_{\text{ult}}} \tag{6-58}$$

由于$(p_c - p_{c0})_{\text{ult}}$表示当$W^p \to \infty$时候$(p_c - p_{c0})$的值,也就是$(p_c - p_{c0})$的渐进值。实际上,土体在剪切过程中,$W^p$不可能无穷大,在其达到一定值后土体就已经破坏了,假设破坏时候的硬化参数为p_{cf},则$(p_{cf} - p_{c0})$总是小于$(p_c - p_{c0})_u$,定义R_f为破坏比,表达式为:

$$R_f = \frac{(p_{cf} - p_{c0})}{(p_c - p_{c0})_u} \tag{6-59}$$

一般的 $0.75 \leqslant R_f \leqslant 1$,所以,可以得到 b 值为

$$b = \frac{R_f}{p_{cf} - p_{c0}} \tag{6-60}$$

显然,p_{cf} 与固结围压 σ_3 及土体的含水率 ω 有关。

强度线为

$$q = M(\theta_\sigma)(p + c\cot\varphi) \tag{6-61}$$

三轴试验中,广义剪应力为

$$q = 3(p - \sigma_3) \tag{6-62}$$

式中,σ_3 是土体的固结围压。

将式 6-59 和式 6-60 联立可得土体破坏时的应力,该应力点也是边界面和强度线的交点

$$p_f = \frac{M(\theta_\sigma)c\cot\varphi + 3\sigma_3}{3 - M(\theta_\sigma)}, q_f = \frac{3M(\theta_\sigma)(c\cot\varphi + \sigma_3)}{3 - M(\theta_\sigma)} \tag{6-63}$$

将 6-61 代入式 6-41 可得

$$p_{cf} = 2p_f + d = \frac{(M_\theta + 3)c\cot\varphi + 6\sigma_3}{3 - M(\theta_\sigma)} \tag{6-64}$$

所以,参数 b 为

$$b = \frac{[3 - M(\theta_\sigma)]R_f}{[M(\theta_\sigma) + 3]c\cot\varphi + 6\sigma_3 - [3 - M(\theta_\sigma)]p_{c0}} \tag{6-65}$$

将试验数据和理论值绘于同一图中,相同固结围压不同含水率的土样 b 值和理论数值对比如图 6-18～图 6-20 所示,从图中可以看出:理论数据和试验数据比较接近。当土体含水率为 5%～15%时,在相同围压下,b 值随含水率地增加而增加;从式 6-65 可以看出在相同含水率下,b 值随围压增大而减少。

6.4.4 塑性模量

由边界面方程的一致性条件可以得到 $dF = 0$,即

$$dF = \frac{\partial F}{\partial \bar{\sigma}_{ij}}d\bar{\sigma}_{ij} + \frac{\partial F}{\partial p_c}dp_c = 0 \tag{6-66}$$

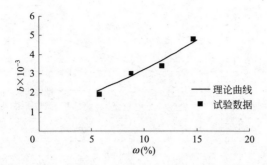

图 6-18　参数 b 和含量之间的关系($\sigma_3=50$ kPa)

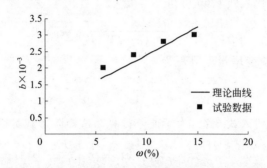

图 6-19　参数 b 和含水率之间的关系($\sigma_3=100$ kPa)

由于塑性功表示为

$$W^{\mathrm{p}} = \int \sigma_{ij} \,\mathrm{d}\varepsilon_{ij}^{\mathrm{p}} \tag{6-67}$$

对式 6-67 微分可得

$$\mathrm{d}W^{\mathrm{p}} = \sigma_{ij} \,\mathrm{d}\varepsilon_{ij}^{\mathrm{p}} \tag{6-68}$$

对式 6-50 微分可得

$$\mathrm{d}p_{\mathrm{c}} = \frac{a}{(a+bW^{\mathrm{p}})^2} \mathrm{d}W^{\mathrm{p}} \tag{6-69}$$

将式 6-68 代入式 6-69 得

$$\mathrm{d}p_{\mathrm{c}} = \frac{a}{(a+bW^{\mathrm{p}})^2} \sigma_{ij} \,\mathrm{d}\varepsilon_{ij}^{\mathrm{p}} \tag{6-70}$$

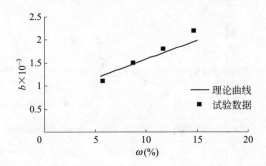

图 6-20　参数 b 和含量之间的关系($\sigma_3 = 200$ kPa)

将式 6-69 代入式 6-65 可得

$$\frac{\partial F}{\partial \bar{\sigma}_{ij}} \mathrm{d}\bar{\sigma}_{ij} + \frac{\partial F}{\partial p_c} \frac{a}{(a+bW^p)^2} \sigma_{ij} \mathrm{d}\varepsilon_{ij}^p = 0 \tag{6-71}$$

由于塑性应变增量可以写为

$$\mathrm{d}\varepsilon_{ij}^p = \frac{1}{K_p} \frac{\partial F}{\partial \bar{\sigma}_{ij}} \mathrm{d}\bar{\sigma}_{ij} \frac{\partial F}{\partial \bar{\sigma}_{ij}} \tag{6-72}$$

将式 6-72 代入式 6-71，为了便于计算写成矩阵形式可得

$$\left\{\frac{\partial F}{\partial \bar{\sigma}}\right\}^T \{\mathrm{d}\bar{\sigma}\} + \frac{\partial F}{\partial p_c} \frac{a}{(a+bW^p)^2} \{\sigma\}^T \frac{1}{K_p} \left\{\frac{\partial F}{\partial \bar{\sigma}}\right\}^T \{\mathrm{d}\bar{\sigma}\} \left\{\frac{\partial F}{\partial \bar{\sigma}}\right\} = 0 \tag{6-73}$$

化简得塑性模量为

$$\bar{K}_p = -\frac{\partial F}{\partial p_c} \frac{a}{(a+bW^p)^2} \{\sigma\}^T \left\{\frac{\partial F}{\partial \bar{\sigma}}\right\} \tag{6-74}$$

由式 6-41 可得

$$\frac{\partial F}{\partial \bar{p}} = 2\bar{p} - p_c + d \tag{6-75}$$

$$\frac{\partial F}{\partial \bar{q}} = \frac{2\bar{q}}{M(\theta_\sigma)^2} \tag{6-76}$$

$$\frac{\partial F}{\partial p_c} = -\bar{p} - d \tag{6-77}$$

将上述三式代入式 6-74 可得虚应力点对应的塑性模量如下

$$\overline{K}_p = \frac{a(\overline{p}+d)}{(a+bW^p)^2}\left[(2\overline{p}-p_c+d)p + \frac{2\overline{q}}{M(\theta_\sigma)^2}q\right] \quad (6\text{-}78)$$

6.4.5 加载准则

本构模型的加载函数为

$$L = \frac{1}{K_p}L_{ij}\,d\sigma_{ij} = \frac{1}{\overline{K}_p}L_{ij}\,d\,\overline{\sigma}_{ij} \quad (6\text{-}79)$$

当 $L>0$,表示加载;当 $L=0$ 表示中性加载;当 $L<0$ 表示卸载。

6.4.6 映射中心及映射法则

采用零弹性域的概念,即加载时没有纯弹性变形。在加载和卸载时的映射中心固定在圆点,如图 6-21 所示。图中,δ_0 是实像应力点与映射中心的距离,δ 是实际应力点到像应力点距离。

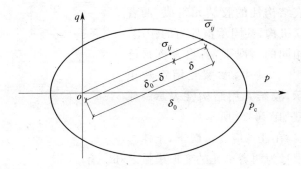

图 6-21 模型的映射准则

则边界面上的映射点可以表示为

$$\overline{\sigma}_{ij} = b\sigma_{ij},\ B = \frac{\delta_0}{\delta_0 - \delta} \quad (6\text{-}80)$$

映射法则可写成[242]

$$K_p = \overline{K}_p + P_a\zeta\left[\left(\frac{\partial F}{\partial \overline{q}}\right)^2 + \left(\frac{\partial F}{\partial \overline{q}}\right)^2\right](B^u - 1) \quad (6\text{-}81)$$

式中,ζ 和 u 为无量纲参数,可以通过试算取得。

6.4.7 增量本构理论

$$d\sigma_{ij} = D^{ep}_{jikl} d\varepsilon_{ij} \tag{6-82}$$

$$D^{ep}_{jikl} = D^{e}_{jikl} - h(L) \frac{D^{e}_{jiab} L_{ab} L_{pq} D^{e}_{pqkl}}{K_p + L_{mn} D^{e}_{mnrs} L_{rs}} \tag{6-83}$$

$h(L)$ 是 L 的阶跃函数，$L \leqslant 0$ 时，$h(L)=0$，$L>0$ 时，$h(L)=1$

6.5 原状非饱和黄土的模型构建

6.5.1 本构模型

原状土一般被看为无损状态材料，而重塑土被看为完全损伤后的材料，其结构性遭到破坏。根据二元介质材料的概念，认为原状土体或结构性土体由代表摩擦特性的摩擦元和代表结构性的胶结元组成，两者形成并联机构，共同承担外力的作用，在应变相同的情况下，各自发挥自己的作用[247]。其中，摩擦元用重塑土模型表示，胶结元用结构性表示。原状土模型如图 6-22 所示。

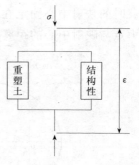

图 6-22 原状土模型

所以，在任意应变情况下，土体总的变形模量为两者单元的变形模量之和。有

$$G = G_m + G_j \tag{6-84}$$

式中，G 为土体总的变形模量；G_m 为摩擦元的变形模量；G_j 为胶结元的变形模量。

根据第 2 章对结构应力分担比的系数 η 的定义，于是有

$$G = (1+\eta) G_m \tag{6-85}$$

土体的弹性模量同样随着结构性地变化而变化，可以表示为

$$G = (1+\eta) G_{ur} \tag{6-86}$$

式中，G_{ur} 表示重塑土的弹性模量。

6.5.2 结构性参数

为了考虑结构性对土体的影响,第 2 章定义了结构应力分担比 η,并且给出了结构应力分担比 η 随应变变化的规律。在不同的初始条件下(不同的含水率和固结围压),η 随着广义剪应变的变化规律可以用图 6-23 表示。

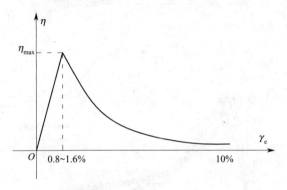

图 6-23 参数 η 和 γ_e 关系

结构应力分担比 η 随着广义剪应变 γ_e 变化可以分为两个阶段:第一段为线性增加阶段,在此阶段,结构应力在土体应力中分担的比率持续增长,当广义剪应变 γ_e 达到一定的特征值时,结构应力分担比达到最大值 η_{max}。试验土样的应变特征值为 $0.8\%\sim 1.6\%$;第二段为曲线衰减阶段,结构应力分担比 η 随着广义剪应变 γ_e 的增加不断的减少,速度先快后慢,呈对数形式,最终到达 $0.13\sim-0.21$ 之间,可以认为最后结构性完全破坏取为零。从结构应力分担比的变化规律可以看出:当土体应力状态处在第一阶段时,土体的结构性还没有破坏,在此阶段发生卸载再在加载,土体的结构强度可以发挥最大;当土体处于第二阶段时,土体的结构性已经部分被破坏,在此阶段的土体结构性已经无法发挥到最大。

为了方便建模及计算,将结构应力分担比 η 进行归一化处理,处理后的 η 和广义剪应变 γ_e 的关系如图 6-24~图 6-30 所示。

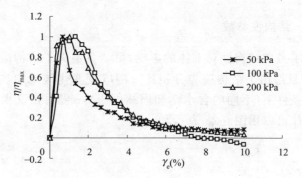

图 6-24 参数 η/η_{max} 和 γ_e 关系($\omega=5.8\%$)

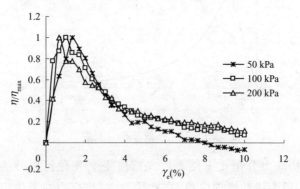

图 6-25 参数 η/η_{max} 和 γ_e 关系($\omega=8.8\%$)

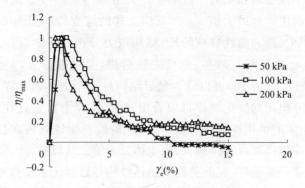

图 6-26 参数 η/η_{max} 和 γ_e 关系($\omega=11.7\%$)

图 6-24~图 6-27 表示相同含水率不同围压下的 η 和 γ_e 关系，图 6-28~图 6-30 为相同围压不同含水率的 η 和 γ_e 关系。

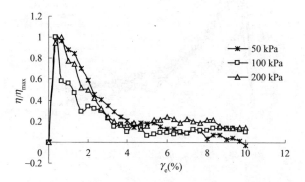

图 6-27　参数 η/η_{max} 和 γ_e 关系（$\omega=14.7\%$）

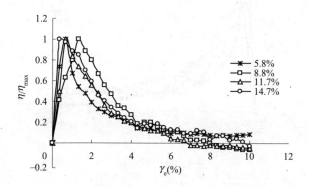

图 6-28　参数 η/η_{max} 和 γ_e 关系（$\sigma_3=50$ kPa）

从图中可以看出：不同情况下，结构应力分担比 η 和广义剪应变 γ_e 经过归一化处理之后，η/η_{max} 随着广义剪应变 γ_e 的变化规律比较一致，在特征广义剪应变之前为线性增长，在特征广义剪应变之后为指数衰减。另外，从试验的结果可知：在不同的初始条件下，当结构应力分担比达到最大值，特征剪应变 γ_e 在 0.8%~1.6% 之间，取平均值 $\gamma_e=1.2\%$；假设土体破坏时，土体的结构性完全破坏，即结构应力分担比为零，表示为 $\eta=0$，此时，广义剪应

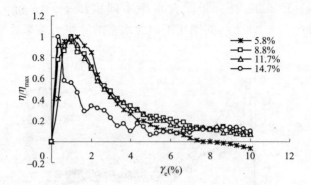

图 6-29 参数 $\eta/\eta_{\max}$ 和 γ_e 关系 ($\sigma_3 = 100$ kPa)

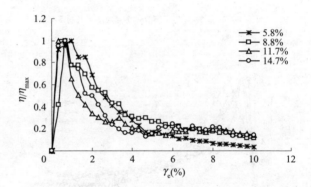

图 6-30 参数 $\eta/\eta_{\max}$ 和 γ_e 关系 ($\sigma_3 = 200$ kPa)

变约为 10%。

由此,不同情况下土体的 $\eta/\eta_{\max}$ 和 γ_e 的关系可以用图 6-31 统一表示,关系式可以表示为

$$\frac{\eta}{\eta_{\max}} = \begin{cases} e\gamma_e & \gamma_e \leqslant \gamma_{et} \\ f\ln(\gamma_e) + g & \gamma_e > \gamma_{et} \end{cases} \quad (6\text{-}87)$$

则结构应力分担比可以表示为

$$\eta = \begin{cases} e\gamma_e \eta_{\max} & \gamma_e \leqslant \gamma_{et} \\ [f\ln(\gamma_e) + g]\eta_{\max} & \gamma_e > \gamma_{et} \end{cases} \quad (6\text{-}88)$$

式中,γ_{et} 为特征广义剪应变,即当 $\eta/\eta_{\max} = 1$ 时所对应的广义剪应

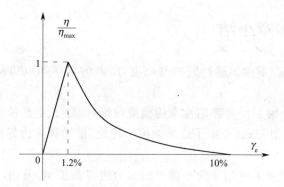

图 6-31 参数 $\eta/\eta_{\max}$ 和 γ_e 关系

变。本次试验,特征广义剪应变 $\gamma_{et}=1.2\%$。

从图 6-31 中可以看出:曲线有三个已知点,当 $\gamma_e=0$ 时, $\dfrac{\eta}{\eta_{\max}}=0$;当 $\gamma_e=1.2\%$ 时, $\dfrac{\eta}{\eta_{\max}}=1$;当 $\gamma_e=10\%$ 时, $\dfrac{\eta}{\eta_{\max}}=0$。

由此可得: $e=83.33, f=-0.4343, g=-0.9208$。则结构应力分担比表示为

$$\eta=\begin{cases}83.33\gamma_e\eta_{\max} & \gamma_e\leqslant 1.2\% \\ -[0.4343\ln(\gamma_e)+0.9208]\eta_{\max} & 1.2\%<\gamma_e\leqslant 10\%\end{cases}$$

(6-89)

其中, $\eta_{\max}$ 的数值如表 6-1 所示,可以用如下公式拟合

$$\eta_{\max}=a_4\sigma_3+b_4\omega+c_4 \tag{6-90}$$

式中, σ_3 是固结围压; ω 是含水率; a_4、b_4、c_4 是根据试验得出的系数。

表 6-1 最大结构应力分担比

$\omega(\%)$	5.8	5.8	5.8	8.8	8.8	8.8	11.7	11.7	11.7	14.7	14.7	14.7
$P(\text{kPa})$	50	100	200	50	100	200	50	100	200	50	100	200
$\eta_{\max}$	1.72	1.55	1.38	1.44	1.30	1.25	1.19	1.08	0.85	1.03	0.86	0.69

6.6 本章小结

本章在前面试验研究的基础上,所做的工作和取得的成果如下:

1. 介绍了经典弹塑性本构模型理论,推导了经典弹塑性普遍的本构模型公式;介绍了边界面模型理论,推导普遍边界面模型的公式。

2. 建立了重塑非饱和黄土的动力边界面模型,分析了模型中的每个参数,根据试验给出相应的表达式。

3. 将本章所提出的结构性参数归一化、定量化,给出结构性随着围压、应变、含水率变化的具体表达式。

4. 将原状土看为二元介质,利用所定义的结构性参数,建立了原状非饱和土的动力本构模型。该模型可以同时表示原状土和重塑土,当结构性参数等于零时,模型退化为重塑非饱和土本构模型,当结构性参数不为零时,模型为原状非饱和土的本构模型。

第7章 非饱和黄土结构性动力本构模型程序实现及验证

7.1 引　　言

第6章在边界面模型的基础上建立了重塑非饱和黄土的动力边界面本构模型,利用二元介质理论和所定义的结构性参数建立原状非饱和黄土的动力本构模型,分析模型中每个参数的变化规律,根据试验结果给出了每个参数的具体表达式。

本章将在上述成果的基础上,分析本构模型中的参数,并给出这些参数的确定方法;基于大型有限元 ABQUS 软件的二次开发平台,实现所构建非饱和黄土结构性动力本构模型的程序化;最后将运用所建立的本构模型对此次研究所用非饱和黄土试样的静动三轴试验进行数值模拟,并与试验结果进行对比验证。

7.2 本构模型参数

7.2.1 弹性模量

土体的本构模型有很多,但是不管哪类本构模型一般都包含着弹性部分,所以建立土体本构模型弹性参数是必需的。

弹性剪切模量可以通过三轴试验的卸载试验确定。当卸载时,q-γ_e 并不完全是直线,它和再加载的应变曲线形成滞回圈,如图7-1所示,用它们的平均斜率表示3倍的弹性剪切模量 $3G$。

试验表明:土在同一围压下固结,在不同剪切应力的作用下,弹性剪切模量 $3G$ 近似相等,所以可以认为在同一围压下,$3G$ 为常数;同时,在不同围压 σ_3 固结的土体测得的 $3G$ 与围压 σ_3 在对数

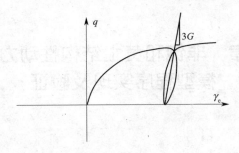

图 7-1 弹性剪切模量定义

坐标中呈直线关系。可以用下式表示：

$$G = k p_a \left(\frac{\sigma_3}{p_a}\right)^n \quad (7\text{-}1)$$

显然，相同围压不同含水率土体的弹性剪切模量是变化的，具体表现在 k 和 n 随含水率的变化。根据试验结果整理出不同含水率下 k 和 n，如表 7-1 所示。

表 7-1 剪切模量的参数和含水率关系

$\omega(\%)$	5.8	8.8	11.7	14.7
k	159.2	140.3	110.7	90.6
n	0.29	0.3	0.28	0.31

从表中可以看出：n 随着含水率的变化不大，k 随着含水率增加而减少，其关系可以表示为

$$k = a_5 \omega + b_5 \quad (7\text{-}2)$$

7.2.2 模型参数及其确定方法

所建立的模型主要包括如下几类参数：1）初始边界面形状相关的参数；2）硬化规律相关参数；3）映射法则相关的参数可以通过试算得出；4）结构性相关参数；5）弹性参数。上述参数可以通过一系列不同含水率的原状和重塑非饱和黄土的三轴试验确定，弹性参数通过卸载试验确定，初始硬化参数可以通过等向压缩试验确

定。

7.3 非饱和黄土动力本构模型实现

材料本构模型地实现主要包括两个方面的内容：
（1）根据有限元主程序传入的应变增量计算出应力增量；
（2）给出应力增量对应变增量的变化率 $\frac{\partial \Delta \sigma}{\partial \Delta \varepsilon}$，即雅克比矩阵 DDSDDE。

对于弹塑性模型，当应力超出屈服面后，应力需要调整使之重新返回更新后的屈服面，采用的方法称为本构的积分算法。精确、强健的应力更新算法，可以保证有限元计算的精度高收敛快。一个不合适的算法不仅会导致误差较大的应力解，而且会影响迭代的收敛速度，甚至会导致发散。近年来，对金属材料本构模型的各种积分算法的理论分析及数值实现都取得了较大的进展。目前，对于岩土材料的本构模型来说，由于其自身的复杂性如"奇异角点"、高度的非线性等，应力更新算法的研究和发展不如金属材料那么成熟，但其思路及方法和金属材料类似。

应力的更新算法可以分为两类：显式算法和隐式算法。隐式算法具有精度好、效率高、无条件稳定等优点。此次研究采用隐式算法。

雅克比矩阵 DDSDDE 称为一致性切线模量（Consistent Tangent Modulus）或算法模量（Algorithmic Modulus），它是影响程序收敛速度的主要因素。不准确的 DDSDDE 虽然不影响计算的精确性，但不能保证迭代的二次收敛速度。

7.3.1 应力更新

在基于径向回退完全隐式的欧拉回映算法中，在 $n+1$ 步结束时计算塑性应变和内变量增量，同时强化屈服条件。它将本构关系写成一组非线性方程组，将应力更新问题转化为对一组非线性方程组求解问题。它主要包括两个步骤:1)弹性预测;2)塑性修正。

1. 弹性预测

假设土体只发生弹性应变没有发生塑性应变,则第 $n+1$ 步的应力为:

$$p_{n+1}=p_n+K_{n+1}\Delta\varepsilon_v \tag{7-3}$$

$$(s_{ij})_{n+1}=(s_{ij})_n+2G_{n+1}(\Delta e_{ij})_{n+1} \tag{7-4}$$

2. 塑性修正

为了便于推导将边界面写成如下形式:

$$f=\bar{s}_{ij}\bar{s}_{ij}+\frac{2}{3}M^2(\bar{p}^2-\bar{p}p_c+\bar{p}d-p_cd)=0 \tag{7-5}$$

式中,M 即 $M(\theta_\sigma)$;p 为静水压力;s_{ij} 为应力偏量。

$$\frac{\partial f}{\partial p_c}=-\frac{2}{3}M^2(\bar{p}+d) \tag{7-6}$$

$$\frac{\partial f}{\partial \bar{p}}=\frac{2}{3}M^2(2\bar{p}-p_c+d) \tag{7-7}$$

$$\frac{\partial f}{\partial \bar{s}_{ij}}=2\bar{s}_{ij} \tag{7-8}$$

边界面上的像应力点和实际应力点之间有如下关系

$$\bar{\sigma}_{ij}=b(\sigma_{ij}-\sigma_{oij})+\sigma_{oij} \tag{7-9}$$

式中,σ_{oij} 是映射中心点,使用应力偏量和静水压力可以表示为

$$\bar{p}=b(p-p_0)+p_0 \tag{7-10}$$

$$\bar{s}_{ij}=b(s_{ij}-s_{oij})+s_{oij} \tag{7-11}$$

塑性修正的目的是要使更新后的应力状态同时满足边界面一致性条件、流动法则和硬化规律。在 $n+1$ 步有:

(1) 塑性应变

$$(\varepsilon_v^p)_{n+1}=(\varepsilon_v^p)_n+\Lambda_{n+1}\frac{2}{3}M^2[2b_{n+1}p_{n+1}-(p_c)_{n+1}+d] \tag{7-12}$$

$$(e_{ij}^p)_{n+1}=(e_{ij}^p)_n+\Lambda_{n+1}2b_{n+1}(s_{ij})_{n+1} \tag{7-13}$$

(2) 应力

$$p_{n+1} = p_n + K_{n+1}[(\Delta\varepsilon_v)_{n+1} - (\varepsilon_v^p)_{n+1} + (\varepsilon_v^p)_n] \quad (7\text{-}14)$$

$$(s_{ij})_{n+1} = (s_{ij})_n + 2G_{n+1}[(\Delta e_{ij})_{n+1} - (e_{ij}^p)_{n+1} + (e_{ij}^p)_n] \quad (7\text{-}15)$$

(3) 硬化参数

$$(p_c)_{n+1} = \frac{(W^p)_{n+1}}{A + B(W^p)_{n+1}} + p_{c0} \quad (7\text{-}16)$$

$$(W^p)_{n+1} = (W^p)_n + \int_{(e_{ij}^p)_n}^{e_{ij}^p} s_{ij} \, de_{ij}^p + \int_{(\varepsilon_v^p)_n}^{\varepsilon_v^p} p \, d\varepsilon_v^p \quad (7\text{-}17)$$

(4) 像应力和实际应力的比例系数 b

由于

$$\Lambda = \frac{1}{\overline{K}_p}\left[\frac{\partial f}{\partial \bar{p}}d\bar{p} + \frac{\partial f}{\partial \bar{s}_{ij}}d\bar{s}_{ij}\right] = \frac{1}{K_p}\left[\frac{\partial f}{\partial \bar{p}}dp + \frac{\partial f}{\partial \bar{s}_{ij}}ds_{ij}\right] \quad (7\text{-}18)$$

由式 7-9 和式 7-10 可得

$$d\bar{p} = d[b(p - p_0) + p_0] = bdp + (p - p_0)db \quad (7\text{-}19)$$

$$d\bar{s}_{ij} = d[b(s_{ij} - s_{oij}) + s_{oij}] = bds_{ij} + (s_{ij} - s_{oij})db \quad (7\text{-}20)$$

带入可得

$$db = \Lambda \frac{\overline{K}_p - bK_p}{\frac{\partial f}{\partial \bar{p}}(p - p_0) + \frac{\partial f}{\partial \bar{s}_{ij}}(s_{ij} - s_{oij})} \quad (7\text{-}21)$$

将式 7-7 和式 7-8 代入式 7-21,可得:

$$db = \Lambda \frac{\overline{K}_p - bK_p}{\frac{2}{3}M^2 E_1 + E_2} \quad (7\text{-}22)$$

式中,$E_1 = 2bp^2 + (d + 2p_0 - 4bp_0)p + 2bp_0^2 - 2p_0^2 - dp_0$;
$E_2 = 2b(s_{ij} - s_{oij})(s_{ij} - s_{oij}) + s_{oij}(s_{ij} - s_{oij})$。

所以有

$$b_{n+1} = b_n + \Lambda_{n+1}\left[\Lambda \frac{\overline{K}_p - bK_p}{\frac{2}{3}M^2 E_1 + E_2}\right]_{n+1} \quad (7\text{-}23)$$

(5) 边界面

$$f = \bar{s}_{ij}\bar{s}_{ij} + \frac{2}{3}M^2(\bar{p}^2 - \bar{p}p_c + \bar{p}d - p_c d) = 0 \quad (7\text{-}24)$$

由上述五类等式组成非线性方程组,未知数是$(\varepsilon_v)_{n+1}$,$(e_{ij})_{n+1}$,$(p_c)_{n+1}$,$(W^p)_{n+1}$,p_{n+1},$(s_{ij})_{n+1}$,Λ_{n+1},b_{n+1}。当所解决的问题是三维时,非线性方程组由 18 个非线性方程组成;当所解决的问题是二维时,非线性方程组由 12 个非线性方程组成。

求解非线性方程组的算法有许多种,其中:一类是线性化的方法,它是将方程组中的每个方程线性化得到一个线性方程组,由此构造迭代格式,求得方程组的近似解。最常见的就是牛顿法;另外一类方法是将解线性方程组的问题化成优化问题,然后以最优化的方法求解,其基本方法就是最速下降法。此次研究采用牛顿迭代法[248]。

牛顿法的基本思想就是将非线性方程线性化,以线性方程的解逼近非线性方程的解。对非线性方程 $f(x)=0$,设其在零点 x^* 邻近一阶可微,且 $f'(x^*)\neq 0$,泰勒级数展开并舍去所有高于线性项的高次项,可以得到

$$f(x^{(k)})+f'(x^{(k)})\Delta x^{(k)}=0 \tag{7-25}$$

$$x^{(k+1)}=x^{(k)}+\Delta x^{(k)} \tag{7-26}$$

重复上述的过程,可以得到方程的数值解。

对非线性方程组

$$\begin{cases} f_1(x_1,x_2,\cdots,x_n)=0 \\ f_2(x_1,x_2,\cdots,x_n)=0 \\ \quad\vdots \qquad\qquad \vdots \\ f_n(x_1,x_2,\cdots,x_n)=0 \end{cases} \tag{7-27}$$

若记 $X=(x_1,x_2,\cdots x_n)^\mathrm{T}$,$F(X)=(f_1(x),f_2(x),\cdots f_n(x))^\mathrm{T}$,则非线性方程组可以写成向量形式:

$$F(X)=0 \tag{7-28}$$

设方程组的第 k 次近似解 $X^{(k)}=(x_1^{(k)},x_2^{(k)},\cdots x_n^{(k)})^\mathrm{T}$,以函数 $F(X)$ 在 $X^{(k)}$ 的一阶泰勒多项式近似函数,得到非线性方程组

$$F(X^{(k)})+F'(X^{(k)})\Delta X^{(k)}=0 \tag{7-29}$$

即

$$F'(X^{(k)})\Delta X^{(k)}=-F(X^{(k)}) \tag{7-30}$$

式中

$$F'(X^{(k)})=\begin{bmatrix}\frac{\partial f_1}{\partial x_1} & \frac{\partial f_1}{\partial x_2} & \cdots & \frac{\partial f_1}{\partial x_n}\\ \vdots & \vdots & \vdots & \vdots\\ \frac{\partial f_n}{\partial x_1} & \frac{\partial f_n}{\partial x_2} & \cdots & \frac{\partial f_n}{\partial x_n}\end{bmatrix}_{x=x^{(k)}}$$

称为向量函数 $F(X)$ 的雅克比矩阵,如果雅克比矩阵在 $X^{(k)}$ 非奇异,则方程组由唯一解 $\Delta X^{(k)}$,方程组第 $k+1$ 次的近似解为

$$X^{(k+1)}=X^{(k)}+\Delta X^{(k)} \tag{7-31}$$

为了书写方便,省略下标 $n+1$,所以第 $n+1$ 步结束时的 18 个非线性方程组成的非线性方程组表示如下

$$f_1=-p_c+\frac{W^p}{A+BW^p}$$

$$f_2=-W^p+(W^p)_n+\int_{(e_{ij}^p)_n}^{e_{ij}^p}s_{ij}\,de_{ij}^p+\int_{(\varepsilon_v^p)_n}^{\varepsilon_v^p}p\,d\varepsilon_v^p=0$$

$$f_3=-b+b_n+\Lambda C_1(bp+d)(1-b)+\Lambda\frac{b^2(b-1)h}{3C_2}C_3=0$$

$$f_4=-p+p_n+K(\Delta\varepsilon_v)_{n+1}-K\varepsilon_v^p+K(\varepsilon_v^p)_n=0$$

$$f_5=-\varepsilon_v^p+(\varepsilon_v^p)_n+\Lambda\frac{2}{3}M^2(2bp-p_c+d)=0$$

$$f_6=b^2s_{ij}s_{ij}+\frac{2}{3}M^2(b^2p^2-bpp_c+bpd-p_cd)=0$$

$$f_{7\sim12}=-s_{ij}+(s_{ij})_n+2G(\Delta e_{ij})_{n+1}-2Ge_{ij}^p+2G(e_{ij}^p)_n$$

$$f_{13\sim18}=-e_{ij}^p+(e_{ij}^p)_n+\Lambda 2bs_{ij}=0$$

式中:

$$C_1=\frac{2AM^2}{3(A+BW^p)^2};$$

$$C_2=bpp_c-bpd+2p_cd;$$

$$C_3=(8M^2-12)(b^2p^2-bpp_c+bpd)+(12-4M^2)p_cd+2M^2(p_c^2+d^2)。$$

s_{ij} 分别为 $S(1),S(2),S(3),S(4),S(5),S(6)$

e_{ij}^p 分别为 EP(1), EP(2), EP(3), EP(4), EP(5), EP(6)
则该非线性方程组的雅克比矩阵为 18×18 维

$$F'(X^{(k)}) = \frac{\partial f}{\partial x} = \left[\frac{\partial f}{\partial p_c} \quad \frac{\partial f}{\partial W^p} \quad \frac{\partial f}{\partial b} \quad \frac{\partial f}{\partial \Lambda} \quad \frac{\partial f}{\partial p} \quad \frac{\partial f}{\partial \varepsilon_v^p} \quad \frac{\partial f}{\partial s_{ij}} \quad \frac{\partial f}{\partial e_{ij}^p} \right]$$

第一列元素为：

$$\frac{\partial f_1}{\partial p_c} = -1, \frac{\partial f_1}{\partial W^p} = \frac{A}{(A+BW^p)^2}, \frac{\partial f_1}{\partial b} = 0$$

$$\frac{\partial f_1}{\partial \Lambda} = 0, \frac{\partial f_1}{\partial p} = 0, \frac{\partial f_1}{\partial \varepsilon_v^p} = 0, \frac{\partial f_1}{\partial s_{ij}} = 0, \frac{\partial f_1}{\partial e_{ij}^p} = 0$$

第二列元素为：

$$\frac{\partial f_2}{\partial p_c} = 0, \frac{\partial f_2}{\partial W^p} = -1, \frac{\partial f_2}{\partial b} = 0, \frac{\partial f_2}{\partial \Lambda} = 0$$

$$\frac{\partial f_2}{\partial p} = 0, \frac{\partial f_2}{\partial \varepsilon_v^p} = p_n + K[(\Delta \varepsilon_v)_{n+1} - \varepsilon_v^p + (\varepsilon_v^p)_n]$$

$$\frac{\partial f_2}{\partial s_{ij}} = 0, \frac{\partial f_2}{\partial e_{ij}^p} = (s_{ij})_n + 2G[(\Delta e_{ij})_{n+1} - e_{ij}^p + (e_{ij}^p)_n]$$

第三列元素为：

$$\frac{\partial f_3}{\partial p_c} = \frac{[(12-8M^2)bp + (12-4M^2)d + 4M^2 p_c]C_2 - (bp+2d)C_3}{C_2^2} \frac{b^2(1-b)h}{3} \Lambda$$

$$\frac{\partial f_3}{\partial W^p} = -\Lambda C_1 \frac{2B(bp+d)(1-b)}{A+BW^p}$$

$$\frac{\partial f_3}{\partial b} = -1 + \Lambda \frac{C_3}{3C_2}(2b-3b^2)h +$$

$$\Lambda(b^2-b^3)h \left[\frac{(8M^2-12)(2bp^2 - pp_c + pd)}{3C_2} - \frac{C_3(pp_c - pd)}{3C_2^2} \right]$$

$$\frac{\partial f_3}{\partial \Lambda} = C_1(bp+d)(1-b) + \frac{b^2(b-1)h}{3C_2}C_3$$

$$\frac{\partial f_3}{\partial p} = \Lambda C_1 b(1-b) + \Lambda \frac{(8M^2-12)(2bp - p_c + d)C_2 - C_3(p_c - d)}{3C_2^2} b^3(1-b)h$$

$$\frac{\partial f_3}{\partial \varepsilon_v^p} = 0, \frac{\partial f_3}{\partial s_{ij}} = 0, \frac{\partial f_3}{\partial e_{ij}^p} = 0$$

第四列元素为：

$$\frac{\partial f_4}{\partial p_c}=0, \frac{\partial f_4}{\partial W^p}=0, \frac{\partial f_4}{\partial b}=0, \frac{\partial f_4}{\partial \Lambda}=0$$

$$\frac{\partial f_4}{\partial p}=-1, \frac{\partial f_4}{\partial \varepsilon_v^p}=K, \frac{\partial f_4}{\partial s_{ij}}=0, \frac{\partial f_4}{\partial e_{ij}^p}=0$$

第五列元素为：

$$\frac{\partial f_5}{\partial p_c}=-\Lambda\frac{2}{3}M^2 p_c, \frac{\partial f_5}{\partial W^p}=0, \frac{\partial f_5}{\partial b}=\Lambda\frac{4}{3}M^2 p$$

$$\frac{\partial f_5}{\partial \Lambda}=\frac{2}{3}M^2(2bp-p_c+d), \frac{\partial f_5}{\partial p}=\Lambda\frac{4}{3}M^2 b$$

$$\frac{\partial f_5}{\partial \varepsilon_v^p}=-1, \frac{\partial f_5}{\partial s_{ij}}=0, \frac{\partial f_5}{\partial e_{ij}^p}=0$$

第六列元素为：

$$\frac{\partial f_6}{\partial p_c}=-\frac{2}{3}M^2(bp+d), \frac{\partial f_6}{\partial W^p}=0, \frac{\partial f_6}{\partial b}=\frac{2}{3}M^2\left(pp_c-pd+\frac{2p_c d}{b}\right)$$

$$\frac{\partial f_6}{\partial \Lambda}=0, \frac{\partial f_6}{\partial p}=\frac{2}{3}M^2(2b^2 p-bp_c+bd)$$

$$\frac{\partial f_6}{\partial \varepsilon_v^p}=0, \frac{\partial f_6}{\partial s_{ij}}=2b^2 s_{ij}, \frac{\partial f_6}{\partial e_{ij}^p}=0$$

第七～十二列元素为：

$$\frac{\partial f_7}{\partial p_c}=0, \frac{\partial f_7}{\partial W^p}=0, \frac{\partial f_7}{\partial b}=0$$

$$\frac{\partial f_7}{\partial \Lambda}=0, \frac{\partial f_7}{\partial p}=0, \frac{\partial f_7}{\partial \varepsilon_v^p}=0, \frac{\partial f_7}{\partial s_{ij}}=-1, \frac{\partial f_7}{\partial e_{ij}^p}=2G$$

第十三～十八列元素为：

$$\frac{\partial f_8}{\partial p_c}=0, \frac{\partial f_8}{\partial W^p}=0, \frac{\partial f_8}{\partial b}=2\Lambda s_{ij}$$

$$\frac{\partial f_8}{\partial \Lambda}=2bs_{ij}, \frac{\partial f_8}{\partial p}=0$$

$$\frac{\partial f_8}{\partial \varepsilon_v^p}=0, \frac{\partial f_8}{\partial s_{ij}}=2\Lambda b, \frac{\partial f_8}{\partial e_{ij}^p}=-1$$

$-F(X)$ 为：

$$\beta_1 = p_c - \frac{W^p}{A+BW^p} - p_{c0}$$

$$\beta_3 = W^p - (W^p)_n - \int_{(e_{ij}^p)_n}^{e_{ij}^p} s_{ij}\,de_{ij}^p - \int_{(\varepsilon_v^p)_n}^{\varepsilon_v^p} p\,d\varepsilon_v^p ;$$

$$\beta_3 = b - b_n - \Lambda C_1(bp+d)(1-b) - \Lambda \frac{b^2(b-1)h}{3C_2}C_3$$

$$f_3 = -b + b_n + \Lambda\left[C_1(1-b)(bp+d) + \frac{C_3}{3C_2}b^2(1-b)h\right]$$

$$\beta_4 = p - p_n - K(\Delta\varepsilon_v)_{n+1} + K\varepsilon_v^p - K(\varepsilon_v^p)_n$$

$$\beta_5 = \varepsilon_v^p - (\varepsilon_v^p)_n - \Lambda\frac{2}{3}M^2(2bp - p_c + d)$$

$$\beta_6 = -b^2 s_{ij}s_{ij} - \frac{2}{3}M^2(b^2p^2 - bpp_c + bpd - p_cd)$$

$$\beta_{7\sim12} = s_{ij} - (s_{ij})_n - 2G[(\Delta e_{ij})_{n+1} - e_{ij}^p + (e_{ij}^p)_n];$$

$$\beta_{13\sim18} = e_{ij}^p - (e_{ij}^p)_n - 2\Lambda b s_{ij} = 0$$

应力更新算法过程:

(1)给解赋初值,并给定允许误差 δ_1、δ_2。塑性应变和内变量的初值为前面时间步结束时的值,赋值如下:

$k=0$: $(p_c)_{n+1}^{(0)} = (p_c)_n$, $(W^p)_{n+1}^{(0)} = (W^p)_n$, $(\varepsilon_v^p)_{n+1}^{(0)} = (\varepsilon_v^p)_n$, $(e_{ij}^p)_{n+1}^{(0)} = (e_{ij}^p)_n$、$\Lambda_{n+1}^0 = 0$、$(p_c)_{n+1}^{(0)} = K[(\varepsilon_v)_n + (\Delta\varepsilon_v)_{n+1} - (\varepsilon_v^p)_n]$

$(p_c)_{n+1}^{(0)} = 2G[(e_{ij})_n + (\Delta e_{ij})_{n+1} - (e_{ij}^p)_n]$

(2)假定已经得第 k 次近似解为 $x^{(k)}$,计算雅克比矩阵

$$\alpha_{ij}^k = \frac{\partial f_i}{\partial \alpha_j}, i,j-1,2,3\cdots18 \quad (7\text{-}32)$$

$$\beta_i^k = -f_i(x^{(k)}), i-1,2,3\cdots18 \quad (7\text{-}33)$$

(3)计算

$$S1 = |f_1(x^{(k)})| + |f_1(x^{(k)})| + \cdots + |f_{18}(x^{(k)})| \quad (7\text{-}34)$$

若 $S1 < \delta_1$,则计算结束,$x^{(k)}$ 作为满足要求的近似解;否则,执行下面第四步。

(4)用 LU 分解法求解线性方程组

$$\alpha^{(k)}\Delta x^{(k)} = \beta^{(k)} \quad (7\text{-}35)$$

得 $\Delta x^{(k)} = (\Delta x_1^{(k)}, \Delta x_2^{(k)}, \cdots \Delta x_{18}^{(k)})^T$。

(5) 计算
$$x^{(k+1)} = x^{(k)} + \Delta x^{(k)} \tag{7-36}$$
$$S2 = |\Delta x_1^{(k)}| + |\Delta x_2^{(k)}| + \cdots + |\Delta x_{18}^{(k)}| \tag{7-37}$$

如果 $S2 < \delta_2$,则计算结束,$x^{(k+1)}$ 做为满足要求的近似解;否则,$k \leftarrow k+1$ 转向步骤 2。

7.3.2 一致性切线模量

经过多年的发展和研究,隐式算法已经越来越广泛的应用于非线性计算力学中,出现了多种一致性切线模量。向后欧拉更新算法的一致性切线模量定义为

$$D^{\text{alg}} = \left(\frac{d\sigma}{d\varepsilon}\right)_{n+1} \tag{7-38}$$

为了推导一致性模量,将应力写成如下形式

$$p = p_n + K[\varepsilon_v - (\varepsilon_v^p)_n - \Delta \varepsilon_v^p] \tag{7-39}$$
$$s_{ij} = (s_{ij})_n + 2G[e_{ij} - (e_{ij}^p)_n - \Delta e_{ij}^p] \tag{7-40}$$

应力增量可以写成

$$\Delta p = K\Delta\varepsilon_v - K\Delta[\Delta\varepsilon_v^p] \tag{7-41}$$
$$\Delta s_{ij} = 2G\Delta e_{ij} - 2G\Delta[\Delta e_{ij}^p] \tag{7-42}$$

代入可得

$$\Delta p = K\Delta\varepsilon_v - \frac{2}{3}M^2 K(2bp - 2bp_0 + 2p_0 - p_c + d)\Delta\Lambda - \frac{4}{3}M^2 K\Lambda(p - p_0)\Delta b - \frac{4}{3}M^2 K\Lambda b\Delta p + \frac{2}{3}M^2 K\Lambda\Delta p_c \tag{7-43}$$

$$\Delta s_{ij} = 2G\Delta e_{ij} - 4G(bs_{ij} - bs_{oij} + s_{oij})\Delta\Lambda - 4G(s_{ij} - s_{oij})\Lambda\Delta b - 4G\Lambda b\Delta s_{ij} \tag{7-44}$$

由硬化参数,可得

$$\Delta p_c = \frac{A}{(A+BW^p)^2} \{ p\frac{2}{3}M^2[(2bp - 2bp_0 + 2p_0 - p_c + d)\Delta\Lambda + 2\Lambda b\Delta p + 2\Lambda(p - p_0)\Delta b - \Lambda\Delta p_c] + 2s_{ij}[(bs_{ij} - bs_{oij} + s_{oij})\Delta\Lambda +$$

$$\Delta b \Delta s_{ij} + \Lambda(s_{ij} - s_{oij})\Delta b]\} \qquad (7\text{-}45)$$

由一致性条件可得

$$\frac{\partial F}{\partial \bar{p}}\mathrm{d}\bar{p} + \frac{\partial F}{\partial \bar{s}_{ij}}\mathrm{d}\bar{s}_{ij} + \frac{\partial F}{\partial p_c}\mathrm{d}p_c = 0 \qquad (7\text{-}46)$$

且

$$\Lambda = \frac{1}{\overline{K}_p}\left[\frac{\partial f}{\partial \bar{p}}\mathrm{d}\bar{p} + \frac{\partial f}{\partial \bar{s}_{ij}}\mathrm{d}\bar{s}_{ij}\right] = \frac{1}{K_p}\left[\frac{\partial f}{\partial \bar{p}}\mathrm{d}p + \frac{\partial f}{\partial \bar{s}_{ij}}\mathrm{d}s_{ij}\right] \qquad (7\text{-}47)$$

所以

$$\Lambda = \frac{1}{\overline{K}_p}\left[-\frac{\partial F}{\partial p_c}\mathrm{d}p_c\right] = \frac{1}{\overline{K}_p}\frac{2}{3}M^2(\bar{p}+d)\mathrm{d}p_c \qquad (7\text{-}48)$$

将式 7-6 代入式 7-48 可得

$$\Delta b = \left(1 - b\frac{K_p}{\overline{K}_p}\right)\frac{(\bar{p}+d)b}{(\bar{p}p_c - \bar{p}d + 2p_c d)}\Delta p_c \qquad (7\text{-}49)$$

将式 7-49 写成:

$$\Delta b = R \Delta p_c \qquad (7\text{-}50)$$

式中, $R = \left(1 - b\dfrac{K_p}{\overline{K}_p}\right)\dfrac{[b(p - p_0) + p_0 + d]b}{\bar{p}p_c - \bar{p}d + 2p_c d}$。

式 7-45 可以写为:

$$\Delta p_c = X_1 \Delta \Lambda + X_2 \Delta p + X_3 \Delta s_{ij} \qquad (7\text{-}51)$$

式中, $X_1 = \left[\dfrac{2}{3}M^2 p(2bp - 2bp_0 + 2p_0 - p_c + d) + 2s_{ij}(bs_{ij} - bs_{oij} + s_{oij})\right]/R_1$; $X_2 = 2\dfrac{2}{3}M^2 p \Delta b / R_1$, $X_3 = 2s_{ij}\Delta b / R_1$; $X_3 = \dfrac{(A + BW^p)^2}{A} - 2s_{ij}\Lambda(s_{ij} - s_{oij})R - 2\dfrac{2}{3}M^2 p\Lambda(p - p_0)R + \dfrac{2}{3}M^2 p\Lambda$。

式 7-43 可以写为

$$Y_1 \Delta p + Y_2 \Delta \Lambda + Y_3 \Delta p_c = K \Delta \varepsilon_v \qquad (7\text{-}52)$$

式中,$Y_1=1+2\frac{2}{3}M^2K\Lambda b$;$Y_2=\frac{2}{3}M^2K(2bp-2bp_0+2p_0-p_c+d)$;$Y_3=2\frac{2}{3}M^2K\Lambda(p-p_0)R-\frac{2}{3}M^2K\Lambda$。

式 7-44 可以写为:

$$Z_1\Delta s_{ij}+Z_2\Delta\Lambda+Z_3\Delta p_c=2G\Delta e_{ij} \qquad (7-53)$$

式中,$Z_1=1+4G\Delta b$;$Z_2=4G(bs_{ij}-bs_{\alpha ij}+s_{\alpha ij})$;$Z_3=4G\Lambda(s_{ij}-s_{\alpha ij})R$。

一致性条件为

$$T_1\Delta p+T_2\Delta s_{ij}+T_3\Delta p_c=0 \qquad (7-54)$$

式中,$T_1=\frac{2}{3}M^2[2b(p-p_0)+2p_0-p_c+d]b$;$T_2=2[b(s_{ij}-s_{\alpha ij})+s_{\alpha ij}]b$;$T_3=\frac{2}{3}M^2[2b(p-p_0)+2p_0-p_c+d](p-p_0)R+2[b(s_{ij}-s_{\alpha ij})+s_{\alpha ij}](s_{ij}-s_{\alpha ij})R-\frac{2}{3}M^2[b(p-p_0)+p_0+d]$。

将式 7-50 和式 7-51 代入式 7-52～式 7-54 可得

$$(Y_1+X_2Y_3)\Delta p+X_3Y_3\Delta s_{ij}+(Y_2+X_1Y_3)\Delta\Lambda=K\Delta\varepsilon_v \qquad (7-55)$$

$$X_2Z_3\Delta p+(Z_1+X_3Z_3)\Delta s_{ij}+(Z_2+X_1Z_3)\Delta\Lambda=2G\Delta e_{ij} \qquad (7-56)$$

$$(T_1+X_2T_3)\Delta p+(T_2+X_3T_3)\Delta s_{ij}+X_1T_3\Delta\Lambda=0 \qquad (7-57)$$

由克里姆法则可得

$$\Delta p=\{K\Delta\varepsilon_v[(Z_1+X_3Z_3)X_1T_3-K\Delta\varepsilon_v(T_2+X_3T_3)(Z_1+X_1Z_3)]+2G\Delta e_{ij}[(Y_2+X_1Y_3)_3(T_2+X_3T_3)-X_1T_3X_3Y_3]\}/U \qquad (7-58)$$

$$\Delta s_{ij}=\{2G\Delta e_{ij}[(Y_1+X_2Y_3)X_1T_3-(T_1+X_2T_3)(Y_2+X_1Y_3)]+K\Delta\varepsilon_v[(Z_1+X_1Z_3)(T_1+X_2T_3)-X_1T_3X_2Z_3]\}/U \qquad (7-59)$$

式中，

$$U = (Y_1 + X_2Y_3)(Z_1 + X_3Z_3)X_1T_3 + X_3Y_3(Z_1 + X_1Z_3)$$
$$(T_1 + X_2T_3) + (Y_2 + X_1Y_3)_3 \cdot (T_2 + X_3T_3)X_2Z_3 -$$
$$(T_1 + X_2T_3)(Z_1 + X_3Z_3)(Y_2 + X_1Y_3)_3 - X_2Z_3X_3Y_3X_1T_3 -$$
$$(Y_1 + X_2Y_3)(Z_1 + X_1Z_3)(T_2 + X_3T_3)$$

所以

$$\frac{\partial \Delta p}{\partial \Delta \varepsilon_v} = \frac{K}{U} [(Z_1 + X_3Z_3)X_1T_3 - (T_2 + X_3T_3)(Z_1 + X_1Z_3)] \tag{7-60}$$

$$\frac{\partial \Delta p}{\partial \Delta e_{ij}} = \frac{2G}{U} [(Y_2 + X_1Y_3)(T_2 + X_3T_3) - X_1T_3X_3Y_3] \tag{7-61}$$

$$\frac{\partial \Delta s_{ij}}{\partial \Delta \varepsilon_v} = \frac{K}{U} [(Z_1 + X_1Z_3)(T_1 + X_2T_3) - X_1T_3X_2Z_3]\} \tag{7-62}$$

$$\frac{\partial \Delta s_{ij}}{\partial \Delta e_{ij}} = \frac{2G}{U} [(Y_1 + X_2Y_3)X_1T_3 - (T_1 + X_2T_3)(Y_2 + X_1Y_3)] \tag{7-63}$$

由式 7-60～式 7-63 可得一致性切线模量矩阵

$\begin{bmatrix} \frac{\partial \Delta p}{\partial \Delta \varepsilon_v} & \frac{\partial \Delta p}{\partial \Delta \Delta e_{ij}} \\ \frac{\partial \Delta s_{ij}}{\partial \Delta \varepsilon_v} & \frac{\partial \Delta s_{ij}}{\partial \Delta e_{ij}} \end{bmatrix}$，为了得到 ABAQUS 所需要的雅克比矩阵 DDSDDE，需要将上述得到的一致性模量转化成 $\frac{\partial \Delta \sigma}{\partial \Delta \varepsilon}$。转化的公式可以用张量表达如下

$$\frac{\partial \Delta \sigma_i}{\partial \Delta \varepsilon_j} = \frac{\partial \Delta s_i}{\partial \Delta \varepsilon_j} + \frac{\partial \Delta p}{\partial \Delta \varepsilon_j} \{1 \quad 1 \quad 1 \quad 0 \quad 0 \quad 0\} \tag{7-64}$$

式中，$i,j = 1 \sim 6$

$$\frac{\partial \Delta s_i}{\partial \Delta \varepsilon_j} = \frac{\partial \Delta s_i}{\partial \Delta e_k} \frac{\partial \Delta e_k}{\partial \Delta \varepsilon_j} + \frac{\partial \Delta s_i}{\partial \Delta \varepsilon_v} \frac{\partial \Delta \varepsilon_v}{\partial \Delta \varepsilon_j}; \frac{\partial \Delta p}{\partial \Delta \varepsilon_j} = \frac{\partial \Delta p}{\partial \Delta e_k} \frac{\partial \Delta e_k}{\partial \Delta \varepsilon_j} + \frac{\partial \Delta p}{\partial \Delta \varepsilon_v} \frac{\partial \Delta \varepsilon_v}{\partial \Delta \varepsilon_j}$$

$$\frac{\partial \Delta e_k}{\partial \Delta \varepsilon_j} = \begin{bmatrix} \frac{2}{3} & -\frac{1}{3} & -\frac{1}{3} & 0 & 0 & 0 \\ -\frac{1}{3} & \frac{2}{3} & -\frac{1}{3} & 0 & 0 & 0 \\ -\frac{1}{3} & -\frac{1}{3} & \frac{2}{3} & 0 & 0 & 0 \\ 0 & 0 & 0 & 1 & 0 & 0 \\ 0 & 0 & 0 & 0 & 1 & 0 \\ 0 & 0 & 0 & 0 & 0 & 1 \end{bmatrix}; \frac{\partial \Delta \varepsilon_v}{\partial \Delta \varepsilon_j} = \begin{bmatrix} 1 & 1 & 1 & 0 & 0 & 0 \end{bmatrix}$$

7.3.3 模型的计算步骤及注意要点

根据 UMAT 的接口要求，使用 FORTRAN 语言对此次研究所建立的本构模型进行二次开发，具体计算步骤如下：

第一步，定义用户变量及状态变量；

定义用户变量：弹性相关的参数，边界面相关的参数 c、φ，硬化相关的参数，塑性模量相关的参数。

定义状态变量：塑性偏应变，塑性体应变，映射中心，结构性参数。

第二步，根据主程序传入的第 n 步的应力及状态变量计算，第 n 步实际应力和应力的关系值 b_n，计算弹性参数 G、K，根据主程序传入的应变状态计算结构性参数；

第三步，根据弹性参数及主程序传入的应变增量计算弹性预测应力，并判断加卸载。如果是加载，则给非线性方程组赋初值，通过解非线性方程组更新应力；如果是卸载，则先更新映射中心，然后再更新应力。

第四步，根据更新过的第 $n+1$ 步应力，计算雅克比矩阵 DDSDDE。

第五步，计算状态变量参数，更新状态变量，子程序结束。

由于 ABAQUS 在计算过程中反复的调用 UMAT 子程序，在程序编写的过程中，不仅要考虑程序代码本身的合理和优化，而且有如下几点需要特别注意：

（1）ABAQUS的应力应变的方向定义和弹性力学相同，是以拉为正、压为负，和岩土力学中的定义相反，相应的主应力和主应变大小顺序也不同；

（2）ABAQUS中的采用的剪应变是工程剪应变γ_{ij}而不是e_{ij}，两者是二倍关系；

（3）模型推导出的DDSDDE是非对称矩阵，在ABAQUS中指明使用非对称算法；

（4）编写子程序时应遵循先简单后复杂的原则。首先编写重塑土本构关系，验证合适后再编写原状土本构模型，即首先编写边界面模型待其顺利通过验证后再加入结构性参数；

（5）子程序在正式的应用前，应进行完整的调试以确保其正确性。调试过程中，可以将所需数据输出到msg文件和dat文件中。ABAQUS专门预留了六号通道给dat文件，七号通道给msg文件；

（6）由于UMAT只涉及应力应变关系，为了方便调试和验证子程序，建议先使用一个立方体单元的土体进行计算模拟，待计算结果合理准确后再在较大规模的工程中使用。

7.4 模型验证

为了验证本章所建本构模型的合理性和以上本构模型算法的可靠性及准确性，利用ABAQUS有限元程序结合UMAT二次开发的本构模型子程序对本次非饱和土试验进行模拟。模拟结果与试验数据对比如图7-2和图7-3所示。

从图中可以看出：模拟结果和试验数据之间具有一定的差距，对于静力试验，模拟结果和试验数据吻合较好；对于动力试验，拟合的结果相对较差。但总体来说，本章所构建的本构模型还是能够较好的反应非饱和土的力学特性，能够应用于后面开展的工作中去。

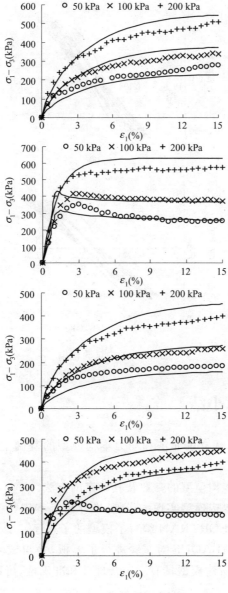

图 7-2 静力试验模拟

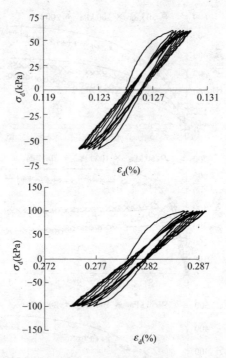

图 7-3 动力试验模拟

7.5 本章小结

在第 6 章建立的非饱和动力本构模型的基础上，本章所做工作和成果如下。

1. 给出本构模型的参数及其确定的方法。

2. 给出本构模型实现的步骤，推导出了本构数值计算所需要的公式，使用 FORTRAN 编写了模型的子程序。

3. 利用 ABAQUS 对试验进行了模拟，并与试验数据进行了对比，证明了所建模型具有一定合理性和准确性，可以用于后续的研究中。

第8章 饱和黄土地区场地地震反应分析

8.1 引　　言

　　历次地震的震害调查以及强震观测记录表明,场地土对地震时地面运动的幅值、频谱以及持时等具有重要影响,存在滤波作用和放大作用[249]。在地震动作用下,土的存在使得自由场的地表运动与下卧基岩面的运动有所区别;同时,上部结构的存在也会影响基础底土体的运动。已观测到的震害现象如软土地基出现的地震波放大效应、饱和粉细砂土的液化、湿陷性黄土产生震陷等,都是由地震动引发的场地土的反应所致,这些震害将引发建筑场地地基的失效,产生不均匀沉陷,使建筑物遭受毁坏。由此可以看出:要对土-结构体系在地震作用下的相互作用规律进行研究,首先必须要考察场地土的地震反应。楼梦麟等[250]也指出:土层地震反应分析是工程场地地震安全性评价和城市地震区划工作中的重要环节。对建筑物进行地震反应分析的第一步。其有两方面的意义。第一,它有助于地震动及其特征的分析,如从基岩的地震动推算地表土层或地表以下某一深度土层的地震动及其特征,或反过来由地表记录到的地震动反演基岩地震动或地表以下某一深度土层的地震动及其特征,两者都具有重要的意义;第二,研究场地的抗震性能,如砂土液化计算、软弱地基震陷等。可见无论是从了解地震动本身的特性,还是服务于建筑物的抗震设计,场地动力反应分析都是不可或缺的。土层地震反应分析涉及两个基本条件:土层下卧基岩面上的地震输入和土层剖面、介质的动力参数确定。一般来说,场地反应是这两者之间相互影响、相互联系的结果。不同地震动输入,不同场地条件下所造成的震害也不同。有了这两个基本条件后,土体动力反应分析的任务就是使用一定的分析方法来确定土体在受动荷载作用时,土体单元任一时刻的位移、速度、加速度、内力的变化情况。

大量的研究结果表明,场地土对地震波传播的影响主要表现在两方面:其一是对地震波的放大效应;其二是对地震波的滤波作用。前者表现为,放大效应与场地土的剪切刚度有关,场地土剪切刚度越大,放大效应越小。所以一般软土场地的震害要比基岩和硬土场地的严重得多;后者表现为,地震波从基岩向上传播,其频谱特性将发生变化,越接近地面,地震动将越以接近场地自振周期的分量为主。也就是说地基将过滤掉基岩地震波的高频成分,且地基越软弱,这种滤波作用越明显。

8.2 场地反应分析的研究现状

场地动力反应分析的内容包括土体本构关系的确定,土体运动时动力平衡方程的建立以及求解。从计算模型上来看,其分析方法主要有一维波动理论法、振动法、有限元法[251]。

一维波动法因其具有概念简单明确,计算量较小,便于工程应用等优点,在场地反应分析中较受研究者的青睐。李小军等[252]基于188个工程场地计算剖面及等效线性化波动分析方法,研究了4类分类场地条件对场地地震动影响的特点及规律,给出了每一类场地地震动参数变化的经验关系。高峰等[253]采用一维等效线性化方法,计算分析了基岩地震动经水平成层的土壤传播后所发生的变化,考虑了冻土层的存在和地基辐射阻尼的影响,并按一维波动理论进行了反演计算。李刚等[254]采用工程波动理论,考虑简谐SH波诱发的水平振动和场地土的材料阻尼,假定场地土体系处于反平面应变状态,研究半空间上SH波激励下上覆黏弹性场地土的自由场动力反应。利用正交函数法求解基岩运动输入下上覆土层的振动解,以此解来分析SH波激励下黏弹性场地土的放大效应,得出了非常有用的结论。尤红兵等[249]利用Biot基本波动方程推导了饱和土层和半空间的精确对称动力刚度矩阵,利用其求解了含饱和土的层状场地的动力响应,给出了含饱和土层状场地的自由场(入射 P 波、SV 波)动力刚度的计算方法,建立了更接近实际情况场地模型。波动理论方法的缺点在于地震波只能从基岩输入,视土体为黏弹性体,不能真实的反应土体的真实特性且分析只是一维的。齐文浩等[255]对一维波动理论法目前的研究现状进行了比较全面的总结。和波动法相比较,振动法一般采用离散质点模型,如集中质量法。由于引入了较多的假定,比较简单且较粗糙,模型采用离散的一维土柱模拟场地土,土柱固定于基岩,不能考虑水平方向上土体运动的变化,不能考虑地基辐射阻尼的影响,不考虑三个相互垂直方向上场地运动的耦联,且计算只能在时域内进行。由于存在这些问题,目前的场地反应分析中已较少采用。

有限元法是近年来发展很快的一种有效计算方法,其优点在于可以较真实地模拟地基的各种复杂几何形状和荷载,能考虑场地的非均匀性、各向异性和土体本身的非线性特征;能够再现场地反应的全过程,包括应力、应变、孔压的变化规律,各个质点的位移、速度、加速度时程,极大地方便了研究者对场地地震安全性的评价。陈正汉等[256]为了评价厦门地基抗震的稳定性,用有限元法对 4 个典型场地进行了地震反应分析。景立平等[257]基于两相介质动力学方程组,利用显式集中质量有限元结合透射人工边界,研究了水平自由场地单相土、欠饱和土和饱和土及不同模量的土层排列结构对地震波传播的影响。沈建奇等[258]基于三维显式有限元算法并结合黏弹性人工边界条件,针对某岛型大型工程场地,研究了岛型地质、地形条件对地震动反应的影响。王刚等[259]、庄海洋等[260]分别使用边界面模型和非线性黏弹性模型,分别在大型有限元计算程序 MARC、ABAQUS 二次开发平台上进行了二次开发,并基于各自的土体本构模型进行了场地的地震反应分析。此外,李山有等[261]、金星等[262]、冯启民等[263]也都在各自的研究中使用了有限元方法。有限元法虽然十分灵活、强大,但也存在一些问题,比如计算范围的选定、单元网格尺寸与计算机时间存在的矛盾、无法模拟无限地基辐射阻尼等。但随着计算机技术的不断发展，以及与其他方法，如人工边界条件、边界元、无限元的结合，这些缺点都能在一定程度上被克服，所以说有限元法具有很强的生命力。

此外，考虑到场地反应的影响因素较多，不少学者从各自不同的研究侧重点对该问题进行了大量的研究。这些侧重点主要集中于以下几个方面：1)地震动输入：包括其类型、能量和频率成分；2)场地条件：地表以及地下几何形态、土层分布、水文地质条件等；3)土体模型：黏弹性模型、非线性模型或弹塑性模型以及模型参数的确定。三者之中又以考察场地条件差异性的研究最为丰富，这方面的研究成果主要有：John F.[264]考察了局部深厚沉积盆地对地震波的放大效应。石玉成等[265]分析了黄土场地覆盖层厚度和地形条件对地震动放大效应的影响。Fenton G A[266]首次考虑场地土性质空间变异的特点进行了概率分析。李杰等[267]考虑岩土介质空间随机分布特性，进行了工程场地地震动随机场分析。Tmar E[268]考虑场地土的各向异性，对场地液化评价进行了可靠度分析。随机分析表明：在确定性分析中使用平均值偏于不安全。黄玉龙等[269]考察了软泥夹层对香港软土场地地震反应的影响；薄景山等[270,271]在对场地条件对地震动影响研究的进展进行总结的基础上研究了土层结构对地表加速度峰值的影响。袁丽侠[272]结合实例详细分析了场地土对地震波的放大效应。陈继华等[273]对深厚软弱场地地震反应特性进行了研究。许建聪等[274]对深厚软土地层地震破坏的作用机理进行了研究。庄海洋等[275]在对互层土的动参数进行试验研究的基础上，对互层土场地的地震反应进行了分析。尚宇平等[276]研究了剪切模量沿深度按指数规律增大的场地土的地震放大效应。董娣等[277]研究了地震中场地条件对地震动特性的影响。楼梦麟等[278]对深覆盖土层地震反应分析中的若干问题进行了探讨。赵艳等[279]研究了场地条件对地震动持时的影响。刘月红等[280]研究了刚性、软弱土层对场地放大效应的影响。尤红兵等[249]研究了含饱和土的层状场地的动力响应。

8.3 场地动力反应数值研究中的几个问题

8.3.1 地震波的选取和输入

前面已指出:输入地震波的特性,包含地震波本身的特性和输入方式两个方面,是影响场地反应的重要因素,这已被不少研究成果所证实。朱东生等[281]在研究了地震动强度对场地地震反应的影响后指出:地震动强度不同,同样的场地对地震动的影响也不同,得到的反应谱形状也不同,并建议我国抗震设计规范考虑地震动强弱对相同场地反应谱形状的影响。卢华喜[282]研究了不同频谱特性地震动输入对场地地震反应的影响,得出如下结论:对同一频谱特性地震波,随着输入加速度峰值的增加,土体加速度峰值放大系数减小;对于不同频谱特性的地震波,土体加速度峰值放大系数差异较大,这表明地震波频谱特性对场地的地震反应影响较大。刘立平等[283]在对水平分层场地进行动力反应分析时,考虑了三种地震波的输入方式,即土体底部输入加速度时程、土体底部输入位移时程和大质量法(底部土体各节点上附加质量单元,输入应力时程),考察不同输入方式对场地反应的影响,结果表明这三种输入方式所引起的差别很小,可以认为是等效的。刘峥等[284]针对地震安评在Ⅱ级工作中对深厚土层地震输入界面的选取规定了三种不同的方式,探讨了不同输入界面对土层地震反应的影响。结果表明:对于给定的输入地震动条件,地表加速度的放大效应,在不同的输入界面差别较大。陈国兴等[285]也考察了地震动输入界面对深软场地地震效应的影响,最后指出:对于中长周期的建筑物,应慎重选择地震动输入界面,最好选取剪切波速大于 500 m/s 的土层或基岩面作为地震动输入界面。基于这些研究,在具体问题的分析中,选择什么样的地震波以及如何输入就是工程以及研究人员所需要考虑的问题。

地震波的选取:目前地震动的选取方法主要有四种:一是利用拟建场地的强震记录;二是直接利用或进行简单处理的典型记录;三是利用规范反应谱合成人工地震波;四是根据场地条件来确定地震动时程。四种方法中实际工程设计用得最多的是第三种,科学研究中比较常见的是第二种,但从考虑问题的全面性来看,第四种方法是最合理,最科学的,这也是今后研究的一个方向,窦立军等[286]对四种方法的优缺点做了比较,并对第四种方法做了一定的研究。本次研究中采用第二种和第三种方式的结合,即考虑实际地区的抗震设防烈度来对典型记录地震波的加速度时程曲线进行修正。

按如下公式进行修正

$$A(t) = \frac{A_{max}}{a_{max}} a(t) \quad (8-1)$$

式中,$A(t)$,A_{max} 为调整后的加速度时程曲线及其峰值;$a(t)$,a_{max} 为记录加速度时程曲线及其峰值。

表 8-1 加速度时程曲线峰值(cm/s^2)

地震影响	7 度	8 度	9 度
多遇地震	35	70	140
罕遇地震	220	400	620

由抗震规范给出的表 8-1 可知:对于 8 度地区罕遇地震下的时程分析所用的地震加速度时程曲线的最大值为 400 cm/s^2。这里的原始地震波记录选用 Koyna 波,其水平加速度峰值为 473.78 cm/s^2,竖向加速度峰值为 311.56 cm/s^2,主要强震部分持续时间为 10 s。该地震波水平及竖向加速度记录的谱值分布很广,在 0~50 Hz 之间,高频部分较宽,第一卓越频率为 8.31 Hz。调整后水平方向加速度峰值为 400 cm/s^2,竖直方向峰值为 275.67 cm/s^2。图 8-1 中分别为对应的加速度时程曲线和傅立叶谱图。

地震波的输入:地震波的输入包含三个方面的问题,即输入时程的选取、输入位置以及输入方向。对于第一个问题,刘立平[283]

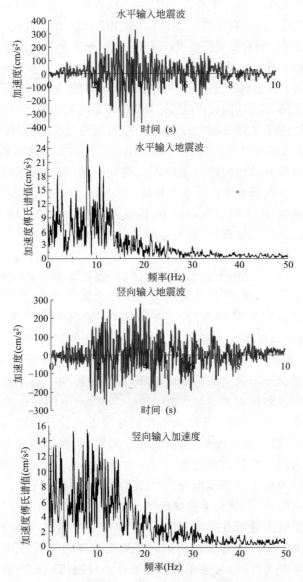

图 8-1 Koyna 水平、竖向地震波加速度时程调整曲线及相应的傅立叶谱图

的研究表明：输入加速度时程、位移时程或者是应力时程所引起的差别可以忽略。而实际地震记录中多为加速度时程，所以此次研究将选用输入加速度时程曲线的地震波输入方式。对于第二个问题，目前大多数人都采用了在模型底端输入的方式，也就是在基岩处输入地震波。但由于典型地震记录多数都是在地表取得的，如果采用这种方式输入地震波，那么还需要将地表记录到的地震时程通过反演到深层基岩上，得到基岩上的地震时程，然后再进行场地反应的分析。但也有选择在地表输入的例子，B. K. Maheshwari[287]就基于地表地震输入的方式对深基础结构进行了地震反应分析，但没有考察输入位置的影响。此次研究采用在基底处输入地震波的方式。地震波的输入方向问题：由于地震波的产生、传播方式和路径的不确定性，再加上场地条件的复杂性，在实际问题中，想准确而全面地把握地震波的传播方向是不可能的。从地震对桩基础结构的破坏现象的统计来看，主要还是由于剪切波引起的，所以在研究中，大多数学者都选用垂直入射的剪切波来作为对实际地震波的假设[287]。也有考虑剪切波在水平面内两个方向传播的输入方式[288]。范立础等[289]还对地震波输入最不利方向标准的问题进行了研究；地震中，除了剪切波引发的破坏外，在1994年的Northridge地震中，还发现了由于P波造成的桩体破坏现象，这促使一些学者同时考虑了剪切波和压缩波的二维输入方式[290]，但他的分析中忽略两者的耦合作用。另外，近年来随着场地地震危险性分析方法的改进和发展，以及随机振动、随机场理论的发展，在土体动力反应计算中考虑地震荷载随机性和土性参数的变异性，建立失效概率为最终目的的动力可靠度分析方法成为当前土体抗震的一个新课题。门玉明等[291]研究了剪切模量随深度呈线性变化时场地土的随机地震反应分析方法，分别建立了基岩输入地震动加速度功率谱函数为白噪声和过滤白噪声时场地土的随机地震反应分析理论。尚宇平等[292]也考虑在基岩输入这两种随机地震波进行了场地土随机地震反应分析及动力可靠度计算。准确来说，这更加符合真实地震动的情况，但由于地震动输入的复杂化，就限制了其他方面的考虑,比如不能考虑土体的非线性特征等,这也是不可取的。但这是一个有待深入的方向。考虑到本次课题研究的侧重点、各种输入方法的成熟度以及以下事实:虽然实际地震中向上传播的剪切波可能是倾斜入射的,但当其传到接近于地表时,很可能入射角已经很小。因为随着深度的增加,土层一般会越来越硬,波速也就越来越大,根据波的传播折射原理,向上传播的折射角会越来越小,将剪切波近似为垂直入射还是比较合理的。本次课题研究中将以输入垂直向上传播的剪切波为主,并与双向输入的方式进行一定的比较分析。

8.3.2 边界条件的处理

实际场地反应分析中,地基土的范围其实是无限大的。在用有限元方法对这样一个无限域问题进行分析时,自然就会产生边界条件如何处理的问题。而我们所关注的只是结构物及其邻近地基介质中的波动,至于向远处延伸的地基介质中的波动,我们对其细节不感兴趣,但要考虑它与近场之间能量的交换与传递,这种影响是相当大的。研究表明:边界条件的选取是有限元法求解动力问题的重要一环,处理的好坏将直接影响到计算的精度[293,294]。常见的边界条件有如下几种:截断边界、黏滞边界、一致边界或透射边界,都可以归为人工边界。谢康和等[295]对这几种边界条件的原理做了比较清晰的阐释,廖振鹏等[296,297]对透射边界条件做了比较系统的研究。虽然人工边界条件能或多或少的存在一些问题,比如参数取值的不确定性、对于远场振动的无能为力等。从理论上来说,对于无限域问题的模拟最实用和最有效的方法当属无限元法。无限元在概念上是有限元的延伸,是一种几何上可以趋于无限远处的单元,其基本原理主要是通过插值函数和位移衰减函数值的乘积来构造形函数,以使无限单元在无穷远处的位移为零。本文将采用有限元-无限元耦合的方法,即对近场我们关心的区域使用有限元,远场则使用无限元,来实现对半无限域场的模拟以进行场地的动力反应以及后面桩土结构的地震动力相互作用的研究。

静力无限单元的原理及使用可以参考李录贤等[298]、蔡庞英等[299]人的研究成果。在使用无限单元进行动力问题分析时,存在如下问题:无限元为有限元提供的"静态"边界意味着无限元保留了有限元-无限元交界面上在分析开始时的静力状态。但实际上,在动力分析过程中,有限元-无限元交界面不可能保持不变,所以无限元应当提供交界面上法向与切向的变化规律,可行的办法是让这些变化与交界面上的速度相关,即无限元的动力响应与穿越交界面的平面波相关。考虑沿 x 轴的一维波的传播,其平衡方程为

$$-\rho \ddot{u}+\frac{\mathrm{d}\sigma}{\mathrm{d}x}=0 \qquad (8-2)$$

式中,ρ 为材料密度。假设无限元区域材料的本构行为是线弹性的,而且变形在小变形范围内。则有

$$\sigma=E\varepsilon=E\frac{\partial u}{\partial x} \qquad (8-3)$$

代入式 8-2 得

$$-\rho \ddot{u}+E\frac{\partial^2 u}{\partial x^2}=0 \qquad (8-4)$$

这个方程的一般解可以用初等方法求出。作变量代换

$$\begin{cases}\xi=x-ct\\ \eta=x+ct\end{cases} \qquad (8-5)$$

用微分法容易得

$$\begin{cases}\dfrac{\partial^2 u}{\partial x^2}=\dfrac{\partial^2 u}{\partial \xi^2}+2\dfrac{\partial^2 u}{\partial \xi \partial \eta}+\dfrac{\partial^2 u}{\partial \eta^2}\\ \dfrac{\partial^2 u}{\partial t^2}=C^2\left(\dfrac{\partial^2 u}{\partial \xi^2}-2\dfrac{\partial^2 u}{\partial \xi \partial \eta}+\dfrac{\partial^2 u}{\partial \eta^2}\right)\end{cases} \qquad (8-6)$$

上两式代回波动方程得

$$\frac{\partial^2 u}{\partial \xi \partial \eta}=0 \qquad (8-7)$$

上式的一般解为

$$u(x_1 t)=f_1(x-ct)+f_2(x+ct) \qquad (8-8)$$

式中,$C=\sqrt{E/\rho}$,为波速;f_1、f_2的特定形式需要由边界条件和初始条件来确定。函数f_1、f_2的自变量$x-ct$与$x+ct$是空间坐标x和时间坐标t的特殊组合,称为波动自变量或波的行进特征。虽然这是从一维情况导出的,但它却表示了任何波动现象的本质特征:波动以有限速度C进行传播。简单来讲,当向右传播的波$u=f_1(x-ct)$在其传播方向上存在一个边界,一旦有波$U_1=f_1(x-ct)$到达边界,我们希望这个波没有反射,则应有一个$U_2=f_2(x+ct)$同时发生,为了达到这个效果,可以在边界上设置一个阻尼器,使得在边界上有$\sigma=-d\dot{u}$,d为阻尼系数。即对于U_1与U_2,在边界上会有如下关系:

$$\sigma=E(f_1'+f_2')=d(-cf_1'+cf_2') \qquad (8\text{-}9)$$

即

$$(E-dc)f_1'+(E+dc)f_2'=0 \qquad (8\text{-}10)$$

如果要求$f_2=0$,则有$f_2'=0$,这只需选择$d=E/c=\rho C$即可达到目的。也就是说只要边界阻尼器的参数选择合理,就可以把返回有限元网格的波的能量过滤掉,可用来模拟无反射的情况。最后得到在边界上设置阻尼器的系数表达式为

法向阻尼

$$d_p=\rho C_p=\rho\sqrt{(\lambda+2G)/\rho} \qquad (8\text{-}11)$$

切向阻尼

$$d_s=\rho C_s=\rho\sqrt{G/\rho} \qquad (8\text{-}12)$$

式中,C_p,C_s分别为压缩波和剪切波的波速;ρ为密度;λ,G为介质的拉梅常数,其值为

$$\lambda=\frac{E\nu}{(1+\nu)(1-2\nu)},G=\frac{E}{2(1+\nu)} \qquad (8\text{-}13)$$

在 ABAQUS 有限元程序中,只要已知材料的弹性模型、泊松比和密度,无限单元将自动按照式 8-11 和式 8-12 两式给出在有限元-无限元边界处施加阻尼器的阻尼系数。从上面的推导过程来看,阻尼系数分别是针对水平传播和竖向传播的波推导出来的,但实质上,它对任意角度入射的波形都能很好地实现无反射效果。

8.3.3 土体动力模型及场地有限元-无限元模型

在中强地震作用下,土体内部将产生较大的变形,超出小变形的范畴,应力应变关系表现出明显的非线性特征;土体的结构性将逐渐被破坏;土体变形模量、强度都将出现退化;超孔隙水压力的产生会进一步影响土体的力学特性。土体本身的这种动力特性将会在很大程度上影响场地的动力反应以及桩土结构的动力相互作用。土体的动力本构模型研究已较丰富,但能用于进行场地地震反应分析的还并不多。蔡宏英等[299]采用弹塑性边界面模型对深厚覆盖软土地层多向地震动力反应进行了分析。孙剑平等[300]在研究中采用以下方法来考虑土体的非线性特征:综合我国《工程场地地震安全性评价》(GB 17741—2005)和现场试验数据,得到一组应变在计算所用数据范围之内的土特征参数与相应应变的关系曲线,在场地土反应分析过程中,用这组曲线进行插值求解。土的初始动模量和阻尼值的确定,通过弹性波理论来得到。陈国兴等[301]在 Davidenkov 骨架曲线的基础上采用 Masing 法则构造了一位动应力-应变关系的滞回曲线,并结合土体动力试验研究了土动力参数变异性对深软场地地表地震动参数的影响。此次研究采用第四章中建立的饱和黄土结构性及非结构性动力本构模型来对黄土地区的场地反应进行有效应力分析。该模型可以考虑以下几个方面:1)土体的非线性特征;2)土体的结构性;3)超孔隙水压力的增长;4)变形模量和不排水强度的退化;5)土体参数随深度的变化;6)拉压不同模型以及中主应力、应力历史的影响。

本次研究在对场地进行动力反应分析时,采用有限元-无限元结合的方式。有限元区域水平方向长度为 200m,竖向范围视分析土层厚度具体而定。有限元区域两侧及底部均为无限元区域,典型网格划分如图 8-2 所示。分析中各参数取值如下:$\beta=1.0, \nu=0.45, \varphi=25°$, $c=13 \text{ kPa}, c_c=0.163\ 8, c_s=0.023\ 4, K_0=1.0, K_p=174.49, n_p=0.962\ 6$, $k_{urp}=1.6, \mu=2.0, H=0.925, \chi=23.1, t=2.06, \Lambda_0=0.634$, $\zeta_{max}=0.8$,饱和黄土容重为 $\gamma_{sat}=19.6 \text{ kN/m}^3$,孔隙比为 $e=1.5$。

各参数的具体意义已在前文中给出,其中某些参数会在具体分析中有相应的调整。输入波型为调整后的 Koyna 水平地震波。

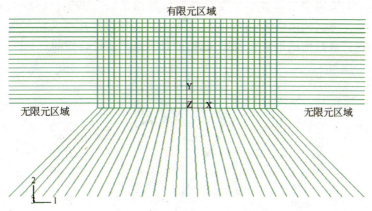

图 8-2 典型有限元-无限元模型网格划分

以下为针对土层厚度 50 m 的场地采用不同本构模型进行分析,包括弹性模型、摩尔库仑理想弹塑性模型、邓肯-张模型及本文模型。图 8-3 和图 8-4 分别为土层水平加速度放大倍数及水平位移放大倍数沿深度方向的变化规律。其中水平加速度放大倍数及水平位移放大倍数分别定义为一定深度处土体水平加速度、水平位移绝对最大值与基岩处相应值的比值。从图中可以看出:弹性模型由于既没有考虑土体的非线性,也没有考虑其退化特性,给出的结果水

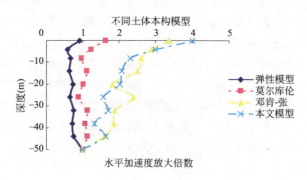

图 8-3 水平加速度放大倍数

平位移及加速度都不但没有放大,反而有所减小,这显然与实际情况不符合;邓肯-张模型考虑了非线性但没有考虑退化,给出的结论都比本文模型结果要小。理想弹塑性模型给出的水平位移放大倍数要比本文结果要大,水平加速度表面放大效应则比本文结果偏小一点。从对比结果来看,本文模型的计算结果是较合理的。

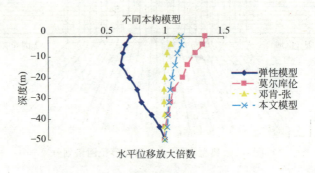

图 8-4　水平位移放大倍数

8.4　上覆土层厚度对场地动力反应的影响

研究表明:深覆盖土层的地震反应要更加强烈一些,结构物的破坏也会更严重,1985 年墨西哥城发生的 8.1 级地震则直接证明了这一点。这也促使了不少学者在研究中强调上覆土层厚度的影响。就黄土地区而言,由于地形比较复杂,不同地区上覆土层厚度的差异相当大。以西安地区为例,河漫滩上覆黄土层厚度一般为 2~6 m;Ⅰ级阶地为 6~11 m;Ⅱ级阶地 13~25 m;Ⅲ级阶地 38~50 m;黄土塬区大致为 36~80 m,最厚处可超过 100 m。这种上覆土层厚度的巨大差异将直接导致土层对地震波的放大、滤波效应的不同,对上部结构的破坏程度也就不一样。所以弄清楚黄土层厚度对场地地震反应的影响将对实际工程的选址具有重要的指导意义。本小节通过对 10 m,15 m,25 m,50 m,80 m,100 m 六种上覆黄土层厚度的场地地震反应计算,探讨土层厚度变化对场地地震反应的影响。

8.4.1 场地土层的放大作用对比

图 8-5 中分别为地表面加速度峰值、水平位移峰值相对于基岩处的放大倍数随土层厚度的变化关系。从图中可以看出：上覆土层厚度的变化对两者都有影响，但影响方式区别较大。加速度放大倍数随着土层厚度的变化先是增大，到一定厚度之后出现峰值，随后又会出现逐渐减小的趋势。也就是对于一定的地震波和土层条件，存在一个特定的土层厚度，这个厚度对应的地表加速度放大效应达到最大值。这说明在实际工程选址中，应该特别注意上覆土层的厚度，避开会出现加速度放大倍数峰值的土层，以免导致上部结构惯性荷载过大而造成的破坏。水平位移放大倍数随着土层厚度地增大而逐渐增大，到一定程度之后会出现加速放大现象。对于本次输入的地震波和土层条件，

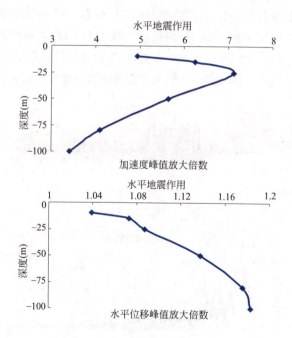

图 8-5 加速度峰值放大倍数、水平位移放大倍数随土层厚度的变化

这个出现位移加速放大的土层厚度约为 80 m 左右。这也提醒在实际工程选址中应该优先选择位移加速放大对应土层的厚度范围之内的场地。以避免结构出现过大位移而引发的安全问题。

8.4.2 场地土层的滤波作用对比

图 8-6 中为土层厚度分别为 10 m,15 m,25 m,50 m,100 m 时,地表加速度时程曲线及相应的傅氏谱图。从图中可以看出,土层厚度对加速度谱的类型及对应的频率范围都有较大的影响。具体表现为:随着土层厚度地增加,加速度谱的类型可在主峰型、多峰型、混合型之间相互转化,高频成分逐渐减小,向低频成分集中。厚度为 10 m 时,傅氏谱曲线为主峰型,频率范围非常大,最高频率可达到 40 Hz 左右,和输入地震波的特征差异较小;厚度为 15 m 时,傅氏谱曲线变为多峰型,频率范围大大减小,最高频率为 18 Hz 左右,一部分高频成分已被过滤掉;土层厚度为 50 m 时,傅氏谱曲线也为多峰型,最高频率减小到 12 Hz 左右;土层厚度为 100 m 时,傅氏谱曲线为混合型,但频率范围已集中到 0~6 Hz 之间,和输入地震波的特征差异非常大。

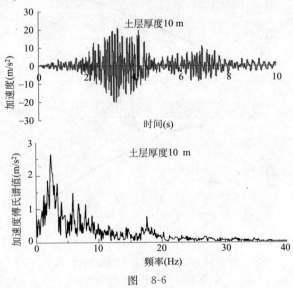

图 8-6

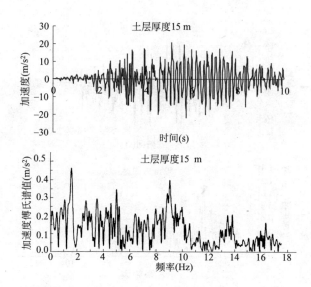
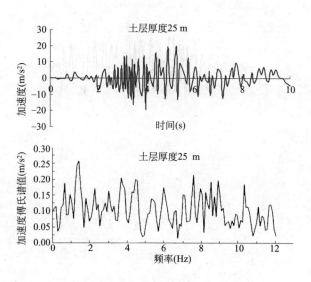

图 8-6

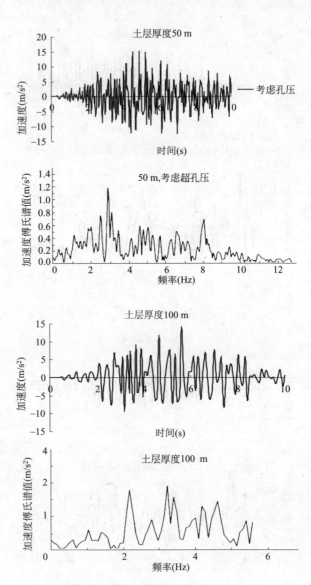

图 8-6 不同土层厚度下地表面加速度时程曲线及相应的傅氏谱图

8.5 超孔隙水压力对场地动力反应的影响

在地震荷载作用下,饱和黄土承受反复的剪切作用。随着过程的发展,易溶盐逐渐溶解,土体的孔隙结构被破坏,大量的粉粒物质散离,落向孔隙中,造成孔隙体积减小,但孔隙水又来不及排出,从而导致孔压累积上升,使得作用于土骨架的有效应力急剧降低,土体的强度部分丧失,应变增大。由于超孔隙水压力的产生导致了土体力学性能的改变,这将对场地反应产生影响,甚至会触发黄土发生广泛的液化,大面积的滑移。本小节对于上覆土层为 50 m 和 80 m 的水平单层饱和黄土场地分别在考虑超孔压产生的影响和不考虑其影响下进行场地反应分析,其中不考虑超孔压时 $H=0$,其他各参数取值同上。

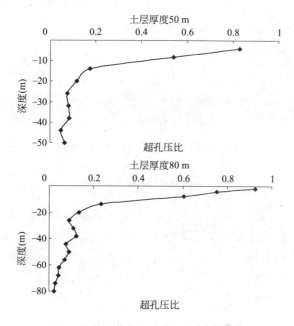

图 8-7 不同土层厚度超孔压比随深度的变化

8.5.1 场地土层的放大作用对比

在输入峰值为 400 cm/s² 调整 Koyna 水平地震波的情况下,图 8-7 中分别为上覆土层厚度为 50 m 和 80 m 时不同深度处的超孔压发展曲线。其中超孔压比定义为超孔隙水压力与该深处初始固结围压之比。从图中可以看出:超孔压比随着离地面距离的变小而增大。由于本文在计算中没有考虑孔压的消散,所以图中显示超孔压比在地表面达到最大值。而实际上,地表面的排水条件更有利于孔压的消散,所以实际场地反应中,超孔压比应该是在孔压增长和孔压消散共同作用下,在地表下某一深度处达到峰值,该处也是场地不稳定分析中的关键。

图 8-8 和图 8-9 分别为上覆土层厚度为 50 m 和 80 m 时地表面水平位移时程曲线。从图中可以看出:考虑与不考虑超孔压影

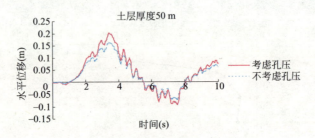

图 8-8　50 m 厚度水平位移时程曲线

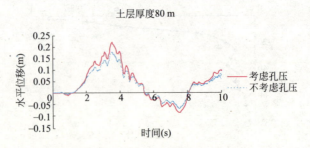

图 8-9　80 m 厚度水平位移时程曲线

响对水平位移时程曲线的形态基本上没有影响,但考虑孔压影响时水平位移峰值略有增大。对于 50 m 的土层厚度,其值从不考虑孔压影响的 0.162 4 m 增大到考虑孔压影响的 0.202 4 m,约增大 24.6%;对于 80 m 的土层厚度,其值从 0.176 9 m 增大到 0.221 6 m,约增大 25.3%。

8.5.2 场地土层的滤波作用对比

图 8-10～图 8-13 分别为不同厚度下,考虑与不考虑超孔压影响时,地表面水平加速度时程曲线及相应的傅氏谱值。从图中可以看出,超孔隙水压力对加速度时程曲线影响较大。具体表现为:不考虑孔隙水压力时,加速度峰值大幅度增大。对于 50 m 的土层厚度,峰值约增大 57.3%;80 m 的土层厚度,峰值约增大 29.4%。此外,是否考虑超孔隙水压力将影响频谱曲线的形状,考虑孔压影响时,将会滤掉地震波的部分高频成分。从

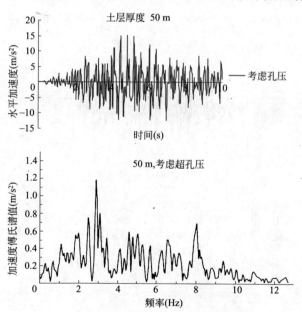

图 8-10 土层厚度 50 m,考虑超孔压时地表水平加速度时程曲线及其傅氏谱

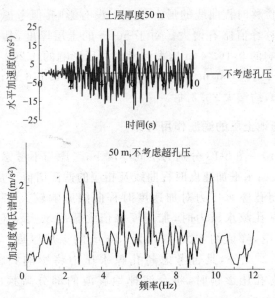

图 8-11 土层厚度 50 m,不考虑超孔压时地表水平加速度时程曲线及其傅氏谱

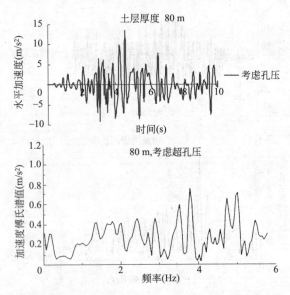

图 8-12 土层厚度 80 m,考虑超孔压时地表水平加速度时程曲线及其傅氏谱

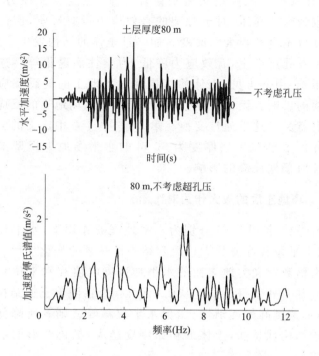

图 8-13 土层厚度 80 m,不考虑超孔压时地表
水平加速度时程曲线及其傅氏谱

图中可以看出：土层厚度为 50 m 时,是否考虑超孔压对频谱范围几乎没有影响。不考虑超孔压影响时,其频谱曲线表现为多峰值特点,考虑孔压影响时,虽然仍为多峰值型,但峰值次数减少,向低频部分集中；土层厚度为 80 m 时,是否考虑超孔压对频谱范围影响很大。考虑孔压影响时,大部分高频成分被过滤掉。

8.6 土体结构性对场地动力反应的影响

原状饱和黄土具有一定的结构性,在一定强度的动荷载作用下,在其原有的微结构未被破坏之前,应变以弹性为主,其孔压也为弹性孔压,对土骨架的有效应力没有影响,因此土体的强度也不会有很大的改变。而一旦土体的结构发生了破坏,则将引发孔压产生,有效应力降低,力学性能退化等一连锁的不利影响,由此可见,土体的结构性对场地土的地震反应具有很重要的影响。因此,进行具有不同结构性场地土的反应分析将很有意义。这里通过变换在第 3 章、第 4 章中定义的应力分担率峰值 ζ_{max},以土层厚度为 50 m 的水平场地为模型来考察结构性对场地反应的影响。

8.6.1 场地土层的放大作用对比

图 8-14 和图 8-15 分别为水平地震波作用下,水平加速度峰值、水平位移峰值放大倍数随结构性参数的变化规律。这里的放大倍数定义为地表面的水平加速度峰值和水平位移峰值与相应基岩处值得比值。从图中可以看出:随着土体结构性的增强,加速度峰值逐渐增大,但水平位移峰值则有所降低。这是由于结构性越强,土体的初始刚度越大,抵抗变形的能力越强造成的。

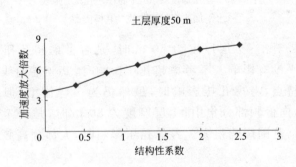

图 8-14 水平加速度峰值随结构性的变化规律

8.6.2 场地土层的滤波作用对比

图 8-16 中分别为结构性系数取 0.0,0.8,1.6,2.5 时地表面

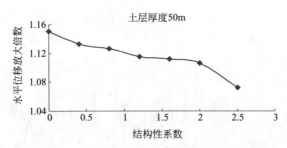

图 8-15 水平位移峰值随结构性的变化规律

加速度时程的傅氏谱图。从图中可以看出:频谱图多为多峰型,随着土体结构性的增强,其频率中高频成分所占比例逐渐增多,这也是结构性增强,土体刚度增加的原因。

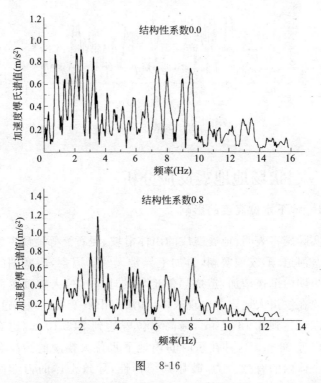

图 8-16

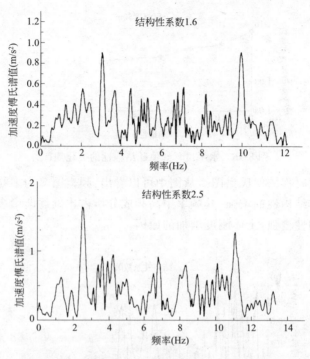

图 8-16 不同结构性系数下地表加速度傅氏谱图

8.7 层状场地地震反应分析

8.7.1 地下水位高度的影响

实际震害表明:地震造成的山体滑坡、泥石流等地质灾害很容易阻塞河道,形成堰塞湖,再加上异常天气等因素,堰塞湖的库容会在短期内迅速增加,造成局部地域的地下水位大幅度提高。这种现象在汶川大地震中出现较多,如唐家山堰塞湖。地震过后,其最大库容达到3.16亿 m³,最高水位曾达到 743.10 m,比安全水位高出近 23 m。这种在短时间内地下水位大幅度的抬高会显著降低土体内的有效应力,破坏其结构性,导致土体的力学性能降低,严重威胁主震过后场地、建筑物的稳定性和安全性。所以分析地下水位高度对场地、建筑物的地震反应影响,对震后场地、建筑物的稳定性和安全评价将有非常积极的意义。本小节将分析地下水位高度变化对黄土场地地震反应的影响。模型中总的土层厚度为 50 m,地下水位以上的土层容重 $\gamma=14.7$ kN/m³,没有超孔隙水压力的产生,即 $H=0$,其他各参数取值与本章 8.3 小节中相同。输入峰值为 400 cm/s² 调整后的 Koyna 水平地震波。

图 8-17 为不同地下水位下,各深度处水平加速度放大倍数的变化规律。从图中可以看出:随着地下水位的降低,各深度处的加速度峰值都有所增大。由此可见各深度处的加速度时程受地下水位影响较大。图 8-18 为不同深度处水平位移放大倍数随地下水位的变化图,表明地下水位对各点处水平位移时程曲线有影响。

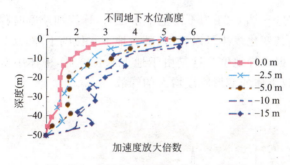

图 8-17 水平加速度放大倍数变化规律

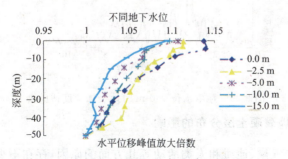

图 8-18 水平位移放大倍数变化规律

具体表现为:随着地下水位地下降,水平位移逐渐减小。图 8-19 为不同深度处超孔压比随地下水位的变化图,有超孔压产生处其值受地下水位影响不大,但本次分析中由于没有考虑孔压的消散,所以这样的规律并不一定准确。

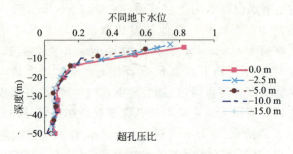

图 8-19 超孔压比变化规律

图 8-20~图 8-24 为不同地下水位时,地表加速度时程的傅氏谱图。从其变化规律可以看出:随着地下水位的下降,高频成分将越来越占据主导地位。这是由于地下水位降低,土体中有效应力增大,导致土体的变形刚度增大的缘故。

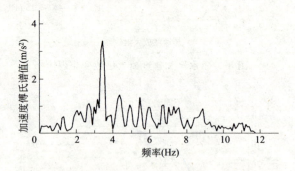

图 8-20 地下水位 0.0 m 时地表加速度傅氏谱

8.7.2 地表硬土层分布的影响

由于气候、地质和人类活动等几方面的原因,存在不少地表土层相对坚硬的局部场地,这种场地在城市地区比较常见。从桩土

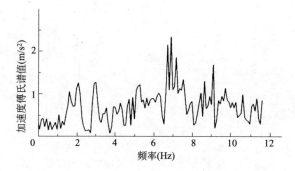

图 8-21　地下水位－2.5 m 时地表加速度傅氏谱

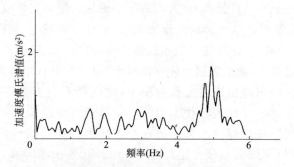

图 8-22　地下水位－5.0 m 时地表加速度傅氏谱

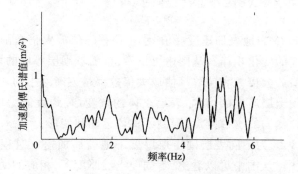

图 8-23　地下水位－10.0 m 时地表加速度傅氏谱

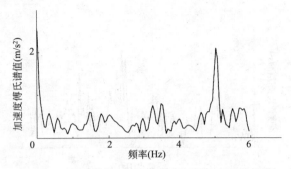

图 8-24 地下水位-15.0 m 时地表加速度傅氏谱

相互作用的角度来看,桩土之间的分离主要是集中在地表附近范围内。桩土间一旦分离,将大大的削弱桩基的侧向支撑刚度,降低桩基的安全性。从土体的角度来说,其力学性能越差,则在荷载作用下,变形越大,越容易产生永久性位移,造成桩土间的开裂;但从另一方面来看,如果表层土体刚度过大,也可能会在地表附近一定范围内桩体内部出现应力集中现象,这也是不利于桩基抗震的。本小节将对于存在表层硬土层的场地进行场地反应分析。对表层硬土层的模拟通过不考虑超孔隙水压力和调整结构性参数来实现,分析不同表层硬土层厚度(0.0 m,0.5 m,1.0 m,2.5 m,5.0 m)对于场地反应的影响。分析中表层硬土层内不考虑超孔压的产生,结构性系数调高为 3.0,土体天然容重为 $\gamma = 14.7$ kN/m³。

图 8-25 为地表加速度峰值、水平位移峰值放大倍数随表层硬土层厚度的变化规律。从图中可以看出:随着硬层厚度的增大,加速度峰值放大倍数和位移峰值放大倍数都是逐渐减小的。这主要是由于硬土层厚度的增加,表层土体的抗变形、约束能力增强,提高了桩体侧向的支撑刚度,限制了桩体运动和变形。

图 8-26 为不同表层硬土层厚度下地表面加速度时程曲线的傅氏谱图。从图中可以看出:不同硬土层厚度下,相应的傅氏谱曲线形态均表现为多峰值型,但随着硬土层厚度的增大,高频成分的比例逐渐增多。

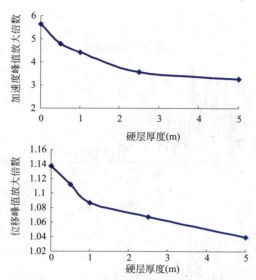

图 8-25 加速度峰值、水平位移峰值放大倍数随表皮硬层厚度的变化规律

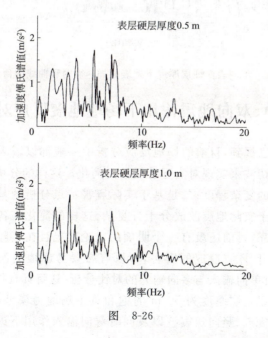

图 8-26

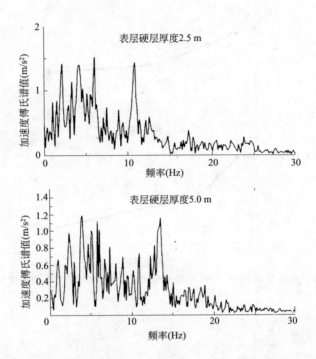

图 8-26 不同表面硬层厚度下地表面加速度时程曲线的傅氏谱图

8.8 单、双向地震作用下场地地震反应对比分析

前面已提到,目前的场地反应分析中一般都以输入垂直向上传播的剪切波来实现对实际地震波的简化。这样的分析方法一是基于问题的复杂程度;二是基于实际震害特点分析的基础上进行的。但由于实际地震波成分十分复杂,这样的简化在各种情况下是否都可靠,目前还没有一个明确的定论。况且在实际震害中也发现了由于 P 波造成的震害,所以有必要考虑地震波的多向传播,并进行单向输入与多向输入的对比分析,这将具有很重要的意义。下面以土层厚度为 50 m 的饱和黄土场地为模型,在分别输入水平地震波、竖向地震波以及同时双向输入作用下进行场地的

反应分析。分析中各参数取值与本章8.3节中相同。

图8-27为水平地震作用下,地表面的竖向加速度时程曲线和竖向位移时程曲线;图8-28为竖向地震作用下,地表面的水平加速度时程曲线和水平位移时程曲线。从图中可以看出:单向输入方式下,土层在另外一个方向上也会有所反应,这表明两个方向上的反应是耦合的,所以有必要对单向输入分析和两个方向上输入地震波的耦合分析进行对比。

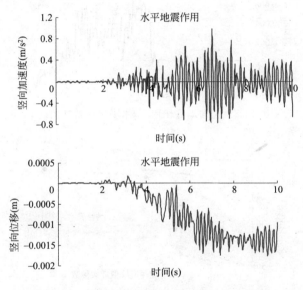

图8-27 水平地震作用下,竖向反应特征曲线

图8-29为水平地震和双向地震作用下水平方向加速度、水平位移不同深度处对比图。图8-30为竖向地震和双向地震作用下竖向加速度、位移在不同深度处的对比图。图8-31为三种输入方式下,超孔压比随深度的变化对比图。从图中可以看出:输入方式的不同对加速度时程及位移时程均有不同程度的影响。对孔压比规律几乎没有影响。而且和通常的看法似乎刚好相反,双向输入方式下场地的反应比单向输入下还要小一些。表8-2中表明:对于表面水平加速度放大倍数,双向振动比水平振动减小达

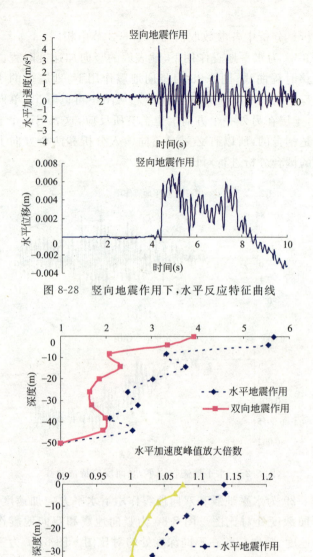

图 8-28 竖向地震作用下，水平反应特征曲线

图 8-29 水平和双向地震作用下水平方向加速度、水平位移不同深度处对比

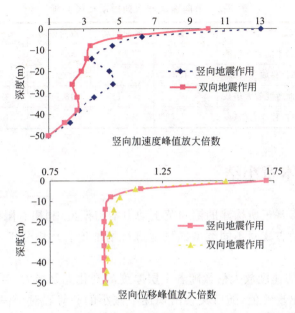

图 8-30 竖向和双向地震作用下竖向方向加速度、竖向位移不同深度处对比

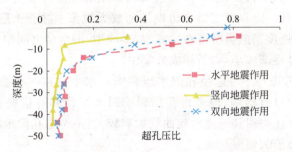

图 8-31 三种输入方式下,不同深度处超孔隙水压力比的对比图

30.69%;对于水平位移,则减小 5.3%;对于竖向加速度放大倍数,双向振动比竖向振动减小 22.99%;对于竖向位移,则减小10.61%。这说明选择哪种输入方式应该结合场地条件来进行,不同的地震波可能引起不同的结果,不能简单地认为单向输入方式就是偏于不安全的,有些情况下可以是偏安全的。

表 8-2　单向振动与双向振动比较分析

比较项目	水平振动	竖向振动	双向振动	减小百分比
表面水平加速度放大倍数	5.6624	—	3.9248	30.69%
表面水平位移放大倍数	1.138	—	1.0776	5.3%
表面竖向加速度放大倍数	—	13.113	10.098	22.99%
表面竖向位移放大倍数	—	1.7185	1.5362	10.61%

8.9　本章小结

本章基于所构建的饱和黄土动力本构模型,利用有限元-无限元结合的方式对不同类型的场地进行场地地震反应分析,得到以下结论。

1. 加速度放大倍数随着土层厚度的变化先是增大,到一定厚度之后出现峰值,随后又会出现逐渐减小的趋势。对于一定的地震波和土层条件,存在一个特定的土层厚度对应的地表加速度放大效应达到最大值;水平位移放大倍数随着土层厚度的增大而逐渐增大,到一定程度之后会出现加速放大现象。随着土层厚度的增加,加速度谱的类型可在主峰型、多峰型、混合型之间相互转化,高频成分逐渐减小,向低频成分集中。

2. 考虑与不考虑超孔隙水压影响对水平位移时程曲线的形态基本上没有影响,但考虑孔压影响时水平位移峰值略有增大。超孔隙水压力对加速度时程曲线影响较大,不考虑孔隙水压力时,加速度峰值大幅度增大。

3. 随着土体结构性的增强,加速度峰值逐渐增大,但水平位移峰值则有所降低。频谱图多为多峰型,随着土体结构性的增强,其频率中高频成分所占比例逐渐增多。

4. 加速度时程受地下水位影响较大,随着地下水位的降低,各深度处的加速度峰值都有所增大。随着地下水位的下降,水平位移逐渐减小;超孔压比分布受地下水位影响不大。

5. 随着硬层厚度的增大,地表面的加速度峰值放大倍数和位移峰值放大倍数都是逐渐减小的,加速度傅氏谱图中高频成分的比例逐渐增大。

6. 输入方式对加速度时程、位移时程有一定影响,对孔压比规律几乎没有影响。和通常的看法似乎刚好相反,双向输入方式下场地的反应各项数值比单向输入下还要小一些。这说明选择哪种输入方式应该结合场地条件来进行,不同的地震波可能引起不同的结果,不能简单地认为单向输入方式就是偏于不安全的,有些情况下可以是偏安全的。

第9章 非饱和黄土地区场地地震反应分析

9.1 引 言

本章将采用有限单元法,利用第6章建立的非饱和黄土动力本构模型和第7章开发的相应模型子程序对非饱和黄土地区的自由场地之地震动力响应进行分析,并研究若干主要因素的影响。

9.2 场地分析模型

此次非饱和黄土场地地震反应分析模型采用与第8章相同的地震波及相应的输入方法,边界条件处理同样使用无限元方法。场地的水平方向的总长度为400 m,有限元区域长度为200 m,两侧无限元区域长度都为100 m,竖向长度视研究土层而定。典型的模型和网格划分如图9-1所示。

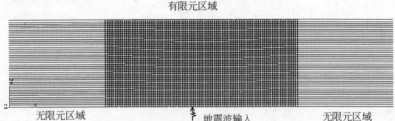

图9-1 非饱和黄土场地反应计算模型

9.3 场地地震反应影响因素分析

本节将对土体的深度、含水率、结构性、上覆土层厚度等几个主要影响场地动力反应的因素进行研究分析。为了考察土体的放大效应,将加速度放大倍数和位移放大倍数分别定义为在地震持时内一定深度的土层最大加速度、速度和相应基岩处最大加速度、速度的比值;为考察土体的滤波效应,主要分析一定深度土层的地震波时程曲线和傅里叶振幅谱相对于基岩处地震波时程曲线和傅里叶振幅谱的变化。

9.3.1 深度对场地地震反应影响

对于具有某一特定厚度上覆土层的场地,在地震作用下,不同深度的地震反应是不同的,其放大效应和滤波效应的程度有很大的区别。对于地下结构,尤其是地铁隧道及地铁车站,地震反应是其埋深选择需要考虑的一个重要因素,所以研究不同深度的地震反应很有必要。本文以 50 m 上覆土层场地为研究对象,分析地震效应随深度变化的规律。

在水平地震作用下,水平加速度放大倍数和水平位移放大倍数随土层深度变化的关系如图 9-2 所示。从图中可以看出:在上覆土层范围内,所有深度处不管是水平加速度放大系数还是水平位移放大系数都大于 1,说明每一土层对加速和位移都起到了放大作用;另外,随着深度的增加,地震波加速度放大倍数和位移放大倍数都逐渐地减少,说明随着深度增加,土体的放大作用慢慢减弱,结构具有一定的埋深对减小地震反应是有利的。本次输入的地震波和土层条件下,对于加速度放大系数,在深度 15~23 m 范

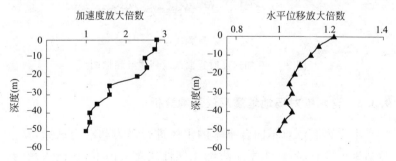

图 9-2 水平地震下加速度和位移放大倍数随深度变化

围内变化较为剧烈,加速度放大系数减少较快,在 0～10 m 和 35～50 m 范围内,其变化比较缓慢。对于位移放大系数,0～30 m 范围内近似呈线性变化,30～50 m 范围内变化不大。

图 9-3～图 9-5 给出了同一场地不同深度处的加速度时程曲线和加速度傅里叶频谱图。从几个图的相互比较可以看出:对于本次地震输入,随着深度的增加,时程曲线的幅值逐渐减小,但形状变化不大。不同深度处的地震波,高频部分都被场地土滤掉,频率集中于低频部分,且越接近地表这种滤波的效应表现的越明显。

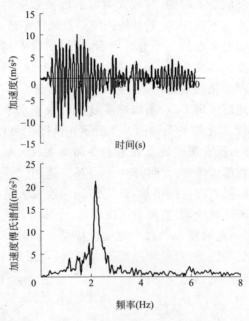

图 9-3　0 加速度时程曲线及傅里叶频谱图

9.3.2　含水率对场地地震反应影响分析

本文第 2 章对不同含水率的土体进行静力和动力试验,从试验结果可以看出:含水率是影响土体性质重要因素,具体表现为:土体的强度和模量都随着含水率的变化而变化。本文以 50 m 厚

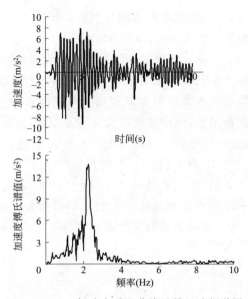

图 9-4 15 m 加速度时程曲线及傅里叶频谱图

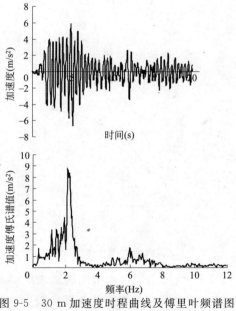

图 9-5 30 m 加速度时程曲线及傅里叶频谱图

的上覆土层为研究对象,考察不同含水率对场地动力反应的影响,含水率分别取为 5%,7.5%,10%,12.5%,15%。

土体不同含水率对场地的水平加速度放大系数和位移放大系数的影响如图 9-6 所示,从图中可以看出:加速度放大系数和位移放大系数都随着含水率地增加而增加。对于位移放大系数,随着含水率地增加而增加,但增加的幅度并不是很大,对于水平加速度放大系数,其变化幅度较大。场地土含水率从 5% 增加到 15%,速度放大系数从 1.07 增加到了 1.2,增加幅度为 12%;而对于水平加速度的放大系数,放大系数从 2.62 增大到 4.73,增加了 80%,这就说明含水率的变化对场地动力响应的影响是显著的,分析场地动力响应时,一定考虑场地土含水率对场地的动力响应的影响。

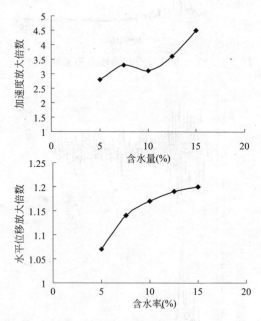

图 9-6 放大倍数随含水率变化关系

图 9-7～图 9-11 给出不同含水率的场地表层的加速度时程曲线和加速度傅里叶频谱图。几个图的相互比较可以看出:含水率

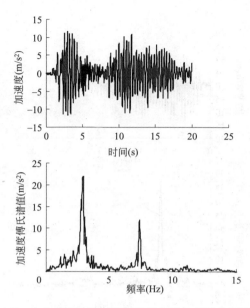

图 9-7 含水率 5% 的加速度时程曲线和傅里叶频谱图

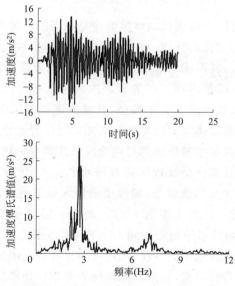

图 9-8 含水率 7.5% 的加速度时程曲线和傅里叶频谱图

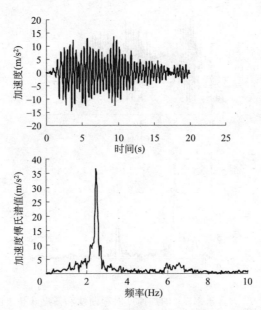

图 9-9 含水率 10% 的加速度时程曲线和傅里叶频谱图

不同的场地对同一地震波的滤波效应是不同的。时程曲线的形状随着含水率的变化而变化，对于本次输入的地震波，通过低含水率的场地滤波后，其形状为显著的多峰型，在地震波的持时范围内，前半段和后半段都出现了较为显著的峰值。随着含水率的增加，时程曲线的形状逐渐变成单峰型，其峰值逐渐的集中于持时的前半段。另外，从加速度的傅里叶频谱图中可以看出：经过场地的滤波，不论何种含水率的场地都将地震波的高频分量被滤掉，只留下低频分量；而且这种滤波效应随着场地土含水率地增加而变得更加明显，随着含水率地增加，加速度的最大频率逐渐减少，其频率范围逐渐地缩小。含水率为 5% 时，场地表层加速度最大频率为 15 Hz 左右；而含水率地增加到 15% 时，其频率范围只有 6 Hz 左右。同时，随着含水率的变化，加速度傅里叶频谱图的形状也在变化，低含水率为双峰型，其第二峰型随着含水率地增加而逐渐地消失，高含水率的傅里叶频谱图已经变为单峰型。

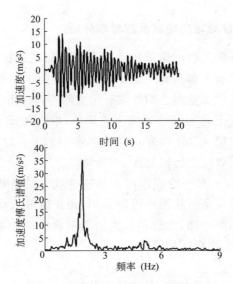

图 9-10 含水率 12.5% 的加速度时程曲线和傅里叶频谱图

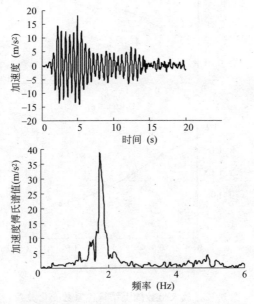

图 9-11 含水率 15% 的加速度时程曲线和傅里叶频谱图

9.3.3 结构性对场地地震反应影响分析

绝大部分建筑物或建筑物其所在场地都是原状土,不管什么样的土体其原状土都具有一定结构性,正是由于结构性的存在使得原状土的性质和重塑土的性质有很大的不同。为了考察具有不同结构性场地土对场地动力响应的影响,取含水率为10%,结构分担系数最大值 η_{max} 分别为 0,0.4,0.8,1.2,1.6 时,对比场地对地震波的放大效应进行研究。

图 9-12 表示水平地震作用下加速度放大倍数和位移放大倍数与结构性的关系。从图中可以看出:加速度放大倍数随着结构性系数地增加而增加,而位移放大倍数随着结构性系数地增大而减少,两者的变化刚好相反。

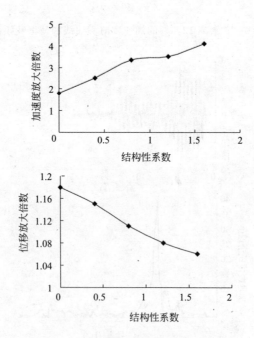

图 9-12 放大倍数随上结构性系数变化关系

9.3.4 上覆土层厚度对场地地震反应影响分析

上覆土层厚度是影响地震波传播过程的重要因素之一,随着土层厚度的变化,场地土对地震波的放大效应和滤波效应有所不同。对于西安地区,河漫滩上覆土层厚度,一般为 2~6 m,Ⅰ级阶地为 6~11 m,Ⅱ级阶地为 13~25 m,Ⅲ级阶地为 38~50 m,黄土塬区大致为 36~80 m,最厚处可达 100 m。为了研究不同厚度上覆土层对场地地震反应的影响,本文对 10 m,30 m,50 m,70 m,90 m 六种上覆土层厚度进行分析。

在水平地震作用下,不同上覆土层厚度场地对地震波加速度和位移的放大效应如图 9-13 所示。从图中可以看出:对本次场地条件和输入的地震波,场地加速度放大效应随着上覆土层厚度地

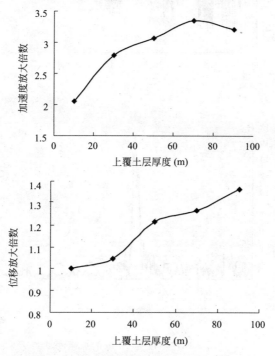

图 9-13 放大倍数随上覆土层厚度变化关系

增加而增加，但到达 70 m 左右时有所减少，说明对于特定场地，某一上覆土层厚度是会使场地的加速度的放大效应达到最大，在工程选址时应尽量避免。场地对位移的放大效应随着上覆土层厚度地增加而逐渐地增加。

图 9-14～图 9-18 给出不同上覆土层场地地面的加速度时程曲线和加速度傅里叶频谱图。从图中可以看出随着场地上覆土层

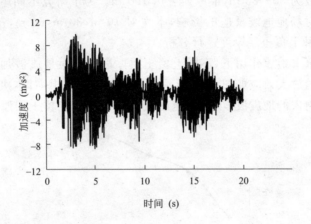

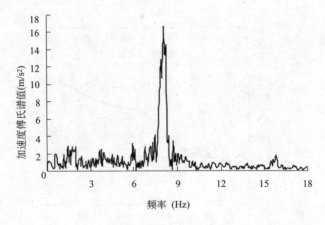

图 9-14 厚度为 10 m 的加速度
时程曲线和傅里叶频谱图

厚度地增加,场地的滤波效应变大。对于具有不同上覆土层厚度的场地,对地震波的滤波效应都表现为滤掉高频分量,但随着场地上覆土层厚度的不同,经过滤波后地震波的频率范围不同。随着上覆土层厚度地增加,地震波的频率范围逐渐地缩小,向低频部分集中。同时,从图中也可以看出:不同上覆土层厚度使场地地表的加速度时程曲线形状相差较大,上覆土层厚度为 10 m 时,加速度的时程曲线呈多峰型;上覆土层厚度为 20 m 时,加速度的时程曲线为多峰型,但峰谷不是很明显;上覆土层厚度为 70 m 时,呈明显的双峰型。

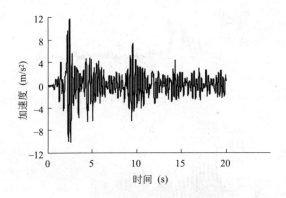

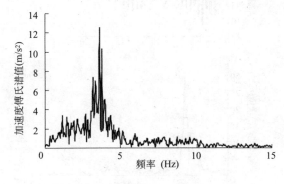

图 9-15 厚度为 30 m 的加速度时程曲线和傅里叶频谱图

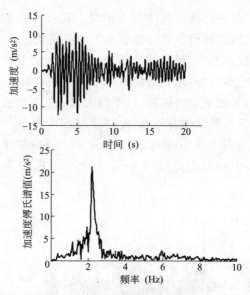

图 9-16 厚度为 50 m 的加速度时程曲线和傅里叶频谱图

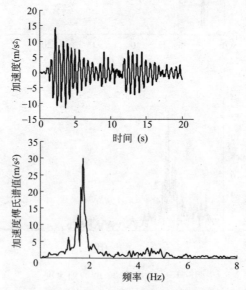

图 9-17 厚度为 70 m 的加速度时程曲线和傅里叶频谱图

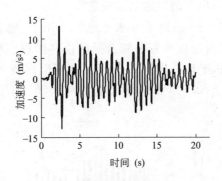

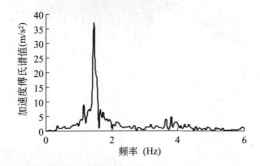

图 9-18 厚度为 90 m 的加速度时程曲线和傅里叶频谱图

9.4 双向地震作用下场地地震反应分析

一直以来,研究认为地震对结构的破坏主要是由于水平地震作用产生的,所以在场地的地震响应研究中,地震波主要以输入水平的地震加速度为主。这一简化,有一定理论和事实基础,但现实中,有地震灾害调查发现由竖向地震造成破坏的情况,尤其对地下结构,如神户大开地铁车站的灾害表明,竖向地震对结构的影响也不可以忽视。地震是个复杂的过程,尤其在竖向地震和水平地震共同作用下,研究场地动力响应特性很有必要。本节以 50 m 上覆土层场地为研究对象,分析对比在水平地震、竖向地震以及水平及竖向地震共同作用下的场地动力响应。

图 9-19 和图 9-20 给出了在水平地震作用下,地表的竖向加速度时程曲线、竖向速度时程曲线及竖向位移时程曲线。从图中可以看出在单向水平地震作用下,地表产生了竖向震动,其竖向最大加速度为 14.92 cm/s^2,竖向最大速度为 0.72 cm/s,竖向最大位移为 0.28 mm。

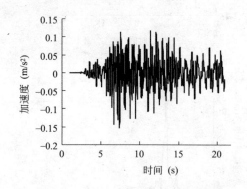

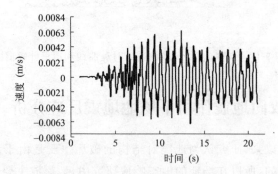

图 9-19　水平地震作用下竖向加速度与竖向速度时程曲线

在基岩处只有输入向上传播的竖向地震波时,在场地表面不仅产生竖向震动而且也产生了水平震动,图 9-21 和图 9-22 给出了在竖向地震作用下,地表的水平加速度时程曲线、水平速度时程曲线及水平位移时程曲线。由竖向地震波引起的地表面的水平最大加速度为 82 cm/s^2,水平最大速度为 6 cm/s,水平最大位移为 0.76 mm。

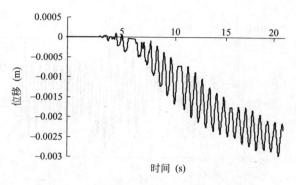

图 9-20 水平地震作用下竖向位移时程曲线

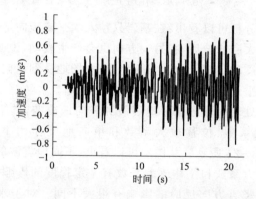

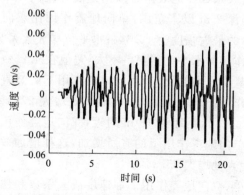

图 9-21 竖向地震作用下水平加速度与水平速度时程曲线

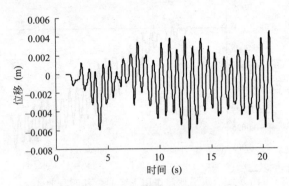

图 9-22 竖向地震作用下水平位移时程曲线

从以上分析可以看出:在基岩只输入水平或竖向地震波时,经过场地的放大和滤波后,在另一方向也会产生震动,说明竖向地震动和水平地震动是耦合的。实际地震中,场地受到双向地震波,竖向地震和水平地震之间将相互影响相互作用。

在基岩处同时输入水平地震波和竖向地震波,其不同深度处加速度放大系数、位移放大系数和单向地震作用下的对比如图 9-23 和图 9-24 所示。从图中可以看出:不同地震波的输入方式对加速度放大系数和位移放大系数有一定程度的影响,且对水平方向反应和竖直方向反应的影响有很大不同。对于水平方向反应,加速度放大系数在地表附近双向地震作用的比单向地震作用的略大,在埋深 2 m 以下范围,单向地震作用比双向地震作用有所减少,减少的最大幅度为 12.3%;水平位移放大系数,双向地震作用和单向作用的水平位移相差不大,差值在 4.2%~5.1%范围波动。对于竖直方向的反应,双向地震作用下的竖直加速放大系数都比单向作用下的有大幅增大,地表处增大 27.3%,增大的最大幅值为 43.67%,在埋深 13 m 附近,双向地震作用下的位移放大系数也比单向地震作用下的有所增加,这种增加效应越接近地表越明显,地表处增大 65.3%。

以上的单、双向地震作用下加速度放大系数和位移放大系数对比分析表明:双向地震下和单向地震下的场地动力效应有所不

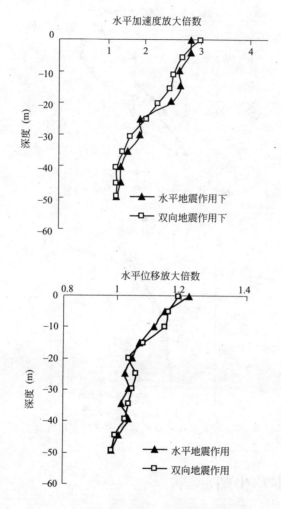

图 9-23 水平和双向地震作用下放大倍数对比

同,有些情况下按双向分析是偏于不安全的,有些情况下按单向分析反而是偏于安全的,不同的场地条件、不同的地震波可能得到不同结果,所以在进行动力分析时需要进行对比分析以确保分析结果的可靠。

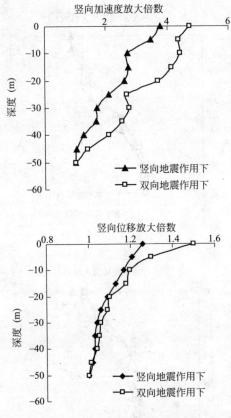

图 9-24 水平和双向地震作用下放大倍数对比

9.5 本章小结

本章基于所构建的非饱和黄土的动力本构模型,利用有限元对不同工况下场地地震响应进行了分析,得到如下主要结论。

1. 场地对地震波具有放大效应和滤波效应。随着深度的增大,地震波的放大效应逐渐减小,说明地下结构具有一定的埋深,对抗震是有效的。

2. 自由场地的加速度和位移的放大倍数随着含水率地增大而增大,但位移放大倍数随含水率的变化幅度相对较少。随着含水率地增加滤波效应更加明显,地震波的频率成分更向低频部分集中。

3. 随着最大结构性的增强,加速度放大倍数逐渐增大,而位移放大倍数逐渐减少。随着结构性增强,土体的刚度变大地震波的高频成分增加。

4. 位移放大倍数随着上覆土层厚度地增加而增加,加速度放大倍数随覆土层厚度先增加后减少,存在地震最不利的上覆土层厚度,工程选址应尽量避免。

第 10 章　单桩-饱和黄土-上部结构动力相互作用分析

10.1 引　言

现今,桩基础已成为深基础中最常用的一种形式。实践表明:桩基础能较好地适应各种复杂地质条件以及各种荷载情况,承载能力大、稳定性好,对上部结构的沉降有明显的改善,可以大大提高上部结构的抗倾覆能力。桩基础具有良好的抗震性能,地震作用下,桩-土的相互作用使建筑物的自振周期延长,从而降低了结构的水平地震反应。上部结构与地基基础在地震作用下的相互作用过程中桩基础与地基间的摩擦阻尼作用可以吸收一部分地震能量,从而减轻地震对上部结构的破坏力,起到一定的隔振作用。目前,随着在高层建筑、重型厂房、桥梁、港口码头、海上采油平台以及核电站等重大生命线工程中桩基的广泛采用和防震减灾的迫切需要,桩基础的抗震性能已经成为当今岩土工程抗震研究的重点、热点课题。

地震荷载作用下单桩-土-结构的动力相互作用是桩基抗震研究课题的一个重要方面,是研究群桩基础抗震机理和性能的前提,对桩基的抗震设计将具有重要的指导意义。地震荷载作用下,桩土结构体系是一个异常复杂的系统。一方面,土层对地震波的滤波和放大效应将改变桩基和上部结构的地震响应特性;另一方面,由于桩和结构的存在,地基土的运动又明显不同于自由场地的运动,两者之间是互为因果、相互影响的,共同决定着桩支撑结构体系的安全性,绪论中对系统的相互作用机制进行了简要的分析。近几年来,关于这方面的研究依然热度不减,而且研究方法也呈现多元化的发展。但从土性上来讲,目前的研究要么是脱离土体的真实特性进行的,如将土体视为连续介质,要么是针对砂土、黏土进行的,还很少看到专门针对黄土地区的桩-土-结构体系进行的类似研究。本章将在地震作用下桩-土-结构动力相互作用物理过程分析的基础上,结合第 4,5 章建立饱和黄土的结构性动力本构模型和第八章进行的饱和黄土场地反应分析,对黄土地区的单桩-饱和黄土-上部结构的地震反应进行相互作用分析。分析中将考虑土体结构性、超孔隙水压力、地下水位高度、表层硬土层厚度、桩长细比、桩土界面行为、地震输入方式等因素对体系反应特性的影响。

10.2 地震作用下桩-土-结构动力相互作用的物理过程分析

地震作用下桩-土-结构的动力相互作用是一个异常复杂的问题。随着研究工作的深入,考虑的因素也越来越全面,已提出了不少的分析计算模型。但大多数都只是从某一方面着手,简化甚至忽略其他重要因素,尚没有能够全面描述整个问题的方法模型。为了对该问题做比较深入的研究,首先对系统的整个物理过程以及所要涉及的问题做一个大致的了解是必要的。桩-土-结构的地震相互作用过程中涉及到一些同时发生和相互补偿的现象。其物理过程首先可被分为远场效应、近场效应和惯性相互作用。它们之间几乎是同时发生且相互影响的,共同改变着桩基础的轴向和侧向反应。

10.2.1 远场效应

远场效应也就是自由场反应,包括孔压的产生,土体变形及随后土体的循环弱化。当地震源产生的地震波通过岩土介质传播时,会导致剪切变形和产生超孔隙水压力,当场地离基础足够远后,可以认为其反应不受基础存在的影响,也就是自由场。研究表明:对于一定直径的桩体,当土中部分超过一定长度后,越往下,桩体将与土体的运动越一致。此时地层变形将对桩体的反应起主导作用，其一般发生在桩体中下部离地面较深处，也就通常所说的运动相互作用。即使在没有上部结构时，这种相互作用也是存在的。所以说运动相互作用是由于桩基础与周围土体的刚度差异产生的，这种差异造成桩体不能跟随自由场土体的变形模式，运动相互作用只有当桩基础的刚度改变自由场土体的运动时才发生。因此，在硬土场地，运动相互作用可能不是那么明显，此时土体和桩体有相似的刚度。但是在软土场地或者大基础的场地，这种作用将明显的多。

10.2.2 近场效应

近场效应发生在临近桩体附近，并且在桩-土相互作用过程中占主导地位。其作用一般包括：1)应变速率效应（桩-土滑移）；2)循环退化；3)桩土间的开裂闭合机制；4)超孔隙水压力的产生。这其中又以后三方面的影响比较突出。循环退化：桩体承受循环荷载时，每一个循环过程后，抗力都将有所下降。循环荷载下桩体抗力的退化是由超孔隙水压力地增长，粒间黏结的破坏和土体微粒的重新排列引起的，所有这些因素共同降低了桩表面的侧向土压力和竖向摩擦力。对位于地震易发区和承受持续的循环荷载的基础，桩头位移会累积而最终导致桩体反应特征的显著改变。开裂闭合机制：地震作用下，自由场的反应以及桩和土的相互作用会使土体产生永久变形，再加上桩体和周围土体运动的不一致性以及土体本身的抗拉强度很低，这样桩与土之间会出现分离，形成裂缝。开裂发生在浅处时，会明显降低桩体的侧向抗力；而在深处的开裂，则会对桩体的竖向承载力产生不利影响。近场超孔隙水压力的产生：临近桩体处，由于桩-土间的相互作用（挤压和滑移），孔隙水压力将显著的增加，这将导致土体竖向有效应力的降低，随之而来的是土体剪切强度的降低，最终导致桩体侧向和轴向抗力的退化。

10.2.3 惯性相互作用

惯性相互作用是由于上部结构的动力反应引起的,并将荷载传递给桩基础。如果上部结构传来的惯性荷载使得基础与土之间出现相对位移,则桩与土之间产生惯性相互作用。当远场产生的地震波遇到结构基础后,由于其刚度和周围土体有很大的差别,会在基础-土界面发生反射和折射而导致基础运动,基础的运动又产生惯性荷载和引发上部结构的反应,这又会反过来进一步改变基础和周围土体的运动。因此,结构的反应实质上是由于惯性作用的缘故。上部结构不只是承受地面传来的震动,而且也经受地面运动的放大,这取决于它自身的振动特性。这种惯性作用一般在地面下较浅深度范围内的桩-土相互作用中占据主导地位。

10.3 单桩-土-结构数值计算模型

在下面的有限元分析中,以城市高架桥梁建设中常采用的单柱墩基础为原型,考察不同条件对其地震反应特性的影响。桩体为混凝土灌注桩或人工挖孔桩,桩长 30 m,除不同长细比分析中桩径会出现不同外,其他情况下桩径均为 2.0 m。桩体选用弹性本构模型,其弹性变形参数为:$E=20$ GPa,$\nu=0.25$,$\rho=2.3$ g/cm³。土体采用本文针对饱和黄土所建立的动力本构模型,其中土体初始变形模量考虑为随土层深度呈幂函数变化。各参数取值如下:$\beta=1.0$,$\nu=0.45$,$\varphi=25°$,$c=13$ kPa,$c_c=0.1638$,$c_s=0.0234$,$K_0=1.0$,$K_p=174.49$,$n_p=0.9626$,$k_{urp}=1.6$,$\mu=2.0$,$H=0.925$,$\chi=23.1$,$t=2.06$,$\Lambda_0=0.634$,$\zeta_{max}=0.8$,饱和黄土容重 $\gamma_{sat}=19.6$ kN/m³,孔隙比 $e=1.5$。在下面的不同模型中,有关参数会作出相应的调整变化。端承桩模型中,土层厚度为 30 m;摩擦桩模型中,土层厚度为 50 m。桩两侧 100 m 内为有限元区域,以外为无限元区域。上部结构简化为质量单元在桩基顶面上与桩端固结,本次计算中上部结构的总质量为 200 t。在基底输入地震波加速度时程,输入波形为进行峰值调整后的 Koyna 水平和竖向地震波,其中水平加速度峰值为 100 cm/s^2,竖向加速度峰值为 65.7 cm/s^2。桩-土-结构有限元-无限元计算模型如图 10-1 所示。

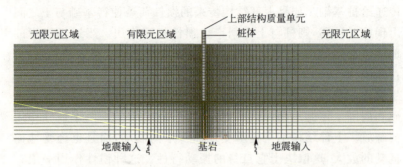

图 10-1 典型桩-土-结构有限元-无限元网格划分

10.4 桩土界面的处理

桩-土-结构体系中,桩-土交界面处两侧的材料特性相差较大,导致桩与土体的变形不一致,位移不是完全协调的。这种交界面的力学特性对系统的反应特性影响比较大。但目前的大部分研究中,都是基于桩与桩侧土体之间无相对滑移、位移保持协调的假定,这对小震下的桩土相互作用来说在一定程度上是合理的。但在中强地震作用下,系统的反应不再处于弹性阶段。自由场的反应以及桩和土的相互作用都会使土体产生永久变形,再加上桩体和周围土体运动的不一致性以及土体本身的抗拉强度很低,这样桩与土之间除了滑移之外还会出现分离,形成裂缝。实际地震震害中,出现桩土分离,桩体下沉、上拔的现象也非常普遍,本文绪论中也列举了若干实例。桩土之间的滑移和开裂将改变系统的能量耗散机制和传递路径,如图 10-2 所示。产生这两种现象的力学机制本身也是相互影响的。开裂发生在浅处时,会明显降低桩体的侧向抗力;在深处的开裂,则会对桩体的竖向承载力产生不利影响,两种情况下都会引发桩土间更大的滑移;而桩土滑移在耗散能量的同时又会在一定程度上降低开裂的程度。肖晓春[5]认为能否合理地模拟桩土接触面的动力学特性直接影响动力相互作用分析结果的精度和合理性,其在研究中采用动力接触面单元。Liu K X 等[302]引入一种4节点单元来考虑桩土间的滑移,2节点单元来考虑桩土间的开裂。并将其应用于桩土相互作用的三维有限元分析中。王满生[303]分析了目前常用 ANSYS 软件中土-结构动力作用中接触单元的工作机理,认为采用此软件中的接触单元对桩土动力接触分析会带来一定的误差。在现有的 Goodman 单元的基础上加上阻尼成分,解决了 Goodman 单元只能考虑桩土之间力的传递,而不能考虑桩土动力相互作用中部分能量的耗散问题。陈清军等[304]针对地震作用下桥梁桩基础的接触面效应及其对结构地震反应的影响问题,以北京某桥梁工程为例,通过在桩-土交界面处设置接触单元来模拟桩-土之间的接触非线性,建立了土-桩-桥梁结构相互作用体系的三维分析模型。利用这一模型,分析了地震作用下桩-土交界面处的动力反应形态,探讨了桩-土间的接触非线性及其对桥梁结构地震反应的影响。初步分析结果表明:在强震作用下,桩-土之间会产生较强的接触非线性,在本文模型中,这种非线性主要表现为桩-土交界面处的滑移;考虑桩-土间的接触面效应将使结构的位移反应结果较基于桩-土之间位移协调的情形有所增大。考虑到本次研究中土体本构模型的复杂程度,本文在下面的数值分析中,桩土界面采用如下所示的力学模型。

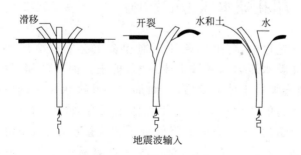

图 10-2 桩土开裂、滑移机制

桩土的接触属性包括两部分：接触面的切向作用和法向作用。切向作用采用常用的库仑摩擦模型来模拟桩土间的滑移机制，即采用摩擦系数来表示接触面的摩擦特性，如图10-3所示。其公式表示为

$$\sigma_{crit} = \min(\mu p, \tau_{max}) \quad (10\text{-}1)$$

其中，τ_{crit}为临界剪应力，μ为摩擦系数，p为法向接触压力，τ_{max}为摩擦应力极限值。

法向方向采用如图10-4所示的指数型压力-间隙模型。其含义为：当两界面间的间隙大于c_0时，接触压力为零；当间隙小于c_0时，接触面开始传递的压力，随着间隙的减小，接触压力变呈指数形式增长。

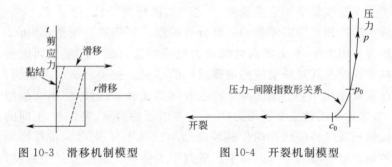

图 10-3 滑移机制模型　　　　图 10-4 开裂机制模型

10.5　超孔隙水压力的影响

地震过程中，自由场条件下饱和黄土会随着变形的发展而产生超孔隙水压力。在桩土体系中，桩土界面间的相互挤压、滑移、开裂会加快土体的变形，从而加剧超孔隙水压力的发展。超孔隙水压力的产生一方面会使土体单元有效应力下降，导致其力学性能退化；另一方面会降低桩土间的接触压力，使得桩土间的相互制约能力发生变化，桩土界面更容易产生相对滑移。以下分别对饱和黄土中端承桩和摩擦桩地震作用下的力学性状进

行有限元分析,考察超孔隙水压力对各自的影响,其中不考虑超孔隙水压力影响时,$H=0$。图 10-5 为考虑超孔隙水压力时不同桩型下桩侧土体内超孔隙水压力比随深度的变化关系,超孔隙水压力比定义为超孔隙水压力与土体单元初始固结围压之比。从图中可以看出:两种桩型下超孔隙水压力沿着土层的变化曲线比较相似,在整个土层深度范围内,摩擦桩桩侧土体内的超孔隙水压力比都要比端承桩桩侧的相应值要大一些,这显然是和摩擦桩桩土界面相互作用更强有关。在一定深度以下,超孔隙水压力很小,超孔隙水压力比随着深度的变化也很小,但在该深度以上,超孔隙水压力比的变化速度突然加快,在接近地表面时,其速度又有所放缓。这说明在进行桩土反应分析时,对于一定场地类别和土层条件,存在一个深度分界点。在该深度以下,超孔隙水压力相对值很小,可以不考虑其影响,但在该深度以上,超孔隙水压力比明显增大,需考虑其影响。图中超孔隙水压力比在地表处达到最大值,这和实际情况是不相符的,这是由于分析中没有考虑地表面超孔隙水压力为零这一边界条件。所以在工程实际中,超孔隙水压力比应该是在地表面以下,分界点以上某处达到最大值。本次分析中分界点处深度约为 10 m 左右,分界点的提出对指导实际桩基工程中可液化土层处理厚度具有一定的指导意义。

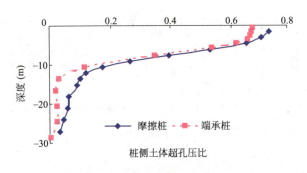

图 10-5　不同桩型下桩侧超孔压比分布

10.5.1 超孔压对端承桩的影响

图 10-6～图 10-8 分别为考虑与不考虑超孔隙水压力时，端承桩桩截面剪应力绝对最大值、桩身水平加速度绝对最大值、桩身水平位移随桩体深度的变化曲线。从图中可以看出：超孔压对整个桩身上各曲线的变化形态基本没有影响，但对曲线上各峰值出现的位置和大小有一定影响。具体为：考虑超孔压时，地表面处桩截面剪应力峰值要大一些，这是由于超孔压的产生，导致桩土刚度差异加大的缘故；加速度是在地表面以下一定深度处第一次达到峰值，考虑孔压时，其值 1.445 m/s^2 要比不考虑时的 1.071 m/s^2 增大约 35%，影响相当大。桩身水平位移在地表面处出现一个拐点，拐点以上桩身水平位移增长加快，这是由于地面以上没有土体横向约束的缘故。是否考虑超孔压对端承桩的水平位移大小影响不大，这是由端承桩的应力传递机制决定的，但严格来说，考虑孔压影响时，水平位移还是要稍稍大一点。图 10-9 为地面以下 2.5 m 处桩的水平加速度时程对比，从中可以看出两者的差异较大。

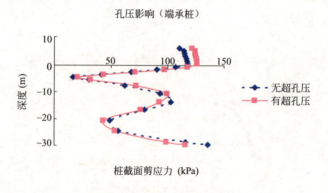

图 10-6　桩截面剪应力分布

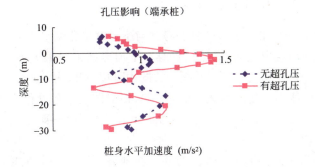

图 10-7　桩身水平加速度分布

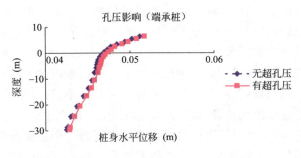

图 10-8　桩身水平位移分布

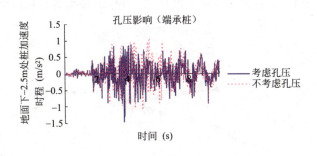

图 10-9　地下－2.5m处桩身水平加速度时程

10.5.2 超孔压对摩擦桩的影响

图 10-10~图 10-12 分别为考虑与不考虑超孔隙水压力时,摩擦桩桩截面剪应力绝对最大值、桩身水平加速度绝对最大值、桩身水平位移随桩体深度的变化曲线。从图中可以看出:超孔压对整个桩身上各曲线的变化形态基本没有影响,但对曲线上各峰值出现的位置和大小有一定影响。具体为:考虑超孔压时,地表面处桩截面剪应力峰值要大一些,从不考虑时的 123.6 kPa 增大到考虑时的 137.2 kPa,增大约 11%;加速度也是在地表面以下一定深度处第一次达到峰值,考虑孔压时,其值 1.20 m/s² 要比不考虑时的 1.12 m/s² 增大约 7%,比对端承桩的影响要小的多。考虑超孔压时,桩身各处的水平位移增大较明显,桩顶处的水平位移均为最大值,不考虑孔压时,其值为 0.052 8 m;考虑时为 0.054 5 m,增大约 4%。图 10-13 为不同情况下桩顶水平位移时程曲线对比,其表明桩型时曲线形态的影响较明显。此外,从两种桩型的结果对比来看:剪应力在端承桩的桩底出现峰值,而在摩擦桩的桩底则是最小值;水平加速度在摩擦桩的桩底出现峰值,而在端承桩的桩底却出现小值。这说明对于端承桩而言,桩端嵌岩处的剪切破坏应列为一个考察方面,如果出现桩端处的剪切破坏,将改变桩基的传力机制,可能会很大程度地增加桩基的水平位移。从两种桩型的剪应力、水平加速度变化曲线对比来看,不管有无考虑超孔压的影响,两者都具有很好的反相

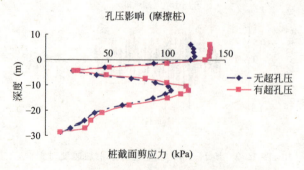

图 10-10 桩截面剪应力分布

关性。具体表现为：剪应力出现极大值处，加速度则出现极小值；反之，剪应力出现极小值处，加速度出现极大值。

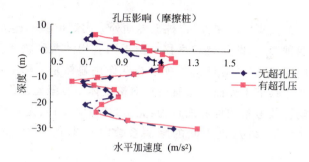

图 10-11　桩身水平加速度分布

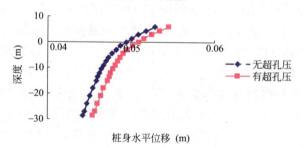

图 10-12　桩身水平位移分布

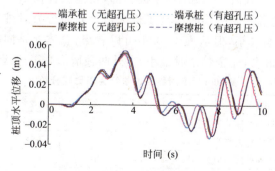

图 10-13　桩顶水平位移时程

10.6 桩土界面黏结滑移的影响

由于桩土刚度的差异,在桩土界面处会出现位移不连续,具体表现为两种形式,即开裂和滑移。由于两者均涉及到桩土间的传力机制问题,所以其对桩土系统的相互作用显然是有影响的。本小节主要考察桩土界面的接触模拟对桩土体系有限元地震反应分析的影响。共考察四种界面行为:完全黏结、无滑移、无开裂、开裂滑移。考虑滑移时,桩土间的摩擦系数取 0.3,以下为比较分析结果。

10.6.1 界面力学行为对端承桩的影响

图 10-14~图 10-16 分别为端承桩桩截面剪应力绝对最大值、桩身水平加速度绝对最大值、桩身水平位移随桩体深度的变化曲线。从图中可以看出:界面力学行为对桩截面剪应力分布形态影响不大,但完全黏结时最小,为 108.6 kPa;同时考虑开裂滑移时,地表面处桩截面剪应力最大,为 121.8 kPa,增大约 12.2%;无滑移有开裂和无开裂有滑移两种情形介于前两者之间。从图 10-17 中可以看出:同时考虑开裂滑移则改变了桩身加速度值的分布形态,和其他几种情形相差极大。具体表现为:完全黏结时,加速度峰值最大,开裂滑移时最小;在桩端部,其他三种情形均表现为极小值,而考虑开裂滑移时出现了极大值。界面行为对桩身水平位移分布影响较小,但从表 10-1 中可以看出:总体上是同时考虑开裂滑移时最大,完全黏结时最小,另外两种情形介于这两者之间。

表 10-1 不同界面力学行为下比较分析

桩型及比较内容		完全黏结	无滑移	无开裂	开裂滑移
端承桩	桩顶截面剪应力(kPa)	108.55	109.91	112.55	121.79
	桩顶最大水平位移(m)	0.05034	0.05371	0.05405	0.0543
摩擦桩	桩顶截面剪应力(kPa)	138.34	135.49	134.97	133.77
	桩顶最大水平位移(m)	0.05385	0.05415	0.05425	0.05568

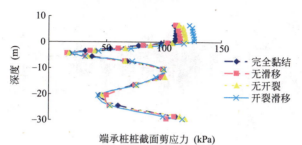

图 10-14 桩截面剪应力分布

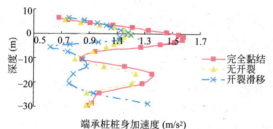

图 10-15 桩身水平加速度分布

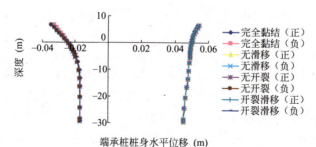

图 10-16 桩身水平位移分布

图 10-17 地下 0.5 m 处桩身水平加速度时程

10.6.2 界面力学行为对摩擦桩的影响

图 10-18～图 10-20 分别为端承桩桩截面剪应力绝对最大值、桩身水平加速度绝对最大值、桩身水平位移随桩体深度的变化曲线。从图中可以看出：界面力学行为对桩截面剪应力分布形态影响不大，和端承桩不同的是，完全黏结时地表面处桩截面剪应力最大，为 138.34 kPa；同时考虑开裂滑移时则最小，为 133.77 kPa，无滑移有开裂和无开裂有滑移两种情形介于前两者之间。从图 10-19 中可以看出：同时考虑开裂滑移对桩身加速度值的分布形态有一定的影响。具体表现为：完全黏结时，加速度峰值最大，开裂滑移时最小。界面行为对桩身水平位移分布影响较小，但从表 10-1 中可以看出：总体上仍是同时考虑开裂滑移时最大，完全黏结时最小，另外两种情形介于这两者之间。

图 10-19 为地面以下 0.5 m 处各种情况下桩身水平加速度时程对比，图 10-21 为端承桩和摩擦桩桩顶截面处各种界面行为下的剪应力时程，图中均表明界面行为对其影响有限。但这并不意味着可以不考虑界面力学行为的影响，本次研究中出现影响不明显的主要原因是由于模型不甚合理造成的，如桩径 2.0 m，而上部总质量却只有 200 t，使得桩体本身的变形非常小，故界面的两者间的变形差异不明显。

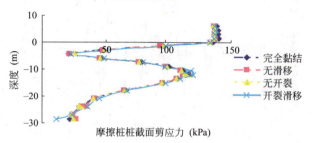

图 10-18　桩截面剪应力分布

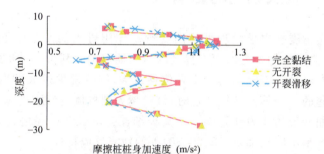

图 10-19　桩身水平加速度分布

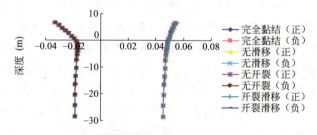

图 10-20　桩身水平位移分布

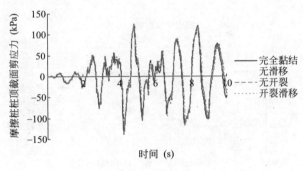

图 10-21　桩顶截面剪应力时程

10.7　桩长细比的影响

实际震害中常发现桩体因受弯矩作用过大而发生折断的现象,最典型的例子为前面中提到的唐山地震中胜利桥 4 号桩体,它的折断就是由于上部结构水平位移过大,桩身发生过大的弯曲变形引起的。当其他参数一定时,桩径越大则桩体抗弯刚度越大,抵抗弯曲变形的能力就越强。定义长细比为桩长与桩径之比,考察不同桩型不同长细比(15、20、30)下的地震反应特性。

10.7.1　长细比对端承桩的影响

图 10-22～图 10-24 分别为端承桩桩截面剪应力绝对最大值、桩身水平加速度绝对最大值、桩身水平位移随桩体深度的变化曲线。从图中可以看出:不同长细比下,各考察对象的差别比较明显。随着长细比的增大,桩截面的剪应力值减小。对于地表面处桩截面的剪应力,长细比为 15 时,其值为 126.4 kPa;长细比为 20 时,其值减小到 110.18 kPa;长细比为 30 时,进一步减小为 60.6 kPa。这个规律和图 10-23 中桩顶面的加速度值变化规律是相应的,随着长细比的增大,其加速度值也是减小的。不同长细比下,桩身水平位移的变化形态差异很大。长细比越小,即抗弯刚度越大时,水平位移从桩底到桩顶几乎是一直增大;但当长细比为

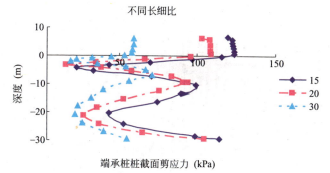

图 10-22　桩截面剪应力分布

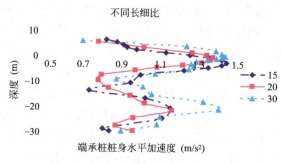

图 10-23　桩身水平加速度分布

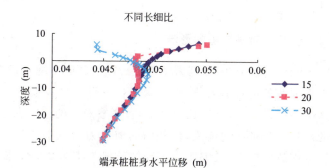

图 10-24　桩身水平位移分布

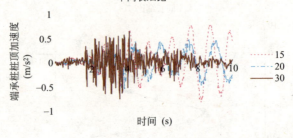

图 10-25　桩顶水平加速度时程

20 时,这种现象在地面以下 5 m 左右发生改变,水平位移不再增大,而是略有减小的趋势,但这种减小的趋势是逐渐减缓的,到达地面一段距离以后,又重新出现增大的趋势,而且增大速率要比长细比为 15 时相应桩身处要大,整个过程表现为正的弯型;当长细比为 30 时,水平位移也在地面以下 5 m 左右由增大趋势变为减小趋势。和长细比为 20 不同的是,此时不再出现重新增大的过程,而是一直到桩顶,水平位移都在减小,整个过程表现为反弯型。对比三者的水平位移曲线可以看出:长径比越大,即抗弯刚度越小时,桩体的弯曲变形越大,越容易发生弯曲破坏,其位置通常在靠近地面以下一定深度处。图 10-25 为不同长细比时桩顶处水平加速度时程曲线。其变化规律表明:长细比越大时,加速度峰值来临的越早。

10.7.2　长细比对摩擦桩的影响

图 10-26~图 10-28 分别为摩擦桩桩截面剪应力绝对最大值、桩身水平加速度绝对最大值、桩身水平位移随桩体深度的变化曲线。从图中可以看出:不同长细比下,各考察对象的差别也是比较明显的。随着长细比的增大,桩截面的剪应力值减小。对于地表面处桩截面的剪应力,长细比为 15 时,其值为 137.2 kPa;长细比为 20 时,其值减小到 126.51 kPa;长细比为 30 时,进一步减小为 79.66 kPa。这个规律和图 10-27 中桩顶面的加速度值变化规律

却是相反的,随着长细比的增大,其加速度值反而增大。不同长细比下,和端承桩相似,摩擦桩桩身水平位移的变化形态差异也很明显。长细比为15时,水平位移从桩底到桩顶几乎是一直增大,增长速率也在增大;但当长细比为20时,这种现象在地面以下5m左右发生改变,水平位移不再增大,而是略有减小的趋势,这个趋势很短暂,随后重新出现增大趋势,且速率加快;当长细比为30时,水平位移也在地面以下5m左右由增大趋势变为减小趋势。同样不再出现重新增大的过程,而是一直到桩顶,水平位移都在减小,整个过程也表现为反弯型。图10-29为不同长细比时桩顶处水平加速度时程曲线。其变化规律也表明:长细比越大时,加速度峰值来临的越早,其值也越大。

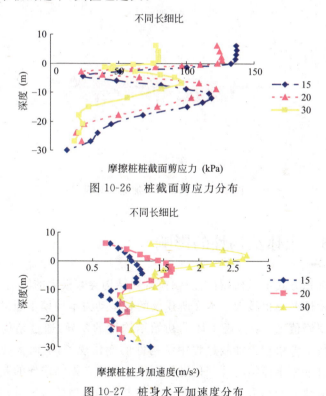

图10-26 桩截面剪应力分布

图10-27 桩身水平加速度分布

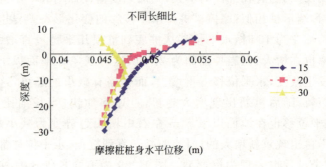

图 10-28 桩身水平位移分布

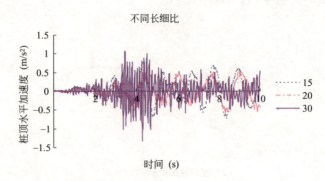

图 10-29 桩顶水平加速度时程

10.8 土体结构性的影响

沉积方式不一样,黄土的颗粒排列结构会有很大的区别,导致其结构性差异也较大。本文所建议的黄土动力本构模型通过应力分担率峰值 ζ_{max} 来考虑土体的初始结构性的差异,通过结构性发挥系数来考察动力加载过程中结构性的变化规律,从而实现对加载全过程中土体结构性变化进行评价。土体初始结构性的差异在本文所建立的动力模型中主要体现在土体的初始变形模量和初始结构强度的不同。本小节将通过调整结构性系数(0.0,0.4,0.8,1.6,2.5,3.2)来考察不同土体结构性对桩土结构动力相互作用的影响。

图 10-30 为不同土体结构性-摩擦桩桩截面剪应力随深度的变化关系。图 10-31 为桩顶截面剪应力随土体结构性系数的变化规律。从图中可以看出：土体结构性系数的差异没有改变剪应力分布的曲线形态，但对其大小有一定的影响。对于桩顶截面而言，随着土体结构性系数的增大，其剪应力先增后降，似乎存在一个峰值点。其原因可能在于：结构性的增大意味着土体的抗变形能力越强，这就增强了土体对桩基的约束能力，在地表面处更容易产生应力集中。但另一方面又使得桩土间的刚度差异降低，界面间的相互作用强度有所降低。这两者共同影响，此消彼长，使得出现这样的峰值现象。图 10-32 为不同土体结构性下摩擦桩桩身水平位移随深度的变化关系。图 10-33 为桩顶水平最大位移随土体结构性系数的变化规律。随着土体结构性系数的增大，桩顶最大水平位移也是先增，而后又缓慢的减小。图 10-34 为桩身水平加速度随深度的分布曲线，其规律和桩截面剪应力的变化规律是对应的，在地面以下第一个峰值点处，加速度也是随着结构性系数的增大先增后降，这也有可能是由前面所述的原因引起的。图 10-35 为桩顶水平加速度时程曲线的对比。

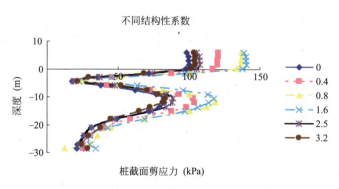

图 10-30　桩截面剪应力分布

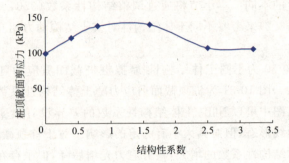

图 10-31 桩顶截面剪应力变化规律

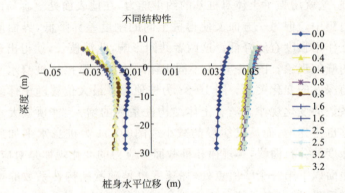

图 10-32 桩身水平位移分布

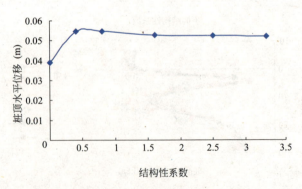

图 10-33 桩顶水平位移变化规律

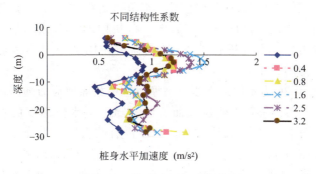

图 10-34 桩身水平加速度分布

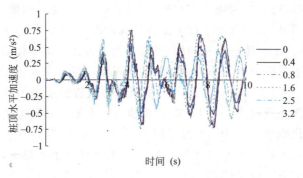

图 10-35 桩顶水平加速度时程

10.9 层状土-桩-结构反应分析

10.9.1 地下水位高度的影响

地下水位的变化会改变土体内的有效应力和土体的结构性,进而导致土体的力学性能的变化;水的润滑作用也会进一步削弱桩土界面的黏结作用;地下水位的上升会使土体处于饱和状态,也就意味着在地震中产生超孔隙水压力土体的范围会增加。这些变化会影响地震作用下桩土结构体系的动力反应特性,甚至会造成因桩基侧向支撑不够或者竖向承载能力不足而致使上部结构倒塌或整体下沉。本节将研究地下水位变化对桩土结构系统地震反应特性的影响。分析中地下水位以上土体的初始应力按干容重进行计算,地震荷载作用过程中不考虑超孔隙水压力的产生。

图 10-36 为不同地下水位时摩擦桩桩截面剪应力随深度的变化关系。图 10-37 为桩顶截面剪应力随地下水位深度的变化规律。从图中可以看出:地下水位深度没有改变剪应力分布的曲线形态,但对其大小有一定的影响。对于桩顶截面而言,随着地下水位的下降,其剪应力先减后增,存在一个分界水位。地下水位高于该水位时,桩截面剪应力会随着水位的上升而增大;低于该水位时,桩截面剪应力会随着水位的下降而增大。其原因可能在于:地下水位的降低,一方面增加了土体单元的有效应力,提高了土体的强度,增强了土体对桩基的约束能力;另一方面上部土体强度的提高又会引起应力的集中,这两方面共同作用的结果。图 10-38 为不同地下水位下,桩身左右两边偏离中心位置的水平位移最大值随深度的变化规律。图 10-39 为桩顶最大水平位移随地下水位深度的变化规律。图 10-40 为不同地下水位时,桩身各处水平加速度绝对最大值沿深度的分布;图 10-41 为不同地下水位下,桩顶截面的剪应力时程对比。

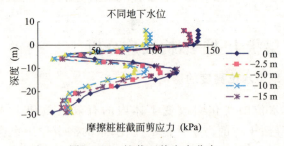

图 10-36 桩截面剪应力分布

10.9.2 硬土层的影响

表层硬土层对桩土相互作用的影响主要体现在两个方面:其

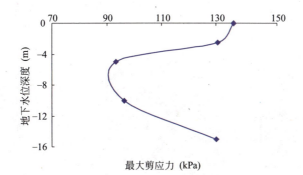

图 10-37　桩顶截面剪应力变化规律

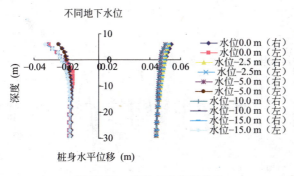

图 10-38　桩身水平位移分布

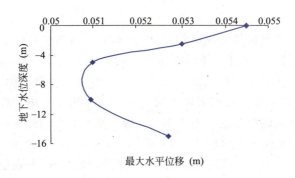

图 10-39　桩顶水平位移变化规律

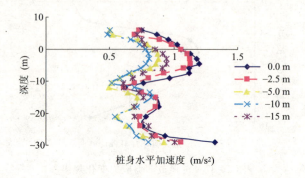

图 10-40 桩身水平加速度分布

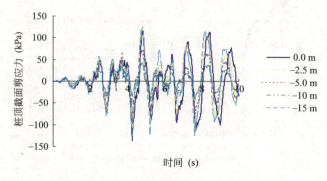

图 10-41 桩顶截面剪应力时程

一是加强了对桩体的横向约束,对其水平方向的位移会有一定限制作用;其二是由于和下卧层土体之间的刚度差异较大,会在桩体内部引起应力集中现象。这两个方面既有利的一面,也有弊的一面,所以有必要研究表面硬土层对桩土动力相互作用的影响。对表面硬土层的模拟通过不考虑超孔隙水压力和调整结构性参数来实现,分析不同表面硬土层厚度(0.0 m,0.5 m,1.0 m,2.5 m,5.0 m)对于桩-土-结构体系地震反应的影响。分析中表层硬土层按均质体进行考虑,不考虑超孔压的产生,结构性系数调高为3.0,土体天然容重为 $\gamma=14.7\ kN/m^3$。

图 10-42 为不同硬层厚度下摩擦桩桩截面剪应力沿桩身的分布;图 10-43 为桩顶截面剪应力绝对最大值随表面硬土层厚度的变化规律。从图中可以看出:在本次所选取参数的分析中,硬层厚度的变化没有改变剪应力分布的形态,但对其值有一定的影响。硬层厚度越大,桩截面的剪应力则越小。其原因可能在于:对于固定力学性质的表层硬土层,当其厚度很小时,其下卧土层由于上覆重量不大,土体单元有效应力较小,力学性质也较弱,这样和硬土层对比起来,刚度差异会较大,容易在桩身内形成应力集中现象。但是随着其厚度的增加,其下卧土层的力学性能会越来越好,两者间的刚度差异又会减小,故应力集中现象也会有所减弱。

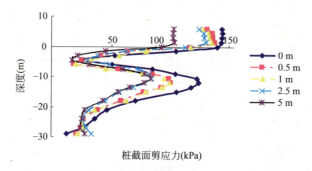

图 10-42 桩截面剪应力分布

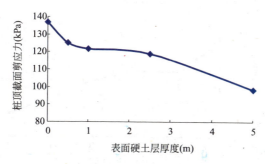

图 10-43 桩顶截面剪应力变化规律

图 10-44 为不同硬层厚度下摩擦桩桩身水平位移沿桩身的分

布;图 10-45 为桩顶水平位移最大值随表面硬土层厚度的变化规律。从图中可以看出:随着硬层厚度地增大,桩身水平位移的变化曲线形态有所改变。从无硬层的逐渐增大形态逐渐过渡要出现反弯后重新加速增大的形态,但本次分析中出现反弯现象的位置还不是很明确。此外,随着硬层厚度地增大,桩顶处水平位移最大值是逐渐减小的,这是由于桩侧土体约束增强的缘故。图 10-46 为不同硬层厚度下摩擦桩桩身水平加速度绝对最大值沿桩身的分布;图 10-47 为桩顶水平加速度绝对最大值随表面硬土层厚度的变化图。硬层厚度越大,加速度值会越小,这和前面桩截面剪应力的变化规律是能够对应的。

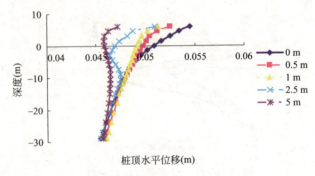

图 10-44 桩身水平位移分布

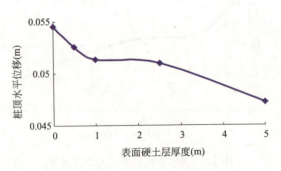

图 10-45 桩顶水平位移变化规律

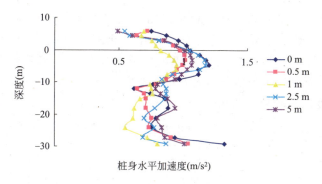

图 10-46 桩身水平加速度分布

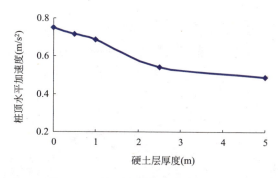

图 10-47 桩顶水平加速度变化规律

10.10 地震输入方式的影响

本节将通过变换地震输入方式来考察单向输入方式和双向输入方式对不同桩土体系反应特性的影响进行研究。单向输入方式中分别输入水平地震波和竖向地震波；双向输入方式中同时在水平方向和竖向分别输入水平地震波和竖向地震波。以下为计算分析结果。

10.10.1 地震输入方式对端承桩的影响

图 10-48～图 10-50 分别为水平振动和双向振动输入下端承桩桩截面剪应力绝对最大值、桩身水平加速度绝对最大值、桩身水

平位移最大值沿桩身的变化规律图。从图中可以看出：两种输入方式下，剪应力和水平位移分布规律变化不明显；水平加速度方面，则是水平单向输入方式下其峰值反而要大一些，但其形态没有变化。图10-51为两种输入方式下地面以下－2.5 m处桩体水平加速度的时程对比曲线。

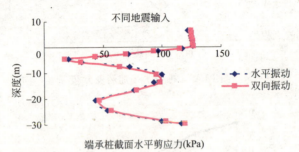

图10-48 桩截面剪应力分布

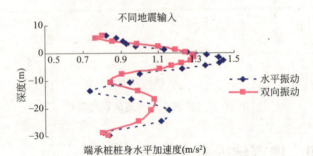

图10-49 桩身水平加速度分布

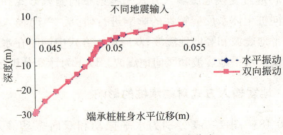

图10-50 桩身水平位移分布

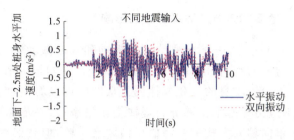

图 10-51　地面以下 -2.5 m 处桩身水平加速度时程

图 10-52 和图 10-53 分别为竖向振动和双向振动输入下端承桩桩身竖向加速度绝对最大值、桩身竖向位移最大值沿桩身的变化规律图。从图中可以看出：两种输入方式下，竖向位移分布规律几乎没有变化。这说明水平方向上的振动对桩体竖向的影响非常小。

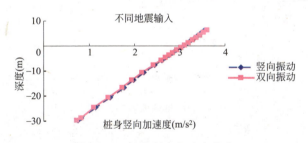

图 10-52　桩身竖向加速度分布

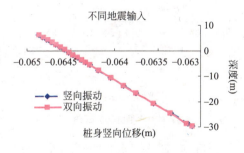

图 10-53　桩身竖向位移分布

10.10.2 地震输入方式对摩擦桩的影响

图 10-54～图 10-56 分别为水平振动和双向振动输入下摩擦桩桩截面剪应力绝对最大值、桩身水平加速度绝对最大值、桩身水平位移最大值沿桩身的变化规律图。从图中可以看出：两种输入方式下，剪应力和水平位移分布规律变化很小；水平加速度方面，则是水平单向输入方式下其峰值反而要大一些，但其形态没有变化。图 10-57 为两种输入方式下地面以下 -3.0 m 处桩体水平加速度的时程对比曲线。

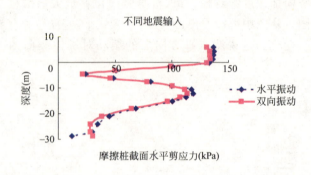

图 10-54　桩截面剪应力分布

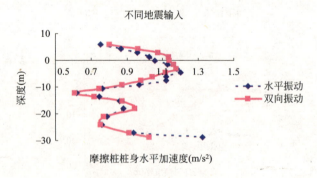

图 10-55　桩身水平加速度分布

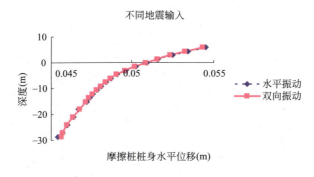

图 10-56　桩身水平位移分布

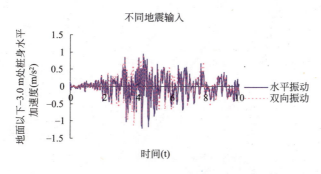

图 10-57　地面以下－3.0 m 处桩身水平加速度时程

图 10-58 和图 10-59 分别为竖向振动和双向振动输入下摩擦桩桩身竖向加速度绝对最大值、桩身竖向位移最大值沿桩身的变化规律图。从图中可以看出：两种输入方式下，竖向加速度分布规律比较相似，均在一定深度处出现了一个折点，但出现位移有所差别。出现折点的原因可能是桩体下部受桩端约束影响较大，而上部则受土体和上部结构的影响比较大的缘故。摩擦桩桩体竖向位移主要是由于桩端的竖向位移造成的，桩体本身的变形量很小，竖向位移沿着桩身向上直线增大。双向振动输入下的位移量要稍稍大于竖向输入下的位移量，增大约 3%。

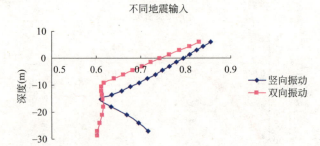

图 10-58　桩身竖向加速度分布

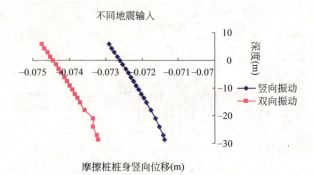

图 10-59　桩身竖向位移分布

10.11　本章小结

本章以城市高架桥梁建设中常采用的单柱墩基础为原型,建立了桩-土-结构系统的有限元-无限元耦合模型,土体采用本文所建议的饱和黄土动力本构关系。通过大量的计算,比较分析了不同因素对桩-土-结构系统地震反应特性的影响,得到以下结论:

1. 超孔隙水压对整个桩身上各曲线的变化形态基本没有影响,但对曲线上各峰值出现的位置和大小有一定影响。考虑超孔隙水压时,桩截面剪应力最大值和桩身水平加速度最大值都有所增大;超孔隙水压对摩擦桩的水平位移影响要比对端承桩的影响大一些。剪应力在端承桩的桩底出现峰值,而在摩擦桩的桩底则是最小值;水平加速度在摩擦桩的桩底出现峰值,而在端承桩的桩底却出现小值。桩截面剪应力和水平加速度分布具有反相关性。

2. 本章所建立的模型决定了桩土界面力学行为的影响不是很明显,但对比分析同样表明:完全黏结时,加速度峰值最大,开裂滑移时最小;同时考虑开裂滑移时,地表面处桩截面剪应力最大,无滑移有开裂和无开裂有滑移两种情形介于前两者之间。

3. 不同长细比下,各考察对象的差别比较明显。随着长细比的增大,桩截面的剪应力峰值减小,加速度峰值来临的越早,其值也越大。不同长细比下,桩身水平位移的变化形态差异很大。长细比越小,水平位移从桩底到桩顶几乎是一直增大,但随着长细比地增大,水平位移分布形态逐渐由正弯型变化到反弯型,桩体所承受的弯曲变形越来越明显。

4. 结构性系数的差异没有改变剪应力、加速度分布的曲线形态,但对其大小有一定的影响。对于桩顶截面而言,随着土体结构性系数的增大,其剪应力及加速度均先增后降,似乎存在一个峰值点。桩顶最大水平位移也是先增,而后又缓慢的减小。

5. 地下水位深度没有改变剪应力分布的曲线形态,但对其大小有一定的影响。随着地下水位的下降,其桩顶截面的剪应力和桩顶水平位移均是先减后增,存在一个分界水位。地下水位高于该水位时,两者会随着水位地上升而增大;低于该水位时,又会随着水位地下降而增大。

6. 硬层厚度的变化没有改变剪应力分布的形态,但对其值有一定的影响。硬层厚度越大,桩截面的剪应力则越小。随着硬层厚度的增大,桩身水平位移的变化曲线形态有所改变。从无硬层的逐渐增大形态逐渐过渡会出现反弯后重新加速增大的形态,但本次分析中出现反弯现象的位置还不是很明确。此外,随着硬层厚度地增大,桩顶处水平位移最大值是逐渐减小的。

7. 对于端承桩,不同地震输入下其桩体竖向加速度和竖向位移几乎都是沿着桩身向上线性增大的。但摩擦桩的竖向加速度分布会出现折点。水平地震动和竖向地震动之间的耦合作用不是很明显。对于所考察的量,双向输入方式下的值并不是比单向输入方式下的大,有时反而会小一些。

第 11 章　非饱和黄土地区地铁车站地震反应分析

11.1　引　　言

在地震过程中,由于地下结构完全受到周围土体的约束,所以其地震反应明显不同于地面结构。也就是说,对于地下结构,周围的土体特性对其地震反应则起着主导作用。

本章将利用第 6 章所建立的非饱和黄土动力本构和第 7 章开发的 UMAT 本构模型子程序,在第 9 章非饱和黄土场地地震反应分析的基础上,对非饱和黄土地区拟建的地铁车站结构在水平、竖直和双向地震作用下的动力反应进行分析,并考察结构埋深对其地震反应的影响。

11.2　计算模型

本次研究所依托的工程是西部某城市地铁 2 号线拟建车站。拟建的两层单柱双跨地铁车站的横断面如图 11-1 所示。车站的水平横向宽 18.7 m,高 13.55 m,每跨长度 8.65 m,水平纵向长 200 m;车站的底板和顶板厚度都为 0.8 m,中板的厚度为 0.4 m;车站的下侧墙厚度为 0.7 m,上侧墙的厚度为 0.6 m;车站的柱子为正方形,边长为 0.8 m,间距 8 m;在顶板、中板、底板和侧墙相交处以及顶板、中板、底板和柱子的相交处都进行了加腋处理。

11.2.1　计算范围

刘晶波等[305]人的研究成果和王明洋等[306]的试验结果都表明:当地基的水平尺寸和结构的水平尺寸之比大于 5 时,边界对动

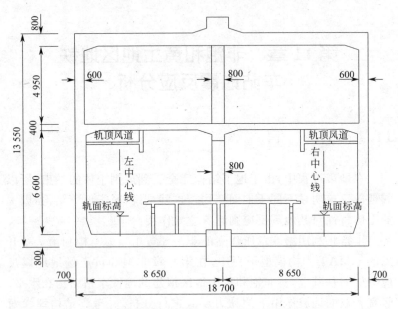

图 11-1　拟建的两层双跨地铁车站横断面尺寸图　单位：mm

力计算的影响趋于稳定。为了减少边界条件对动力计算结果的影响，本次计算模型的侧向宽度采用 150 m，即地基平面尺寸和结构平面尺寸之比为 8，同时，侧向边界采用无限元。

王国波等[50]分别建立了地铁车站的二维模型和三维模型，并对地震作用下结构的响应进行了对比分析。研究表明：二维模型和三维模型计算的结果相差不大。对于典型的地铁车站，采用主频 1.86 GHz，2 GB 内存配置的电脑进行三维数值计算，一种工况大约需要计算 8 天时间，耗时较长。为了节约计算成本和时间，本文采用二维模型进行分析。有限元的模型和网格划分如图 11-2 所示。

11.2.2　计算参数选取

混凝土结构采用弹性本构模型，研究表明混凝土动力弹性模量比静力本构模量高出约 30%～50%，一般取静力弹性模量的

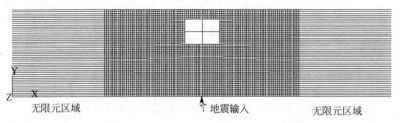

图 11-2 有限元-无限元耦合计算模型

1.4倍。在地震作用下,土-结构共同作用问题属于复杂的动力接触几何非线性问题。由于土体材料和混凝土材料性质的巨大差异,使得在地震作用下,土体和结构的变形不一致,位移不完全协调,具体表现为土体和混凝土的接触面会出现滑移和开裂等现象。接触面之间的相互作用主要包括两个方面:一是接触面的法向作用主要用于模拟土-结构的闭合和开裂机制;二是接触面的切向作用主要用于模拟土-结构的摩擦和滑移机制。计算时这两个部分可以分别定义。

大部分的接触问题都属于硬接触问题,即两个物体只有在紧压的状态下接触面才能传递法向压力,当两个物体有间隙时不传递法向压力。其法向压力和间隙和压力的关系如图 11-3 所示。这种接触面的法向行为十分明确,不会发生穿透现象,但接触面从开裂到闭合时,接触压力会发生剧烈的变化,会使得接触计算很收敛。对于土-结构共同作用问题,由于土体和混凝土的接触面具有一定黏聚力,同时为了计算易于收敛,本文接触面的法向模型采用修正后的模型如图 11-3(b)所示,当接触面得拉力超过最大压力 P_{max} 时,土体与结构从闭合转为开裂,接触面压力为零。

当接触面处于闭合状态时,接触面可以传递切向应力,即土体与结构之间存在摩擦力。接触面的滑移模型采用第 10 章中图 10-3 所示的滑移机制模型。

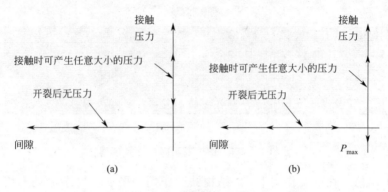

图 11-3 接触面开裂模型

11.2.3 边界条件及计算步骤确定

采用第 9 章自由场地地震反应分析的边界条件,即对远场采用无限元,对近场采用有限元。

土体的性质和土体的应力状态有很大关系,从本章建立的本构模型可以看出:土体的初始应力状态决定了边界面的大小,由此影响土体的变形模量和应力应变关系。由于地铁车站在开挖、支护等施工过程中土体经历了卸荷加荷,其应力状态明显不同于自然应力状态。所以,在动力分析前需要确定土体的应力状态,同时也需要计算车站结构自身的静力受力状态。

计算分析过程分为两个步骤:第一步、静力计算过程;第二步、动力计算过程。具体做法为:建立计算模型,施加重力荷载进行初始地应力平衡,之后利用 ABAQUS 生死单元的功能进行土体开挖和结构的施工,由此得出地基土体和车站结构的受力状态;在此基础上,设定动力边界条件,然后输入地震波进行动力分析。

11.2.4 荷载条件

计算时考虑地面超载,按《地铁设计规范》(GB 50157—2003)

取 20 kPa,站内人群荷载取 4 kPa,设备荷载取 8 kPa,地铁车辆荷载取 20 kPa。地震波采用按 8 度地区多遇地震情况调整后 EL-Centro 波,水平加速度峰值为 70 cm/s^2,竖向加速度峰值为 42.2 cm/s^2。

11.3 地震反应计算结果

为了研究静力和动力作用下结构的内力,选取上、下中柱的弯矩,因为是对称结构,故只研究右顶板、中板和底板的弯矩,右上、下侧墙的弯矩。

为了全面考察地铁车站在地震作用下的动力反应,计算中分别输入水平地震波、竖向地震波和双向地震波。计算结果如下述。

11.3.1 水平地震反应

图 11-4～图 11-10 给出了水平地震作用下,地铁车站各构件内力最大幅值和最小幅值的包络图,即各构件每一点内力的变化范围。从图中可以看出:

(1)顶板最大动弯矩和动剪力发生在顶板和中柱的交接部位,最大轴力发生在中柱和侧墙中间。最大动弯矩在 500.286～618.83 kN·m/m 之间变化,最大动剪力在 959.05～167.31 kN/m 之间变化,最大轴力在 70.68～153.79 kN/m。

(2)中板的最大动弯矩和动剪力发生在中板和中柱的交接处,最大的动轴力发生在中板和右侧墙的交接处。相对于顶板和底板,中板的动弯矩和动剪力较小,其最大动弯矩的变化范围为 61.45～131.8 kN·m/m,动剪力的变化范围为 48.1～60.3 kN/m;中板的动轴力相对于顶板和底板较大,最大的动轴力的变化范围为 415.20～433.24 kN/m。

(3)底板的最大动弯矩、动剪力和动轴力都发生在底板和侧墙的交接处。最大动弯矩的变化范围为 492.88～776.12 kN·m/m,

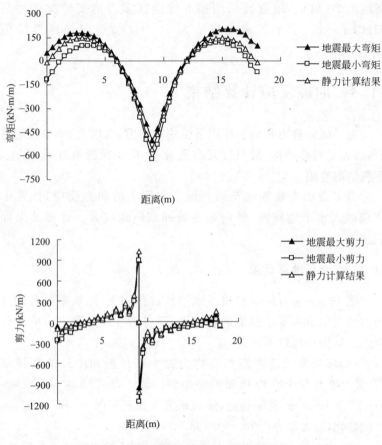

图 11-4 地震作用下顶板内力包络图

最大动剪力的变化范围为 1047.48~1553.72 kN/m,最大动轴力变化范围为 551.08~790.814 kN/m。

(4)侧墙的最大动弯矩、动剪力和动轴力都发生在侧墙和底板的交接处。最大动弯矩的变化范围为 483.72~751.55 N·m/m,最大动轴力的变化范围为 601.84~814.02 kN/m,最大动剪力的变化范围不大。

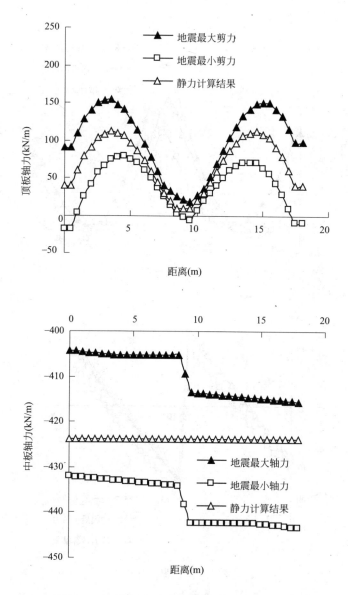

图 11-5 地震作用下顶板和中板轴力力包络图

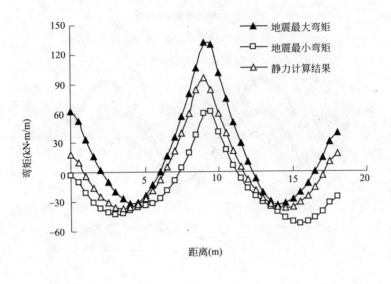

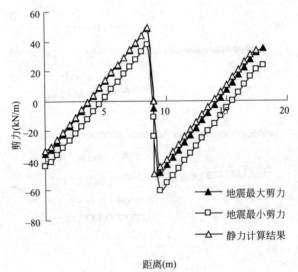

图 11-6 地震作用下中板内力包络图

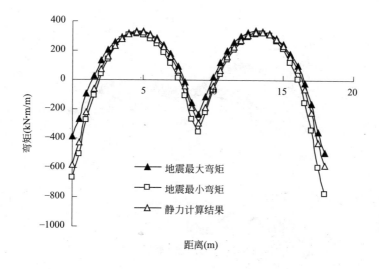

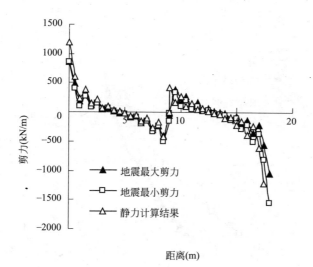

图 11-7 地震作用下底板内力包络图

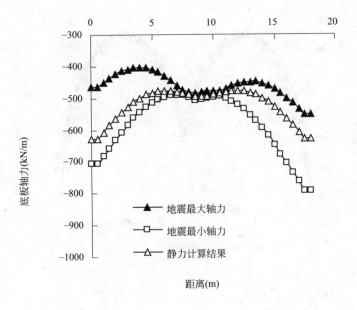

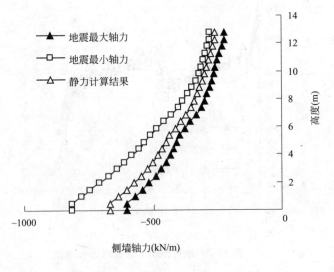

图 11-8　地震作用下底板板和侧墙轴力力包络图

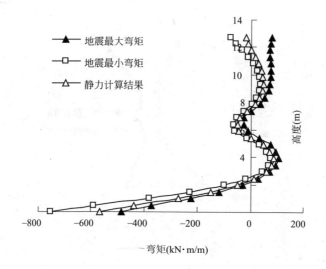

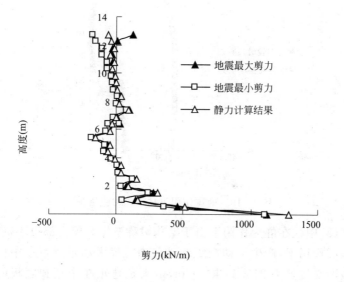

图 11-9 侧墙内力包络图

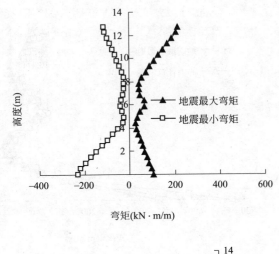

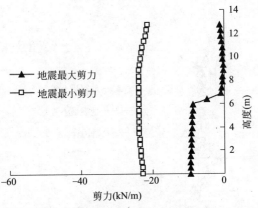

图 11-10 地震作用下柱子内力包络图

(5)中柱在静力作用下由于结构对称弯矩和剪力都很小,在水平地震作用下,产生了动弯矩和动剪力。最大动正弯矩在中柱和顶板的交接处为 213.50 kN·m,最大负弯矩在中柱和底板的交接处为 -231.5 kN·m;动剪力沿柱子分布比较均匀数值较小,大小约为 22 kN/m;柱子的动轴力变化很小。

11.3.2 竖向地震反应

图 11-11～图 11-17 给出在竖向地震作用下,地铁车站各构件的动内力最大幅值和最小幅值的包络图。

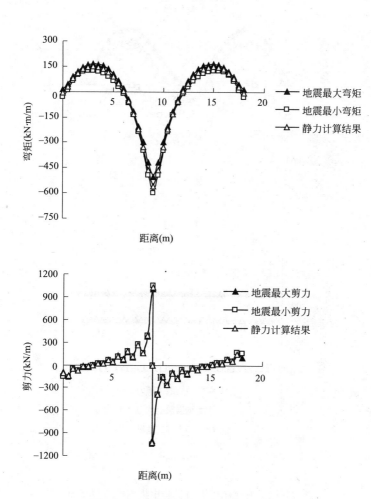

图 11-11 地震作用下顶板内力包络图

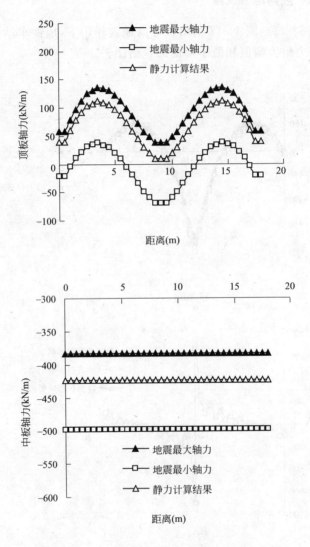

图 11-12 地震作用下顶板和中板轴力力包络图

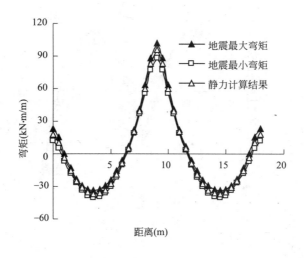

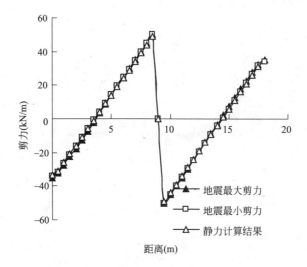

图 11-13 地震作用下中板内力包络图

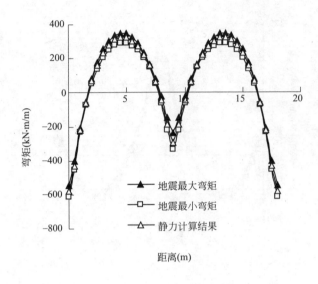
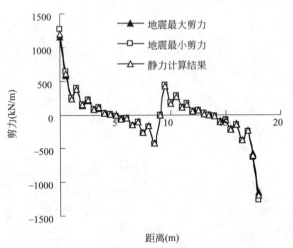

图 11-14 地震作用下底板内力包络图

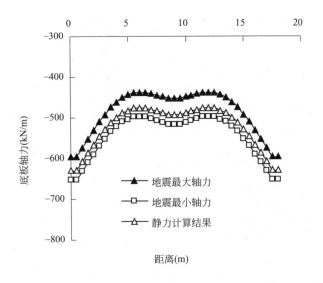

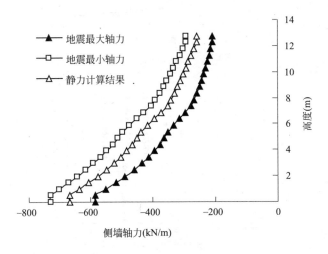

图 11-15 地震作用下底板和侧墙轴力包络图

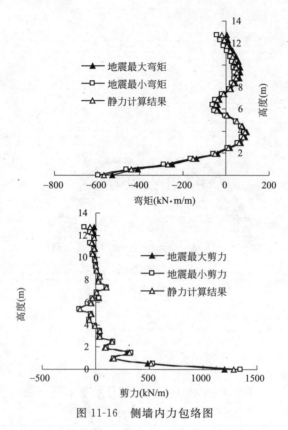

图 11-16 侧墙内力包络图

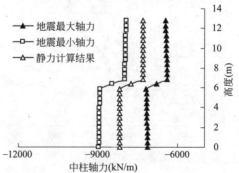

图 11-17 地震作用下柱子内力包络图

从图 11-11～图 11-17 可以看出：(1)顶板最大动弯矩、动剪力和最大动拉力发生在顶板和中柱的交接部位，最大动压力发生中柱和侧墙中间。最大动弯矩的在 502.26～599.25 kN·m/m 之间变化，最大动剪力变化不大，最大动压力为 133.2 kN/m，最大动拉力为 70 kN/m。

(2)中板的最大动弯矩和动剪力发生在中板和中柱的交接处，最大的动轴力分布比较均匀。相对于顶板和底板，中板的动弯矩和动剪力较小，其最大动弯矩的变化范围为 88.21～101.6 kN·m/m，动剪力的变化不大；中板的动轴力相对于顶板较大，最大的动轴力的变化范围为 383.31～498.25 kN/m。

(3)底板的最大动弯矩、动剪力和动轴力都发生在底板和侧墙的交接处。最大动弯矩的变化范围为 542.60～610.73 kN·m/m，最大动剪力的变化范围为 1 151.21～1 268.66 kN/m，最大动轴力变化范围不大，为 596.21～652.78 kN/m。

(4)侧墙的最大动弯矩、动剪力和动轴力都发生在侧墙和底板的交接处。最大动弯矩的变化范围为 527.11～596.2 N·m/m，最大动轴力的变化范围为 584.61～729.13 kN/m，最大动剪力的变化范围为 1 200.34～1 344.58 kN/m。

(5)中柱动弯矩和动剪力较小，而动轴力变化较大。最大动轴力发生在中柱和底板交接处，其变化范围为 6 456.7～9 849.2 kN/m。

11.3.3 双向地震反应

图 11-18～图 11-24 给出双向地震作用下，地铁车站各构件的内力最大幅值和最小幅值的包络图。从图中可以看出：

(1)顶板的最大动弯矩和动剪力发生在顶板和中柱的交接部位，最大轴力发生在中柱和侧墙中间。最大动弯矩在 480.22～622.48 kN·m/m 之间变化，最大动剪力在 419.74～1 170.2 kN/m 之间变化，最大拉力为 73.68 kN/m，最大压力为 147.5 kN/m。

(2)中板的最大动弯矩和动剪力发生在中板和中柱的交接处，

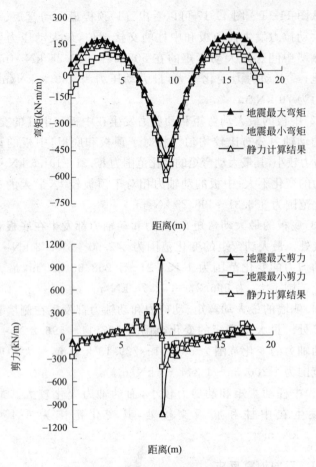

图 11-18 地震作用下顶板内力包络图

最大轴力发生在中板和右侧墙的交接处。相对于顶板和底板,中板的动弯矩和动剪力较小,其最大动弯矩的变化范围为 60.98～132.54 kN·m/m,动剪力的变化范围为 47.07～53.16 kN/m;中板的动轴力相对于顶板和底板较大,最大的动轴力的变化范围为 381.57～510.91 kN/m。

(3)底板的最大动弯矩、动剪力和动轴力都发生在底板和侧墙的交接处。最大动弯矩的变化范围为 476.26～782.33 kN·m/m,

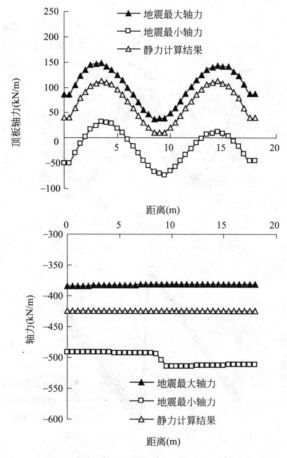

图 11-19 地震作用下顶板和中板轴力力包络图

最大动剪力的变化范围为 1 011.95~1 570.65 kN/m,最大动轴力变化范围为 537.18~803.13 kN/m。

(4)侧墙最大动弯矩、动剪力和动轴力都发生在侧墙和底板的交接处。最大动弯矩的变化范围为 467.23~757.7 N·m/m,最大动轴力的变化范围为 578.62~821.8 kN/m,最大动剪力的变化范围为 1 190.61~1 701.8 kN/m。

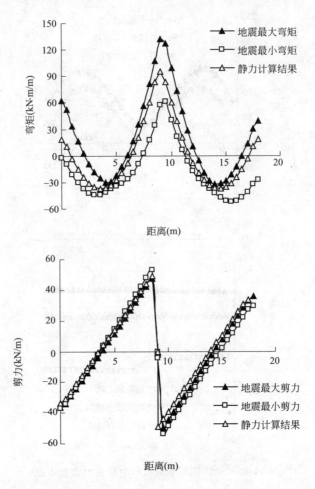

图 11-20 地震作用下中板内力包络图

(5)中柱在静力作用下,结构对称,弯矩和剪力都很小;在双向地震作用下,产生了动弯矩和动剪力。最大动正弯矩在中柱和顶板的交接为 213.50kN·m,最大动负弯矩在中柱和底板的交接处为 −235.4 kN·m 到;动剪力沿柱子分布上大下小,最大值为 7.35 kN/m;柱子的动轴力变化范围为 7 136.2~9 151.3 kN。

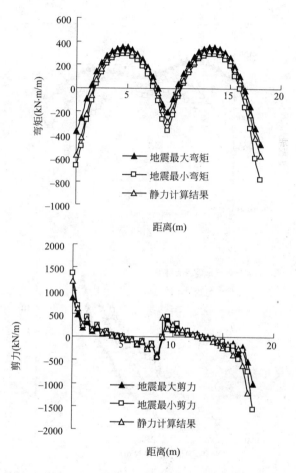

图 11-21 地震作用下底板内力包络图

从计算结果也可以看出,地铁车站结构静荷载作用下的最大内力如下:1)顶板最大弯矩为 559.4 kN·m/m,最大剪力为 1 031.5 kN/m,都位于板中部和中柱交接处。2)中板的最大弯矩为 95.6 kN·m/m,最大剪力为 49.1 kN/m,在板的两端和侧墙交接处。3)底板的最大弯矩为 580.5 kN·m/m,最大剪力为 1 203.5 kN/m,在板的两端和侧墙交接处。4)侧墙的最大弯矩为

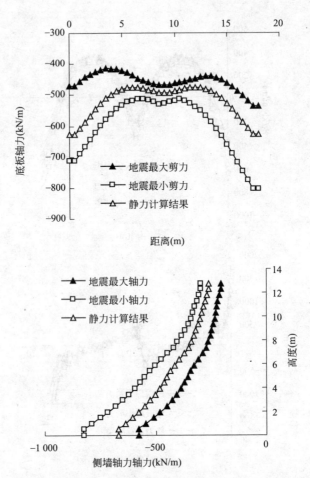

图 11-22 地震作用下底板和侧墙轴力包络图

566.3 kN·m/m,最大剪力为 1284.8 kN/m,在板的两端和侧墙交接处。5)车站上层中柱的轴力为 7 310.5 kN/m,下层中柱的轴力为 8 100.31 kN/m。

综合上述分析可知:地铁车站结构不管是在静力状态下,还是在不同地震输入下,其每个构件的最不利位置都一样,车站顶板的最不利位置为顶板和中柱的交接处,车站中板最不利位置为中板

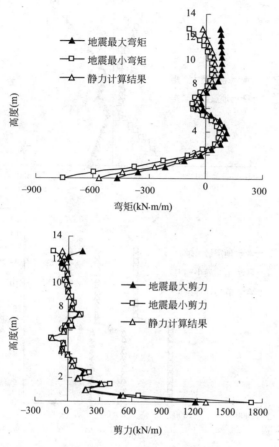

图 11-23 侧墙内力包络图

和中柱的交接处,车站底板的最不利位置为底板和侧墙的交接处,而侧墙和中柱的最不利位置都在底部。

为了研究地震对结构内力的影响,本文主要对比每个构件最不利位置处在静力作用下的内力和动力作用下的内力,并考察其增幅。内力增幅的定义如下

$$\alpha = \frac{W_d - W_s}{W_s} \times 100\%$$

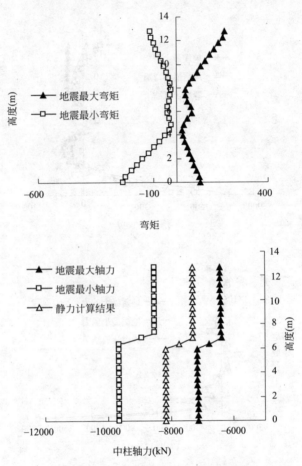

图 11-24 地震作用下柱子内力包络图

式中,W_d 为结构在地震作用下的内力;W_s 为结构在静力作用下的内力。

地铁车站在地震作用下,各个构件的内力增幅如表 11-1 所示。从表中可以看出:在地震作用下,所有构件最不利位置处的内力都有所增大,最大增幅达 37%。所以,在进行地铁车站设计时必须要考虑地震的影响,进行抗震设计。三种地震输入方式对车站结构的不同构件具有不同的影响,不能一概而论。水平地震主要影响顶板和中柱的弯矩和剪力,中板和侧墙的弯矩和轴力,对底板的弯矩和剪力及轴力都有影响;相较水平地震而言,竖向地震主要影响了各个构件的轴力,弯矩和剪力的影响幅度较小;双向地震对各个构件的弯矩、剪力及轴力都影响。

表 11-1 地震内力增幅表

构件	最大内力	静力结果	水平地震	增幅(%)	竖直地震	增幅(%)	双向地震	增幅(%)
顶板	弯矩(kN·m/m)	559.4	618.8	10.6	599.3	1.8	622.5	11.2
	剪力(kN/m)	1031.5	1167.3	13.1	1035	0.3	1170.2	13.4
	轴力(kN/m)	112.1	153.8	37.1	133.2	21.3	147.5	31.1
中板	弯矩(kN·m/m)	95.6	131.8	37.8	101.6	6.2	132.5	38.5
	剪力(kN/m)	49.1	60.3	22.8	50.1	2.0	53.2	8.3
	轴力(kN/m)	423.8	443.2	4.5	498	17.5	510.9	20.5
底板	弯矩(kN·m/m)	580.5	776.1	33.6	610.7	5.2	782.3	34.7
	剪力(kN/m)	1203.5	1553.4	29.0	1268.2	5.7	1570.6	30.4
	轴力(kN/m)	627.7	790.8	25.9	652.9	4.0	803.1	27.9
侧墙	弯矩(kN·m/m)	566.30	751.5	32.7	596.3	5.3	757.7	33.8
	剪力(kN/m)	1284.82	1418.6	8.3	1344.1	4.6	1701.8	32.4
	轴力(kN/m)	666.9	814.0	22.0	729.52	9.3	821.9	23.2
中柱	弯矩(kN·m/m)	—	231.5	—	—	—	235.4	—
	剪力(kN/m)	—	22	—	—	—	7.3	—
	轴力(kN/m)	8100.3	8198.7	1.2	9849.2	21.3	9951.8	23.5

通过各个构件最不利位置的对比分析可知:整个结构的最不利位置是中柱和底板的交接处,在地震作用下中柱柱底的应力最大,将最先被破坏。在本次所研究的地震作用下,下层中柱的破坏形式为压剪破坏,它是水平地震和竖向地震共同作用的结果,水平地震改变其弯矩和剪力,而竖向地震改变其轴力。

11.4 结构埋深对地震反应的影响

历次的地震灾害表明:相同地下结构在不同埋深下,其破坏程度会有很大的不同。因此,结构埋深是影响结构地震反应的重要因素之一,它对于结构的抗震性能具有重要的影响。对于拟建的地铁车站,由于其场地已定,则结构埋深选择将是决定其地震反应的重要因素。为了研究不同结构埋深对地下结构的地震反应影响,在其他条件相同的情况下分别取结构埋深为 3 m,5 m,7 m,9 m 和 11 m,最后比较构件的内力增幅。

图 11-25～图 11-27 给出了双向地震作用下,地铁车站结构构件内力随结构埋深的变化关系。从图中可以看出:结构埋深对结构构件内力的影响十分明显。在所有结构构件内力中,除了中板

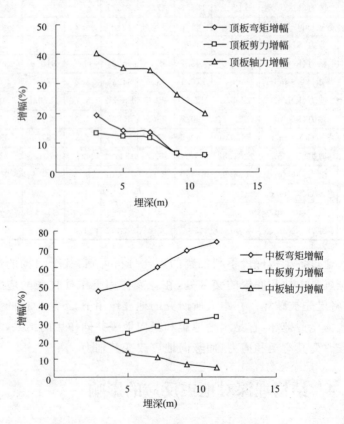

图 11-25 地震作用下柱子内力包络图

弯矩和剪力随着结构埋深增加而增加外,其余的构件都随着埋深地增加而减少。其中中板轴力和顶板弯矩的变化幅度最大,这说明结构的埋深越大,对其抗震越有利。在其他条件不变的情况下可以通过增加结构的埋深来提高地铁车站的抗震性能。

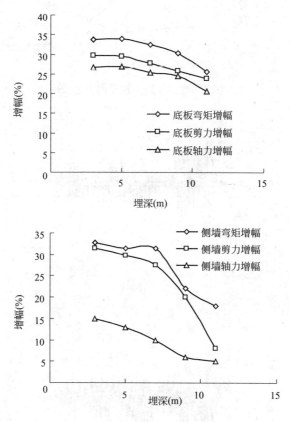

图 11-26　地震作用下柱子内力包络图

不同埋深下地铁车站柱底的水平加速度时程曲线如图 11-28 所示,垂直加速度时程曲线如图 11-29 所示。从图中可以看出:随着结构埋深的增加,柱底水平加速度的幅值和竖向加速度的幅值都呈减小趋向。

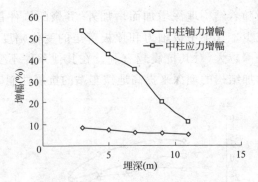

图 11-27 地震作用下柱子内力包络图

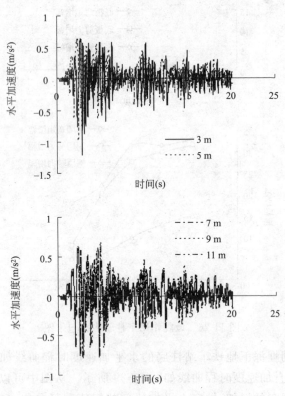

图 11-28 柱底水平加速度时程曲线

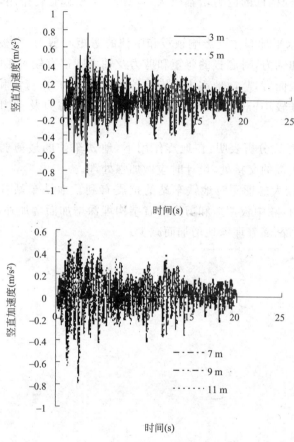

图 11-29 柱底垂直加速度时程曲线

11.5 本章小结

本章通过建立有限元-无限元耦合模型,分析了地铁车站结构在地震作用下的地震反应,所做的工作和得到的结论如下。

1. 对拟建依托工程进行了静力分析和动力分析,给出其在水平地震、竖向地震及双向地震作用下的动力反应结果。在地震作用下,结构构件的内力增幅较大,设计时应考虑地震作用,进行抗震设计。

2. 水平地震主要影响顶板和中柱的弯矩和剪力,中板和侧墙的弯矩和轴力,对底板的弯矩和剪力及轴力则都有较大影响;相较水平地震而言,竖向地震主要影响各个构件的轴力,弯矩和剪力的影响幅度较小;双向地震对各个构件的弯矩、剪力及轴力影响都较大。

3. 对比分析表明:在地震作用下,地铁车站的最薄弱部位是中柱和底板的交接处,设计时应做加强处理。

4. 较大的埋深对地铁车站的抗震有利。地铁车站各结构构件的内力,除中板弯矩和剪力随着结构埋深增加而增加外,其余构件的内力都随着埋深地增加而减少。

第 12 章 结论与展望

12.1 结　　论

本书在对饱和黄土、非饱和黄土进行大量静、动力三轴试验的基础上,提出了考虑结构性的动力本构模型,并分别应用于自由场、桩-饱和黄土-结构系统、地铁车站的地震反应分析中。主要工作及取得的成果如下:

1. 基于饱和黄土的不排水三轴剪切试验,分析总结了围压、超固结比、偏压固结比对饱和黄土不排水初始变形模量和不排水强度的影响规律,其中定义了两类不同超固结状态;引入应力分担率来考察饱和黄土的结构性,结合试验研究了各种因素对其形态的影响,指出应力分担率随变形的变化曲线明显可以分为两段:第一段几乎表现为线性增长;第二阶段内,应力分担率随着变形地增长而减小,呈双曲线变化,且变化速率是先快后慢,最终趋于 0。

2. 基于室内动三轴试验,研究了五种因素,即围压、超固结比、偏压固结比、动剪应力比、加载频率,对饱和黄土动力特性,包括变形模量以及不排水强度退化规律、超孔隙水压力发展规律的影响,详细分析了各种现象规律产生的原因。试验表明:各种情况下饱和黄土的动力应力应变曲线和孔压增长曲线形态都可以分为三个阶段。不同条件下,三个阶段对应的应变范围不一样。

3. 建立了饱和黄土的基本应力应变关系式;基于稳定孔隙比原理结合临界土力学理论推导出了 K_0 正常固结饱和黄土不排水强度的理论表达式,并考虑土颗粒之间具有一定的黏结强度的实际情况,提出了修正表达式;基于稳态强度理论及真强度理论导出了超固结状态与正常固结状态之间不排水强度的变化关系式,通过与试验数据的对比指出参数的理论计算值与实测值存在一定的差异；考虑拉压不同性质以及中主应力影响对不排水强度公式进行了修正；引入似超固结的概念，建立了变形模量、不排水强度随似超固结比的变化规律；结合试验数据，探讨结构变化对变形模量以及不排水强度的影响，并给出相应的拟合公式；基于对孔压增长模型的总结以及实验结果，提出了适合于本次研究所用饱和黄土在不排水动力加载下超孔隙水压力的增长模型。

4. 给出了饱和黄土动力本构模型建立的步骤，并结合试验数据对其参数的确定进行研究；引入结构性发挥系数，研究其变化规律，给出相应的计算模式，建立考虑结构性的饱和黄土动荷载作用下不排水变形模量、强度的退化规律关系式，最终构建考虑饱和黄土结构性的动力本构模型，并对其实现了程序开发；基于ABAQUS大型有限元程序和所建立的动力本构模型对饱和黄土不排水动三轴试验进行了模拟，与试验结果的对比表明所构建的本构模型具有合理性，较好地反映了所研究的饱和黄土的动力学特性。

5. 通过静力三轴试验，获得四种含水率下非饱和黄土在三种围压下的应力应变规律。分析表明：重塑非饱和黄土的应力应变关系曲线表现为硬化型，原状非饱和黄土则受围压和含水率的影响，其应力应变关系曲线在低围压和低含水率的情况为软化型，随着围压的增加和含水率的提高，则由软化型转化为硬化型；重塑非饱和黄土和原状非饱和黄土的强度参数都随含水率地增加而呈指数形式减小。

6. 基于重塑非饱和黄土和原状非饱和黄土的应力应变曲线，提出了非饱和黄土结构应力分担比的概念。试验表明：随着土体应变地增长，结构应力分担比可以分为两段，第一段是在较小应变范围内呈线性迅速增长，第二段是随着应变的增加而呈指数型减小；结构应力分担比的最大值出现在广义剪应变 1.2% 附近，说明土体的结构性在加载初期已经充分发挥，之后随着应变增加而逐渐破坏；结构应力分担比的最大值随围压和含水率地增大而呈线性减小，可以表示成含水率和围压的一次函数形式。

7. 通过动力三轴试验,研究了非饱和黄土的动力变形模量和阻尼比随着动应变变化的规律,并分析了固结围压和含水率对变形模量及阻尼比的影响。试验表明:土体的动模量随着动应变的增加而减小,阻尼比随动应变地增大而增大,但变化的幅度不大。

8. 基于边界面模型理论,引入含水率参数,建立重塑非饱和黄土的边界面动力本构模型,详细分析本构模型中各个参数,并给出相应的确定方法;基于二元介质理论,以重塑非饱和土的模型来表示摩擦元,以结构应力分担比来反应胶结元,建立了原状非饱和黄土的结构性动力本构模型。

9. 使用隐式算法实现非饱和黄土结构性本构模型的计算,推导了模型的一致切线模量;给出其程序化的思路和步骤,基于有限元软件 ABAQUS 的二次开发平台开发编写了相应的子程序,并对非饱和黄土的静、动力三轴试验进行了数值模拟。同试验结果的对比分析表明:所建立的本构模型具有一定的合理性和准确性,能够较好的反应所研究的非饱和黄土的力学特性。

10. 基于所建立的饱和黄土结构性动力本构模型进行了场地动力反应的有限元分析,建立相应的有限元-无限元耦合模型;研究了土层厚度变化、超孔隙水压力、土体结构性、地下水位变化,表面硬土层厚度变化、地震输入方式对场地地震放大效应和滤波效应的影响,总结了其中的规律。并着重指出实际工程及研究中应注意如下几方面的问题:

(1)对于一定的地震波和土层条件,存在一个特定的土层厚度,这个厚度对应的地表加速度放大效应达到最大值。实际工程选址中,应该特别注意上覆土层的厚度,避开会出现加速度放大倍数峰值的土层厚度,以免导致上部结构惯性荷载过大而造成的破坏。

(2)水平位移放大倍数随着土层厚度地增大而逐渐增大,到一定程度之后会出现加速放大现象。实际工程选址中应该优先选择位移加速放大对应土层的厚度范围之内的场地。以避免结构出现过大位移而引发的安全问题。

(3)地下水位的升降对场地位移放大效应影响较大,工程抗震设计中应结合场地水文地质条件进行。

(4)场地在双向输入时并不比单向输入时反应强烈。地震输入方式应该结合实际场地条件来进行选取,不同的地震波可能引起不同的结果,不能简单的认为单向输入方式就是偏于不安全的,有些情况下可以是偏安全的。

11. 以城市高架桥梁建设中常采用的单柱墩基础为原型,建立了桩-土-结构系统的有限元-无限元耦合模型,基于所构建的饱和黄土结构性动力本构模型进行了单桩-饱和黄土-结构的地震动力反应分析。考察了超孔隙水压力、桩体长细比、土体结构性、地下水位变化、表层硬土层厚度变化、地震输入方式对端承桩和摩擦桩地震反应特性的影响,总结了其中的规律,并指出实际桩基工程和研究中应注意如下问题:

(1)对于一定场地类别和土层条件,存在一个深度分界点。在该深度以下,超孔隙水压力相对值很小,可以不考虑其影响,但在该深度以上,超孔隙水压力比明显增大,需考虑其影响。

(2)剪应力在端承桩的桩底出现峰值,在摩擦桩的桩底则是最小值,但在地表面处均出现峰值,工程中可以据此规律对不同桩型进行有针对性的设计;水平加速度在摩擦桩的桩底出现峰值,而在端承桩的桩底却出现小值,剪应力和水平加速度分布具有反相关性。

(3)随着长细比地增大,桩身水平位移分布形态逐渐由直线型到正弯型再到反弯型,桩体所承受的弯曲变形越来越明显。故实际桩基的抗震设计中应以其水平位移分布不出现反弯型为宜。

(4)随着地下水位地下降,桩顶截面的剪应力和桩顶水平位移均是先减后增。存在一个分界水位,地下水位高于该水位时,两者会随着水位地上升而增大;低于该水位时,又会随着水位地下降而增大。实际桩基工程抗震设计中应该结合水文地质资料考虑地下水位的变化范围的影响。

(5)表层硬土层虽然增强了桩体的侧向支撑刚度,但对于一定力学性质的表层硬层,水平地震作用下,随着硬土层厚度的增加,桩身水平位移分布形态会逐渐从无硬层的逐渐增大形态过渡到会出现反弯后重新加速增大的形态,这是偏于不安全的。一定的场地条件和硬土层性质会对应相应的反弯位置,工程设计中应在相应的位置对桩体采取一定的补强措施。

(6)水平地震动和竖向地震动之间的耦合作用并不是很明显,桩体反应在双向输入方式下并不是一定比单向输入方式下的大,有时反而会小一些。对于一般的建筑物不需考虑水平地震和竖向地震的耦合作用。

12. 基于所建立的非饱和黄土的结构性动力本构模型,对非饱和黄土地区的自由场地进行了地震反应分析,考察了上覆土层厚度、含水率、结构性及地震输入方式对其地震反应的影响。结果表明:

(1)场地对地震波具有放大效应和滤波效应。随着深度地增大,地震波的放大效应逐渐减小。

(2)自由场地的加速度和位移的放大倍数随着含水率地增大而增大,但位移放大倍数随含水率的变化幅度相对较小。随着含水率的增加,滤波效应更加明显,地表地震波的频率成分向低频部分集中。

(3)随着土体结构性的增强,土体刚度变大,地表加速度放大倍数逐渐增大,而位移放大倍数则逐渐减小,地表地震波的高频成分增加。

(4)地表位移放大倍数随着上覆土层厚度地增大而增大,而加速度放大倍数则是先增大后减小。

13. 基于所建立的非饱和黄土结构性动力本构模型,对非饱和黄土地区的某拟建地铁车站进行了有限元-无限元耦合地震反应分析,考察了结构埋深对其地震反应的影响。研究表明:

(1)在地震作用下,地铁车站结构构件的内力增幅较大,设计时应考虑地震作用,进行抗震设计;中柱和底板的交接处是地铁车站结构的最不利位置,建议在设计时做加强处理。

(2) 水平地震主要影响顶板和中柱的弯矩和剪力,中板和侧墙的弯矩和轴力,对底板的弯矩和剪力及轴力则都有较大影响;相较水平地震而言,竖直地震主要影响各个构件的轴力,弯矩和剪力的影响幅度较小;双向地震对各个构件的弯矩、剪力及轴力都影响较大。

(3) 地铁车站的埋深对其地震反应有较大的影响,但对具体的结构构件影响则不尽相同。中板的内力变化幅值随着结构埋深地增加而减少,其余构件都随着结构埋深的增加而增加。总体而言,较大的埋深对地铁车站的抗震是有利的。

12.2 展　　望

由于问题本身的复杂性以及同时涉及试验研究、理论研究和数值模拟三个方面,跨度比较大,再加上时间和作者水平的限制,所进行的研究仍有许多不足以及有待进一步深入的地方,主要表现在以下几个方面:

1. 本书所构建的饱和黄土动力本构模型中有若干基于试验拟合的参数,主要体现在变形模量、不排水强度随超固结比、残余变形的变化规律以及超孔隙水压力增长模型中。参数影响因素比较多,虽然文中对其规律性进行了一定的探索,但要应用于实际还需做大量的试验研究。

2. 在饱和黄土结构性本构模型的开发过程中,对于土体单元的拉压状态判断使用了简单的应力判据,这是不完全合理的。由于模型在计算中针对每一个拉压过程都使用同一个初始状态,如果拉压状态判断不准确,将会使土体的退化特性模拟出现误差。严格来讲,拉压状态的判断应该同时结合应力状态和土体单元的形状来进行,这也是目前的研究还没有注意到的一个方面。

3. 本书所构建的饱和黄土结构性动力本构模型中虽然考虑了超孔隙水压力的产生与增长,但在有限元分析中,并没有在单元中将孔隙水压力视为一个变量,而是通过在本构模型的子程序中实现的。这样做的不足之处体现在桩土相互作用时,不能考虑桩土界面的接触压力因超孔压的产生而导致的减小。另外本次研究在分析中没有考虑超孔隙水压力在增长的同时也在消散这一实际过程,未能真正实现有效应力分析。结合本文开发的本构模型以及 ABAQUS 程序开发孔隙水压力单元以实现真正有效应力分析将是下一步研究的重要方向。

4. 本书所建立的非饱和黄土结构性动力本构模型有部分参数是通过试验拟合而得,尤其是和含水率相关的参数,如初始硬化参数的初始值,最大结构应力分担比等。虽然本文对其规律性做了一定的探讨,但是仍需要大量的试验来进行验证。

5. 建议开展非饱和黄土地区地铁车站室内模型试验和现场观测试验。如进行地铁车站不同比例的振动台试验和离心机试验等。

6. 本书所建立的有限元-无限元模型均为二维模型,而实际工程中为三维问题。建立更能反应实际情况的三维数值模型将是今后的研究重点。

参考文献

[1] 贺斌. 地震作用下海洋环境码头桩-土-动力相互作用分析. 武汉大学博士论文,2004.

[2] 韦晓. 桩-土-桥梁结构相互作用振动台试验与理论研究. 同济大学博士论文,1999.

[3] Tara Crystal Hutchinson. Characterization and evaluation of the seismic performance of pile-supported bridge structures. Ph. D. The University of California,2001.

[4] 伍小平. 砂土-桩-结构相互作用振动台试验研究. 同济大学博士论文,2002.

[5] 肖晓春. 地震作用下土-桩-结构动力相互作用的数值模拟. 大连理工大学博士学位论文,2003.

[6] 季倩倩,杨林德. 地下铁道震害与震后修复措施. 灾害学,2001,16(2):31~36

[7] 王瑞民,罗奇峰. 阪神地震中地下结构和隧道的破坏现象浅析. 灾害学,1998,13(2):63

[8] Takeyasn Suzuki. Damages of Urban Tunnels due to the Southern Hyogo Earthquake of January 17,1995 and the evaluation of Seismic Isolation Efect. Paper No. 540,Proceeding of 11 WCEE. Mexico,1996.

[9] Iida H. ,et al. Damage to Daikai Subway Station. Soils Found. 1996,18:283-300.

[10] 王秀英,刘维宁,张弥. 地下结构震害类型及机理研究. 中国安全科学学报,2003,11:55-58.

[11] 郑永来,杨林德,李文艺等. 地下结构抗震. 上海:同济大学出版社,2005.

[12] 林皋. 地下结构抗震分析综述(上). 世界地震工程,1990(3):1~10.

[13] Reissner E. . Stationare axialsymmetrische durch eine schuttelnde massee rregte schwingungen eines homogenen elstischen halbraumes,Ingenieur-Arch in,7(6),1936,381~396.

[14] Seed H. B. , et al. . Soil-structure interaction analysis for seismic response,ASCE,101(5),1975,439~457.

[15] Fzrzad Abedzadeh,Ronald Y. S. Pak. Contimuum Mechanics of lateral soil-pile interaction. Journal of Engineering Mechanics,130(11):1309~1318.

[16] Novak M. Dynamic stiffness and damping of pile. Canadian Geotechnical Journal,1974,11(4):574~598.

[17] Novak M. Resistance of soil to a horizontally vibrating pile. Earthquake Engineering and Structure Dynamics,1977,5(2):249~261.

[18] Novak M. Soil-pile interaction in horizontal vibration. Earthquake Engineering and Structure Dynamics,1977,5 (2):263~281.

[19] Novak M, Han Y C. Impedances of soil layer with boundary zone. Journal of Geotechnical Engineering,1990,116(6):1008~1015.

[20] 王海东,尚守平. 瑞利波作用下考虑桩土相互作用的单桩竖向动力响应计算分析. 工程力学,2006,23,No.8:74~78.

[21] 王海东,费鹏杰,尚守平等. 考虑径向非均质的层状地基中摩擦桩动力阻抗研究. 湖南大学学报(自然科学版),2006,33(4):6~11.

[22] 胡昌斌,黄晓明. 成层黏弹性土中桩土耦合纵向振动时域响应研究. 地震工程与工程振动,2006,26(4):205~211.

[23] 胡昌斌,张涛. 桩与滞回阻尼土相互作用时桩基扭转振动时域响应分析. 岩石力学与工程学报,2006,25(1):3190~3197.

[24] 尚守平,余俊,王海东等. 饱和土中桩水平振动分析. 岩土工程学报,2007,29(1):1696~1702.

[25] 陆建飞. 频域内半空间饱和土中水平受荷桩的动力分析. 岩石力学与工程学报,2002,21(4):577~581.

[26] 周香莲,周光明,王建华. 水平简谐荷载作用下饱和土中群桩的动力反应. 岩石力学与工程学报,2005,24(8):1433~1438.

[27] Nogami T, Konagai K and Otani J. Nonlinear time domain numerical model for pile group under transient dynamic forces. Proceeding of 2nd International Conference on Recent Advances in Geotechnical Earthquake Engineering and Soil Dynamics. St Louis,1991,3:881~888.

[28] Mc Clelland B, Focht J A, Jr. Soil modulus for laterally loaded piles. Transactions, ASCE,1958,123(2954):1049~1086.

[29] 孔德森,栾茂田,杨庆. 桩土相互作用分析中的动力Winkler模型研究评述. 世界地震工程,2005,21(1):12~17.

[30] 刘忠,沈蒲生,陈铖. 单桩横向非线性动力响应的简化分析模型. 工程力学,2004,21(5):46~51.

[31] 刘忠,沈蒲生,陈铖等. 单桩横向非线性运动地震响应简化分析. 应用力学学报,2006,23(4):673~677.

[32] 栾茂田,孔德森,杨庆等. 层状土中单桩竖向简谐动力响应的简化分析方法. 岩土力学,2005,26(3):375~380.

[33] 孔德森,栾茂田,凌贤长等. 单桩水平动力阻抗计算模型研究. 哈尔滨工业大学学报,2007,39(8):1220~1224.

[34] 熊辉,邹银生. 层状土中考虑频域内轴向力分担的群桩水平动力阻抗. 计算力学学报,2004,21(6):757~763.

[35] 熊辉,尚守平. 轴、横向力作用下土-群桩动力效应简化分析. 岩土力学,2006,27(12):2163~2168.

[36] 吴志明,黄茂松. 层状地基中群桩水平振动. 岩土力学,2004,25(2):418~422.

[37] 黄茂松,吴志明,任青. 层状地基中群桩的水平振动特性. 岩土工程学报,2007,29(1):32~38.

[38] 吴志明,黄茂松,任青. 层状地基中群桩竖向振动及动内力. 同济大学学报(自然科学版),2007,35(1):21~26.

[39] B. K. Maheshwari, K. Z. Truman, P. L. Gould, M. H. El Naggar. Three-dimensional nonlinear seismic analysis of single piles using finite element model:effects of plasticity of soil. International Journal of Geomechanics,2005,5(1):35~44.

[40] 黄雨,八嶋厚,张锋. 液化场地桩-土-结构动力相互作用的有限元分析. 岩土工程学报,2005,27(6):646~651.

[41] Krauthammer T,Chen Y. Soil-structure interface effects on dynamic interaction analyis of reinforced concrete lifelines. Soil dynamic and earthquake enginnering 1989,8(1):32~42.

[42] 曹炳政,罗奇峰等. 神户大开地铁车站的地震反应分析. 地震工程与工程震动,2002,22(4)102~107.

[43] 李彬,刘晶波,刘祥庆等. 地铁车站的强地震反应分析及设计地震动参数研究. 地震工程与工程震动,2008,28(1)17~24.

[44] 陈国兴,左熹,庄海洋等. 地铁车站结构大型振动台试验与数值模拟的比较研究. 地震工程与工程震动,2008,28(1)157~163.

[45] 李彬,刘晶波,刘祥庆等. 双层地铁车站的强地震反应分. 地下空间与工程学报,2005,1(5)779~786.

[46] Kirzhner F. Rosenhouse G. Numerical analysis of tunnel dynamic response to earth motions. Tunnelling and Underground Space Technology,2000. 15(3):249~258.

[47] Pakbaz M. C., Akbar Yareevand. 2-D analysis of circular tunnel against earthquake loading. Tunnelling and Underground Space Technology,2005,20:411~417.

[48] 杨林德,王国波,郑永来等. 地铁车站接头结构振动台模型试验及地震响应的三维数值模拟. 岩土工程学报,2007,29(12):1892~1897.

[49] 杨林德,王国波,郑永来等. 地铁车站结构振动台试验及地震响应的维数值模拟. 岩石力学与工程学报,2007,26(8):1538~1543.

[50] 王国波,杨林德,马险峰等. 地铁车站结构三维地震响应及土非线性分析. 地下空间与工程学报,2008,4(2):234~241.

[51] 张栋梁,王国波,杨林德等. 侧向连续开孔地铁车站结构的三维地震响应研究.

地震研究,2009,32(1):46~50.

[52] 陈健云,温瑞智,于品清等.浅埋软土地铁车站地震响应数值分析.世界地震工程,2009,25(2):46~51.

[53] Cundal P A. A computer mode for simulating progressive large scale movements in blocky systems. Proceeding of the Symposium of the Inlernational Sociely of Rock Mechanics,Nancy,Francc,1971.

[54] 潘别桐,曹美华.龙门石窟边坡岩体动力稳定性离散元分析.全国第三次工程地质大会论文选集,1988:103~109.

[55] 鲍鹏,李丽.离散元法土-地下结构动力相互作用分析.河南大学学报:自然科学版,1988:429~433.

[56] 张丽华 陶连金.节理岩体地下沿室群的地震动力响应分析.世界地震工程,2002,18(2):158~162.

[57] 刘亚安,孙尚明.边界元法分析地震波作用下自然边坡稳定性.滑坡监测技术讨论会论文汇编,1988:103~109.

[58] Wolf J P,Song C M. Dynamic-stiffness matix of unbounded soil by finite element multi-cell cloning. Earthqake Eng. Struct. Dyn. Proceedings of world conference on eathqake engineering,1992,1645.

[59] 吕能锋.土-复合地基-结构相互作用地震反应的边界元法分析.天津大学硕士论文,1998.

[60] Szavits N,Kovacevic M S. Modeling of anchored diaphragm wall. In:Detournay, Hart. Flac and Numerical modeling in Geomechanics. Rotterdam:Balkema, 1999.451~458.

[61] 冯仰德,章梓茂.强震作用下地埋结构的数值模型.中国安全科学学报,2001,11(6):16~19.

[62] 尤红兵,赵凤新,李方杰.层状场地中局部不均体对平面P波的散射.岩土力学,2009,10(5):3133~3138.

[63] 曹留伟,孙伟.应用边界元方法求解地下洞室三维开挖问题.贵州大学学报:自然科学版,2009,26(5):105~111.

[64] 姜忻良,徐余,郑刚.地下隧道—土体系地震反应分析的有限元与无限元耦合法.地震工程与工程振动,1999,19(3):22~26.

[65] 张玉娥,牛润明.引入无限元的地铁区间隧道地震反应分析.石家庄铁道学院学报,2001,14(3):71~74.

[66] Huo H,Bobet A. Seismic design of cut and eover rectangular tunnels-evaluation of observed behavior of Dakai stmion during Kobe earthquake,1995// Proceedings of 1st Wodd Forum of Chinese Scholars in Geotechnieal Engineering. Shanghai,China,2003:456~466.

[67] 刘卫丰,刘维宁,Gupta S,Degrande G. 地铁振动预测的周期性有限元-边界元耦合模型. 振动工程学报,2003,24(5):800~80.

[68] 金峰,王光纶. 离散元-边界元动力耦合模型在地下结构动力分析中的应用. 水利学报,2001,1(5):24~28.

[69] 尚守平,卢华喜,王海东等. 大比例模型结构-桩-土动力相互作用试验研究与理论分析. 工程力学,2006,23(2):155~166.

[70] T. Iiyas,C. F. Leung, Y. K. Chow, S. S. Budi. Centrifuge model study of laterally loaded pile groups in clay. Journal of Geotechnical and Geoenvironmental Engineering,2004,130(3):274~283.

[71] Su Song. Centrifuge investigation on responses of sand deposit and sand-pile system under multi-directional earthquake loading. Ph. D. The Hong Kong University of Science and Technology,January 2005.

[72] Dongdong Chang, Ross W. Boulanger, Bruce L. Kutter, Scott J. Brandenberg. Experimental observations of inertial and lateral spreading loads on pile groups during earthquakes. Earthquake Engineering and Soil Dynamics,2005,GSP 133: 1~15.

[73] Scott J. Brandenberg,Ross W. Boulanger,Bruce L. Kutter,Dongdong Chang. Obervations and analysis of pile groups in liquefied and laterally spreading ground in centrifuge tests. Seismic Performances and Simulation of Pile Foundations,ASCE 2006,March, 161~172.

[74] 苏栋,李湘崧. 可液化土中单桩地震响应的离心机试验研究. 岩土工程学报, 2006,28(4):423~427.

[75] 于玉贞,邓丽军. 抗滑桩加固边坡地震响应离心模型试验. 岩土工程学报, 2007,29(9):1320~1323.

[76] 楼梦麟,王文剑,马恒春等. 土-桩-结构相互作用体系的振动台模型试验. 同济大学学报. 2001,29(7):763~768.

[77] 楼梦麟,宗刚,牛伟星等. 土-桩-钢结构相互作用体系的振动台试验研究. 地震工程与工程振动,2006,26(5):226~230.

[78] 凌贤长,王东升. 液化场地桩-土-桥梁结构动力相互作用振动台试验研究进展. 地震工程与工程振动,2002,22(4):53~59.

[79] 凌贤长,王东升,王志强等. 液化场地桩-土-桥梁结构动力相互作用大型振动台模型试验研究. 土木工程学报,2004,37(11):67~72.

[80] 凌贤长,郭明珠,王东升等. 液化场地桩基桥梁震害响应大型振动台模拟试验研究. 岩土力学,2006,27(1):7~10.

[81] 凌贤长,唐亮,于恩庆. 可液化场地地震振动孔隙水压力增长研究的大型振动台试验研究及其数值模拟. 岩石力学与工程学报,2006,25(2):3998~4003.

[82] 王建华,冯士伦. 液化土层中桩基水平承载特性分析. 岩土力学,2005,26(10):1597~1601.

[83] 冯士伦,王建华,郭金童. 液化土层中桩基抗震性能研究. 岩石力学与工程学报,2005,24(8):1402~1406.

[84] 冯士伦,王建华. 海洋平台桩基的振动台模型试验研究. 岩石力学与工程学报,2006,25(1):3229~3234.

[85] 武思宇,宋二祥,刘华北等. 刚性桩复合地基的振动台试验研究. 岩土工程学报,2005,27(11):1332~1337.

[86] 武思宇,宋二祥,刘华北. 刚性桩复合地基抗震性能的振动台试验研究. 岩土力学,2007,28(1):77~82.

[87] 钱德玲,赵元一,王东坡. 桩-土-结构体系动力相互作用的试验研究. 上海交通大学学报,2005,39(11):1856~1861.

[88] 黄春霞,张鸿儒,隋志龙等. 饱和砂土地基液化特性振动台试验研究. 岩土工程学报,2006,28(12):2098~2103.

[89] 尚守平,姚菲,刘可. 软土-铰接桩体系隔震性能的振动台试验研究. 铁道科学与工程学报,2006,13(6):19~24.

[90] 李雨润,袁晓铭,曹振中. 液化土中桩基础动力反应试验研究. 地震工程与工程振动,2006,26(3):257~260.

[91] 潘昌实. 隧道及地下结构物抗震问题的研究概况. 世界隧道,1996(5):7~16.

[92] Phillips J S, Luke B A Tunnel damage resulting from seismic loading. Proc , Znd intern, conf, on Rec Adv, in geot, earthq, Eng. And Soil Dyn. March 11-15,1991, St. Louis, Missouri, Paper No. 2. 4 pp207~217.

[93] Shunzo Okamoto, Choshiro Tamura. Behavior of subaqueous tunnels during earthquakes. Earthquke engineering and structural dynamics,1973,1(1):253~266.

[94] Goto Y, Matsuda Y. Influence of distance between Juxtaposed shield tunnels on their sesmic responses. Pro,9th World Conf. On Earthq, Eng ,1988,569~574.

[95] Iwatate T, Kobayashi Y, et al. Investigation and shaking table tests of subway structures of the Hyogoken-Nanbu eatthquake,12WCEE,2000,1043.

[96] 宫必宁,赵大鹏. 地下结构与土动力相互作用试验研究. 地下空间,2002,22(4):320~324.

[97] 王国波. 软土地铁车站结构三维地震响应计算理论与方法的研究. 同济大学博士论文,2007.

[98] 陈国兴,庄海洋,杜修力. 土-地铁车站结构动力相互作用大型振动台模型试验研究. 地震工程与工程震动,2007,27(2):157~163.

[99] Takahashi A, Takemura J. Liquefaction-induced large displacement of pile-supported wharf. Soil Dynamics and Earthquake Engineering,2005 (25):811~825.

[100] 刘晶波,刘祥庆,王宗纲.地基-地下结构系统动力离心模型试验相似设计方法研究.岩土工程学报,2008,24(3):1~4.

[101] 刘晶波,刘祥庆,王宗纲.砂土地基—地下结构系统离心机振动台模型试验.第十届全国岩石力学与工程学术大会论文集,威海,2008:145~151.

[102] 陈永明,石玉成.中国西北黄土地区地震滑坡基本特征.地震研究,2006,29(3):276-280.

[103] 姚文波,刘文兆,侯甬坚.汶川大地震陇东黄土高原崩塌滑坡的调查分析.生态学报,2008,28(12):5917~5926.

[104] 王谦,王兰民,袁中夏等.汶川地震中甘肃清水田川黄土液化的试验研究.水文地质工程地质,2012,39(2):116~120.

[105] 王兰民.西部大开发中的黄土地震灾害问题.学术纵横,2006,09:154~156.

[106] 高国瑞.黄土显微结构分类与湿陷性.中国科学,1980,12:1203~1212.

[107] 谢定义,齐吉琳.土结构性及其定量化参数研究的新途径.岩土工程学报,1999,21(6):651~656.

[108] 邵生俊,周飞飞,龙吉勇.原状黄土结构性及其定量化参数研究.岩土工程学报,2004,26(4):531~536.

[109] 沈珠江,胡再强.黄土的二元介质模型.水力学报,2003,7:1~6.

[110] 刘恩龙,沈珠江.结构性土的二元介质模型.水力学报,2005,36(4):391~395.

[111] 陈正汉.重塑非饱和黄土的变形、强度、屈服和水量变化特性.岩土工程学报,1999,21(1):82~90.

[112] 陈存礼,胡再强,高鹏.原状黄土的结构性及其与变形特性关系研究.岩土力学,2006,27(11):1891~1896.

[113] 骆亚生,张爱军.黄土结构性的研究成果及其新发展.水力发电学报,2004,23(6):66~69.

[114] 谢定义.试论我国黄土力学研究中的若干新趋向.岩土工程学报,2001,23(1):3~13.

[115] 苗天德,王正贵.考虑微结构失稳的湿陷性黄土变形机理.中国科学B辑,1990,1:86~96.

[116] 胡再强,沈珠江,谢定义.非饱和黄土的显微结构与湿陷性.水利水运科学研究,2000,2:68~71.

[117] 陈正汉,许镇鸿,刘祖典.关于黄土湿陷的若干问题.土木工程学报,1986,19(3):86~94.

[118] 李保雄,苗天德.黄土抗剪强度的水敏感性特性研究.岩石力学与工程学报,2006,25(5):1003~1008.

[119] 巫志辉,谢定义,余雄飞.洛川黄土的动变形和强度特性.水力学报,1994,12:67~71.

[120] 胡瑞林,李焯芬,王思敬等.动荷载作用下黄土的强度特征及结构变化机理研究.岩土工程学报,2000,22(2):174~181.

[121] 栗润德,张鸿儒,白晓红等.不同含水率下原状黄土动强度和震陷的试验研究.工程地质学报,2007,15(5):694~699.

[122] 陈素维,王发荣,单景雷.关中地区饱和黄土工程地质特性.西安工程学院学报,2000,22(4):51~53.

[123] 王兰民,刘红玫,李兰等.饱和黄土液化机理与特性的试验研究.岩土工程学报,2000,22(1):89~94.

[124] 何开明,王兰民,曾国熙.饱和黄土地基的液化数值分析.工业建筑,2001,31(7):29~32.

[125] 刘红玫,王兰民.饱和黄土液化的孔隙微结构特征.西北地震学报,2002,24(2):135~139.

[126] 佘跃心,刘汉龙,高玉峰.饱和黄土孔压增长模式与液化机理试验研究.岩土力学,2002,23(4):395~399.

[127] 杨振茂,赵成刚,王兰民等.饱和黄土液化及其理论研究现状.土木工程学报,2003,36(11):38~43.

[128] 杨振茂,赵成刚,王兰民等.饱和黄土的液化特性与稳态强度.岩石力学与工程学报,2004,23(22):3853~3860.

[129] 杨振茂,赵成刚,王兰民.饱和黄土的液化的试验研究.岩石力学与工程学报,2005,24(5):864~871.

[130] 吴燕开,陈红伟,张志征.饱和黄土的性质与非饱和黄土的流变模型.岩土力学,2004,25(7):1143~1146.

[131] 周健,白冰,徐建平.土动力学理论与计算.北京:中国建筑工业出版社,2001.

[132] Seed H B, Idriss I M. Soil moduli and damping factors for dynamic response analyses. Report No. EERC70-10, Earthquake Engineering Research Center, University of California, Berkeley, 1970.

[133] Hardin B O, Drnevich V P. Shear modulus and damping in soil measurement and parameter effects. Journal of the Soil Mechanics and Foundation Engineering Division, ASCE, 1972, 98(6):603~624.

[134] Martin G R, Finn W D L and Seed H B. Fundamentals of liquefaction under cyclic loading. JGED, ASCE, 1975, 101(GT5).

[135] 沈珠江.一个计算砂土液化变形的等价黏弹性模型.第四届全国土力学及基础工程学术会议论文集.北京:建筑工业出版社,1986.

[136] Pyke R M. Nonlinear soil models for irregular cyclic loading. Jr. ASCE, 1979, 105(GT6).

[137] 王志良,王余庆,韩靖宇.不规则循环荷载作用下的粘弹塑性模型.岩土工程

学报,1980,2(3).
- [138] 郑大同,王惠昌.循环荷载作用下土的非线性应力应变模型.岩土工程学报,1983,5(1).
- [139] 李小军.土应力应变关系的黏弹性模型.地震工程与工程振动,1989,9(3).
- [140] 李小军.非线性场地地震反应分析方法研究.哈尔滨:国家地震局工程力学研究所博士学位论文,1993.
- [141] 栾茂田.土动力非线性分析中的变参数 Ramberg-Osgood 本构模型.地震工程与工程振动,1992,12(2).
- [142] Bardet J P. Scaled memory model for cyclic behavior of soils. Journal of Geotechnical Engineering,1995,121(11):766~775.
- [143] 张克绪,李明宰,王治琨.基于非曼辛准则的土动弹塑性模型.地震工程与工程振动,1997,17(2):74~81.
- [144] Puzrin A M, Shiran A. Effects of the constitutive relationship on seismic response of soils. Part 1:Constitutive modeling of cyclic behavior of soils. Soil Dynamics and Earthquake Engineering,2000,19(5):305~318.
- [145] 刘汉龙,余湘娟.土动力学与岩土地震工程研究进展.河海大学学报,1999,27(1):6~15.
- [146] 李亮,赵成刚.饱和土体动力本构模型研究进展.世界地震工程,2004,20(1):138~148.
- [147] 陈国兴,庄海洋.基于 Davidenkov 骨架曲线的土体动力本构模型及其参数研究.岩土工程学报,2005,27(8):860~864.
- [148] 尚守平,刘方成,王海东.基于阻尼的地震循环荷载作用下黏土非线性模型.土木工程学报,2007,40(3):74~82.
- [149] 迟世春,郭晓霞,杨峻等.土的动力 Hardin-Drnevich 模型小应变特性及其阈值应变研究.岩土工程学报,2008,30(2):243~249.
- [150] Desai C D, Gallagher R H. Mechanics of Engineering. London, John Willey and Son,1984.
- [151] Wathugala G W, Desai C S. Constitutive model for cyclic behavior of clays Ⅰ: Theory. Journal of Geotechnical Engineering,1993,119(4):714~729.
- [152] 熊玉春,房营光,徐国辉.软黏土的动力损伤模型及其应用.岩石力学与工程学报,2006,25(1):3152~3156.
- [153] Prevost J H. Mathematical modeling of monotonic and cyclic undrained clay behavior. International Numerial Geomechanics,1977,1(2):195~216.
- [154] Mroz Z. On the description of anisotropic work hardening. Journal of the Mechanics and Physics of Solids,1967,15(3):163~175.
- [155] 周建.循环荷载作用下饱和软黏土特性研究.浙江大学博士学位论文,1998.

[156] 周建.饱和软黏土循环变形的弹塑性研究.岩土工程学报,2000,22(4):499~502.

[157] 刘汉龙,丰土根,高玉峰等.砂土多机构边界面塑性模型及其试验验证.岩土力学,2003,24(5):696~700.

[158] 李涛,H. Meissner.循环荷载作用下饱和黏性土的弹塑性双面模型.土木工程学报,2006,39(1):92~97.

[159] 杨超,杨林德,季倩倩.软黏土在循环荷载作用下动力本构模型的研究.岩土力学,2006,27(4):609~614.

[160] 庄海洋,陈国兴,朱定华.土体动力粘塑性记忆型嵌套面本构模型及其验证.岩土工程学报,2006,28(10):1267~1272.

[161] 骆亚生.非饱和黄土在动、静复杂应力条件下的结构变化特性及结构性本构关系研究.西安理工大学博士学位论文,2003.09.

[162] 王兰民等.黄土动力学.地震出版社,2003.

[163] 柴友华,崔玉军,卢应发.循环荷载下黄土特性模拟.岩石力学与工程学报,2005,24(23):4272~4281.

[164] 刘公社,巫志辉.动荷载下饱和黄土的孔压演化规律及其在地基动力分析中的应用.工业建筑,1994(3):40~44.

[165] 胡再强,沈珠江,谢定义.结构性黄土的变形特性.岩石力学与工程学报,2004,23(24):4142~4146.

[166] 胡再强,沈珠江,谢定义.结构性黄土的本构模型.岩石力学与工程学报,2005,24(3):565~569.

[167] 谢定义,齐吉琳,朱元林.土的结构性参数及其变形-强度的关系.水利学报,1999,10:1~6.

[168] 骆亚生,谢定义.复杂应力条件下土的结构性本构关系.四川大学学报(工程科学版),2005,37(5):14~18.

[169] 刘恩龙,沈珠江.结构性土强度准则探讨.工程力学,2007,24(2):50~55.

[170] 殷宗泽,周建,赵仲辉.非饱和土本构关系及变形计算.岩土工程学报,2006,28(2):137~141.

[171] 陈存礼,胡再强,高鹏.原状黄土结构性及其变形特性关系研究.2004,26(4):522~525.

[172] 陈存礼,何军芳,杨鹏.考虑结构性影响的原状黄土本构关系.岩土力学,2007,28(11):2284~2287.

[173] 陈存礼,高鹏,何军芳.考虑结构性影响的原状黄土等效线性模型.岩土工程学报,2007,29(9):1130~1136.

[174] 陈惠发.土木工程的材料方程.华中科技大学出版社,2001.

[175] 凌华,殷宗泽.非饱和土强度随含水率的变化.岩石力学与工程学报,2007,25

(7):1499~1503.

[176] BISHOPA W, ALPAN I, BLIGHTG E, etal. Factors controlling the shear-strength of partly saturated cohesive soils//ASCE Conference on Shear of Cohesive Soils. Boulder. CO:University of Colorado,1960:503~532.

[177] FREDLUND D G,M ORGENSTERN N R,W IDGER R A. The shear strength ofunsaturated soils. Canadian Geotechnical Journal,1978,15(3):313~321.

[178] 张伯平,袁海智,王力.含水率对黄土结构强度影响的定量分析.西北农业大学学报,1994,22(1):54~57.

[179] 西北水利科学研究所.西北黄土的性质.西安:陕西人民出版社,1959:96~103.

[180] 缪林昌,仲晓晨,殷宗泽.膨胀土的强度与含水率的关系.岩土力学,1999,20(2):71~75.

[181] 缪林昌,殷宗泽.非饱和土的剪切强度.岩土力学,1999,20(3):1~6.

[182] 刘洋.合肥膨胀土抗剪强度与含水率的关系研究及工程应用.合肥工业大学硕士,2003.

[183] 程斌.陕北 Q_3 黄土抗剪强度与含水率的关系及工程应用.煤科总院西安分院硕士论文,2007.

[184] 党进谦,李靖.含水率对非饱和黄土强度的影响.西北农业大学学报,1996,24(1):56~60.

[185] 党进谦,阁宁霞,李靖.非饱和黄土的强度和变形.中国岩石力学与工程学会第七次学术大会论文集,2002.

[186] 赵慧丽,张弥,李兆平.含水率对北京地区非饱和土抗剪强度影响的试验研究.石家庄铁道学院学报,2001,14(4):30~33.

[187] 杨雪辉.非饱和重塑黄土强度特性的试验研究.西北农林科技大学硕士,2008.

[188] 陈立.黄土的结构强度及其与结构屈服压力的关系.西北农林科技大学硕士,2008.

[189] Hillel D. Soil and water,Physical Principles and Process,1971.

[190] Hillel D. Computer Simulation of Soil-water Dynamies. 渥太华:渥太华国际发展研究中心,1977.

[191] 胡再强,谢定义,沈珠江.黄土稳定孔隙比原理的试验研究.水利学报,2002,2:97~100.

[192] 李广信.高等土力学.北京:清华大学出版社,2004.

[193] Ohta H, Nishihara A. Anisotropy of undrained shear strength of clays under axi-symmetric loading conditions. Soils and Foundations,1985,25(2):78~86.

[194] 姜洪伟,赵锡宏.K_0固结各向异性不排水剪强度研究.岩土力学,1997,18

(2):1~7.

[195] 王立忠,叶盛华,沈恺伦等. K_0 固结软土不排水抗剪强度. 岩土工程学报, 2006,28(8):970~977.

[196] Hvorslev M J. Physical components of the shear strength of saturated clays, Research Conference on Shear Strength of Cohesive Soils. ASCE,GT11,1980.

[197] 魏汝龙. 正常压密粘性土在开挖卸荷后的不排水抗剪强度. 水利水运科学研究,1984,4:39~43.

[198] Paul W. Mayne. Cam-clay predictions of undrained strength. Journal of the Geotechnical Engineering Division,ASCE,1980,GT11:1219~1442.

[199] Yasuhara K., Yamanouchi T., Aoto H., and Hirao K. Approximate prediction of soil deformation under repeated loading. Soils and Foundation,1983,23(2):13~25.

[200] Yasuhara K. and Andersen K. H. effect of cyclic loading-drainage on recompression of oversonsolidated clay. Proceeding 11th ICSMFE, Vol. 1,Paris,France,1989:485~488.

[201] Yasuhara K and Ochiai H. Interralationship of undrained strength between direct shear and triaxial tests. Proceeding Symp. Triaxial Testing Methods, JSSMFE,Tokyo,Japan,1990:223~230.

[202] 方开泽. 土的破坏准则. 华东水利学院学报,1986,14(2):70~81.

[203] 殷宗泽,赵航. 中主应力对土体本构关系的影响. 河海大学学报,1990,18(5):54~61.

[204] Tamotsu Matsui, Hideo Ohara, Tomio Ito. Cyclic stress-strain history and shear characteristics of clay. Journal of Geotechnical Engineering,1980,106(GT10):1101~1120.

[205] Kazuya Yasuhara. Postcyclic undrained strength for cohesive soils. Journal of Geotechnical Engineering,1994,120(11):1961~1979.

[206] 高广运,顾中华,杨宏明. 循环荷载下饱和黏土不排水强度计算方法. 岩土力学,2004,25(2):379~382.

[207] 胡昌斌,王奎华,谢康和. 考虑桩土相互作用效应的桩顶纵向振动时域响应分析. 计算力学学报,2004,21(4):392~399.

[208] Meheshwari B K,Truman K Z,Gould P L,EI Naggar M H. Three-dimensional nonlinear seismic analysis of single piles using finite element model:effects of plasticity of soil. International Journal of Geomechanics,2005,5(1):35~44.

[209] 黄雨,叶为民,唐益群等. 桩基震陷的有效应力动力计算方法. 工程力学, 2001,18(4):123~129.

[210] 肖晓春,迟世春,林皋等. 地震荷载下桩土相互作用简化计算方法及参数分

析. 大连理工大学学报,2002,42(6):719~723.
- [211] Yasuhara K et al. Undrained shear behaviour of quasi-overconsolidated clay induced by cyclic loading. Proc. IUTAM Cymp. "SEABED MECHANICS", 1983,17~24.
- [212] Kazuya Yasuhara, Kazutoshi Hirao, Adrian FL Hyde. Effects of cyclic loading on undrained strength and compressibility of clay. Soils and foundations, 1992, 32(1):111~116.
- [213] Kazuya Yasuhara, Adrian F L Hyde. Method for estimating postcyclic undrained secant modulus of clays. Journal of Geotechnical Engineering, 1997, 123(3):204~211.
- [214] Brewer J H. The response of cyclic stress in a normally consolidated saturated clay. Thesis Presented to the Civil Engineering Dept., North Carolina State Univ., at Raleigh, North Carolina, In Partial Fulfillment of the Requirements for the Degree of Doctor of Philosophy, 1972.
- [215] Matsui T, et al. Cyclic stress-strain history and shear characteristics of clay. Journal of Geotechnical Engineering, 1980, 106(10):499~529.
- [216] 许才军, 杜坚, 周红波. 饱和软黏土在不排水循环荷载作用下孔隙水压力模型的建立. 上海地质, 1997,(63):16~21.
- [217] Brown S F, et al. Repeated load triaxial testing of a silty clay. Geotechnique, 1975, 25(1):95~114.
- [218] Yasuhara K, et al. Cyclic strength and deformation of normally consolidated clay. Soils and Foundations, 1982, 22(3):77~91.
- [219] 周建. 循环荷载作用下饱和软黏土的孔压模型. 工业勘查, 2000,(4):7~10.
- [220] 陈存礼. 饱和砂土体有效应力物态地震反应分析方法的研究. 西安理工大学博士学位论文, 2005.
- [221] Wang Lanmin, Zhang Zhengzhong, Li Lan, et al. Laboratory study on loess liquefaction. Eleventh World Conference on Earthquake Engineering, Mexico, 1996.
- [222] 石兆吉, 王兰民. 土壤动力特性. 液化势及危害性评价. 北京:地震出版社, 1999.
- [223] 中国建筑科学研究院地基基础研究所, 固原黄土动力特性试验报告, 1983.
- [224] 王志刚. 碎石桩-黄土复合地基的抗液化性状数值分析. 高原地震, 2001, 13(2):58~61.
- [225] 刘汉龙, 余跃心, 王兰民. 强夯黄土地基液化试验研究. 土动力学与岩土地震工程. 北京:中国建筑工业出版社, 2002, 218~223.
- [226] Martin G R. Effects of system compliance on liquefaction. Journal of the Soil

Engineering Division,1978,104(4):463~480.

[227] Valanis K C,Read H E. A new endochronic plasticity model for soil,1982.

[228] 沈珠江,邓刚.超固结黏土的二元介质模型.岩土力学,2003,24(4):495~499.

[229] 沈珠江,刘恩龙,陈铁林.岩土二元介质模型的一般应力应变关系.岩土工程学报,2005,27(5):489~494.

[230] Hibbitt, Karlsson, Sorensen. Inc. ABAQUS/Standard User's Manual; ABAQUS/CAE User's Manual; ABAQUS Keywords Manual; ABAQUS QUS Theory Manual. American:HKS Company,2002.

[231] 庄茁.ABAQUS有限元软件6.4版入门指南.北京:清华大学出版社,2004.

[232] 庄茁,张帆,岑松.ABAQUS非线性有限元分析与实例.北京:科学出版社,2005.

[233] 王金昌,陈页开.ABAQUS在土木工程中的应用.浙江:浙江大学出版社,2006.

[234] 朱向荣,王金昌.ABAQUS软件中部分土模型简介及其应用.岩土力学,2004,25(2):144~148.

[235] 徐远杰,潘家军,王观琪.利用ABAQUS分析混凝土面板堆石坝非线性应力与应变.武汉大学学报(工学版),2005,38(5):70~75.

[236] 徐远杰,王观琪,李健等.在ABAQUS中开发实现Duncan-Chang模型.岩土力学,2004,25(7):1032~1036.

[237] 庄海洋,陈国兴,梁艳仙等.土体动非线性黏弹性模型及其ABAQUS软件的实现.岩土力学,2007,28(3):436~442.

[238] Mroz Z. On the description of anisotropic work hardening. Journal of the Mechanics and Physics of Solids. 1967,15(3):163~175.

[239] Dafalias Y E. and Popov E. P. A model of nonlinearly hardening materials for complex loading. Acta Mechanic. 1975,21:905~916.

[240] Dafalias Y R,and Herrmann L R. Bounding formulation of soil plasticity. Soil Mechanic Transient and Cyclic Loads. Wiley,New York; 1982,253~282.

[241] 胡伟.饱和黄土动力本构模型及其在桩-土-结构体系地震动力相互作用中的应用.西安:西安建筑科技大学博士论文,2008.

[242] 刘明.饱和软黏土动力本构模型研究与地铁隧道长期振陷分析.同济大学博士论文,2006.

[243] Zienkiewicz-Pande O C,Naylor D J. Discussion on the Adaption of Critical State Soil Mechanics Theory for Use Infinite Element. Stress-Strian Behavicr of Soils. Roscoe Memorial Symposium,Cambrige Univ,1971.

[244] Zienkiewicz-Pande O C,The Finite Element Method in Engineering Science. Mcgraw-Hill London,1979.

[245] 张腾.非饱和黄土的结构性及其弹塑性本构模型研究.西安理工大学硕士论文,2006.

[246] 钱家欢.土工原理与计算.南京:中国水利水电出版社,1995.

[247] 沈珠江.岩土破损力学与双重介质模型.水利水运工程学报,2002,(4):1~6.

[248] 何光渝,高永利.Visual Fortran 常用数值算法集.北京:科学出版社,2002.

[249] 尤红兵,梁建文,赵凤新.含饱和土的层状场地的动力响应.岩土力学,2008,29(3):679~684.

[250] 楼梦麟,李遇春,李南生等.深覆盖土层地震反应分析中的若干问题.同济大学学报(自然科学版),2006,34(4):427-432.

[251] 胡聿贤.地震工程学.北京:地震出版社.1988.

[252] 李小军,胡青.不同类别场地地震动参数的计算分析.地震工程与工程振动,2001,21(1):29~36.

[253] 高峰;严松宏,陈兴冲。场地地震反应分析.岩石力学与工程学报,2003,22(12):2789~2793.

[254] 李刚,段林,熊益农等.SH 波激励下上覆黏弹性场地土的振动分析.中南公路工程,2007,32(2):91~94.

[255] 齐文浩,薄景山.土层地震反应等效线性化方法综述.世界地震工程,2007,23(4):221~226.

[256] 陈正汉,李刚,王权民等.厦门典型地基土的地震反应分析与评价.岩土力学与工程学报,2005,24(21):3864~3875.

[257] 景立平,卓旭炀,王祥建.复杂介质对地震波传播的影响.岩土工程学报,2005,27(4):393~397.

[258] 沈建奇,金先龙,陈向东等.岛型工程场地在地震波荷载下的动力响应分析.系统仿真学报,2008,20(1):173~177.

[259] 王刚,张建民.边界面模型在 MARC 中的开发实现与应用.岩土力学,2006,27(9):1535~1540.

[260] 庄海洋,陈国兴,梁艳仙等.土体动非线性黏弹性模型及其 ABAQUS 软件的实现.岩土力学,2007,28(3):436~442.

[261] 李山有,马强,武东坡等.断层场地地震反应特征研究地震工程与工程振动,2003,23(5):32~37.

[262] 金星,孔戈,丁海平.水平成层场地地震反应非线性分析.地震工程与工程振动,2004,24(3):38~43.

[263] 冯启民,邵广彪.小坡度海底土层地震液化诱发滑移分析方法.岩土力学,2005,26:141~145.

[264] John F. Cassidy, Garry C. Rogers. Seismic site response in the greater Vancouver, British Columbia, area: spectral ratios from moderate earthquakes. Canada

Geotechnique,1999,36(2):195~209.

[265] 石玉成,王兰民,张颖.黄土场地覆盖层厚度和地形条件对地震动放大效应的影响.西北地震学报,1999,21(2):203~208.

[266] Fenton G A, Vanmarcke E H. Spatial variation in liquefaction risk assessment. In Proceedings of the Geotachnical Engineering Congress. Boulder, Colo., Geotechnical Special Publications,1991,1(27):594~607.

[267] 李杰,廖松涛.考虑岩土介质随机特性的工程场地地震动随机场分析.岩土工程学报,2002,24(6):685~689.

[268] Tamer Eikateb, Rick Chalaturnyk, and Peter K. Robertson. Simplified geostatistical analysis of earthquake induced ground response at the Wildlife Site California, U. S. A. Canada Geotechnique,2002,40(1):16~34.

[269] 黄玉龙,郭讯,袁一凡等.软泥夹层对香港软土场地地震反应的影响.自然灾害学报,2000,9(1):109~116.

[270] 薄景山,李秀领,刘红.土层结构对地表加速度峰值的影响.地震工程与工程振动,2003,23(3):35~40.

[271] 薄景山,李秀领,李山有.场地条件对地震动影响研究的若干进展.世界地震工程,2003,19(2):11~15.

[272] 袁丽侠.场地土对地震波的放大效应.世界地震工程,2003,19(1):113~120.

[273] 陈继华,陈国兴,史国龙.深厚软弱场地地震反应特性研究.防灾减灾工程学报,2004,24(2):131~138.

[274] 许建聪,简文彬,尚岳金.深厚软土地层地震破坏的作用机理研究.岩石力学与工程学报,2005,Jan.,24(2):313~320.

[275] 庄海洋,刘学珠,陈国兴.互层土的动参数试验研究及其地震反应分析.岩土力学,2005,26(9):1495~1498.

[276] 尚守平,李刚,任慧.剪切模量沿深度按指数规律增大的场地土的地震放大效应.工程力学,2005,22(5):153~157.

[277] 董娣,周锡元,徐国栋等.集集地震中场地条件对地震动特性的影响.地震地质,2006,28(1):22~36.

[278] 楼梦麟,李遇春,李南生等.深覆盖土层地震反应分析中的若干问题.同济大学学报(自然科学版),2006,34(4):427~432.

[279] 赵艳,郭明珠,李杨等.场地条件对地震动持时的影响.震灾防御技术,2007,2(4):417~424.

[280] 刘月红,刘涛,宋金龙.土层性质对入射平面P波场地放大效应的影响.山东建筑大学学报,2007,22(3):198~202.

[281] 朱东生,邓建华,钟蜀晖.地震动强度对场地地震反应的影响.世界地震工程,2005,21(2):115~119.

383

[282] 卢华喜.不同频谱特性地震动输入下的场地地震反应.华东交通大学学报,2007,24(1):21~26.

[283] 刘立平.水平地震作用下桩-土-上部结构弹塑性动力相互作用分析.重庆大学博士论文,2004.

[284] 刘峥,邓建华,钟蜀晖。不同输入界面土层地震反应的探讨.贵州工业大学学报(自然科学版),2007,36(5):68~71.

[285] 陈国兴,陈继华.地震动输入界面的选取对深软场地地震效应的影响.世界地震工程,2005,21(2):36~43.

[286] 窦立军,杨柏坡,雷艳等.根据场地条件确定地震动时程的方法.世界地震工程,2001,17(2):46~52.

[287] B. K. Maheshwari. Three-dimensional nonlinear seismic analysis of single piles using finite element model; effects of plasticity of soil. International Journal of Geomechanics,2005,5(1):35~44.

[288] Sanchez-Sesma F J. Diffraction of elastic SH-waves by wedges. Bull Seis Soc Am,1985,75(5):1435~1446.

[289] 范立础,聂利英,李建中.复杂结构地震波输入最不利方向标准问题.同济大学学报,2003,31(6):631~636.

[290] N. Allotey. Response of single pile in sand to seismic excitation suding a coupled p-y and t-z approach. Advances in deep foundations,ASCE,2005.

[291] 门玉明,黄义,刘增荣.场地土的随机地震反应分析.工程地质学报,2001,09(01):68~73.

[292] 尚守平,李定乾,杜运兴.场地土随机地震反应分析及动力可靠度计算.工程抗震与加固改造,2007,29(1):26~32.

[293] 刘汉龙,高玉峰,朱伟等.边界条件对土层黏弹性地震反应的影响.岩土力学,2001,22(4):408~412.

[294] 楼梦麟,潘旦光,范立础.土层地震反应分析中侧向人工边界的影响.同济大学学报,2003,31(7):757~761.

[295] 谢康和,周健.岩土工程有限元分析理论与应用.北京科学出版社,2002.

[296] Liao Z P et al. A transmitting boundary for transient wave analysis. Scientia Sinica.,1984,XXVII(10):1065~1076.

[297] 廖振鹏.透射边界与无穷远辐射条件.中国科学(E辑),2001,31(3):254~262.

[298] 李录贤,国松直,王爱琴.无限元方法及其应用.力学进展,2007,37(2):161~174.

[299] 蔡宏英,周健,李湘崧.深厚覆盖软土地层多向地震动力反应分析.同济大学学报,2000,28(2):177~182.

[300] 孙剑平,朱晞.考虑土非线性层状场地地震反应计算方法.岩石力学与工程学

报.2001,20(2):220~224.

[301] 陈国兴,刘雪珠,王炳辉.土动力参数变异性对深软场地地表地震动参数的影响.防灾减灾学报,2007,27(1):1~10.

[302] Liu K X,Lee F H,Yong K Y. A new finite element model for pile-soil interaction. Geotechnical Engineering for Transportation Projects,2004,154(29):441~451.

[303] 王满生.考虑土-结构相互作用体系的参数识别和地震反应分析.中国地震局地球物理研究所博士论文,2005.05.

[304] 陈清军,姜文辉,李哲明.桩土接触效应及对桥梁结构地震反应的影响.力学季刊,2005,26(4):609~613.

[305] 刘晶波,吕彦东.结构-地基动力相互作用问题分析的一种直接方法.土木工程学报,1998,31(3):55~64.

[306] 王明洋,赵跃堂,钱七虎.用波动有限元法分析土与结构相互作用时设置人工边界的两个问题.岩土工程学报,1995,17(1):92~95.